U0263563

一套基于结构分析的教材, 以全新的结构分析视角带您进入古典分析的世界, 用独特的统一方法揭示经典理论中隐含的丰富的数学思想和方法.

河南省"十四五"普通高等教育规划教材

数学分析(一)

主　编　崔国忠
副主编　石金娥　郭从洲

科学出版社

北　京

内 容 简 介

本书共三册，按三个学期设置教学，介绍了数学分析的基本内容.

第一册内容主要包括数列的极限、函数的极限、函数连续性、函数的导数与微分、函数的微分中值定理、Taylor公式和L'Hospital法则. 第二册内容主要包括不定积分、定积分、广义积分、数项级数、函数项级数、幂级数和Fourier级数. 第三册内容主要包括多元函数的极限和连续、多元函数的微分学、含参量积分、多元函数的积分学.

本书在内容上，涵盖了本课程的所有教学内容，个别地方有所加强；在编排体系上，在定理和证明、例题和求解之间增加了结构分析环节，展现了思路形成和方法设计的过程，突出了教学中理性分析的特征；在题目设计上，增加了例题和课后习题的难度，增加了结构分析的题型，突出分析和解决问题的培养和训练.

本书可供高等院校数学及其相关专业选用教材，也可作为优秀学生的自学教材，同时也是一套青年教师教学使用的非常有益的参考书.

图书在版编目（CIP）数据

数学分析：全 3 册/崔国忠主编. —北京：科学出版社，2018.7
河南省"十四五"普通高等教育规划教材
ISBN 978-7-03-057600-2

Ⅰ．①数… Ⅱ．①崔… Ⅲ．①数学分析 Ⅳ．①O17

中国版本图书馆 CIP 数据核字（2018）第 113102 号

责任编辑：张中兴 梁 清 孙翠勤 / 责任校对：张凤琴
责任印制：张 伟 / 封面设计：迷底书装

科 学 出 版 社 出版
北京东黄城根北街 16 号
邮政编码：100717
http://www.sciencep.com

北京中石油彩色印刷有限责任公司 印刷
科学出版社发行 各地新华书店经销

*

2018年7月第 一 版 开本：720×1000 B5
2022年8月第五次印刷 印张：49 1/4
字数：998 000

定价：128.00元(全3册)
（如有印装质量问题，我社负责调换）

序　言
——基于结构分析的教材与课程设计

　　"数学分析"是数学及其相关专业的一门非常重要的主干基础课程, 近260个总学时, 延续3个学期(课堂教学时长和跨度是所有课程中最多、最长的, 没有之一), 这足以说明该课程的重要性. 通过该课程的学习, 学生不仅掌握后续专业课程所需要的理论基础知识、解决专业问题的理论工具, 更重要的是掌握解决问题的数学思想和方法, 培养学生的数学素养. 但是, 学习这门课程又是很难的, 一方面, 整个课程内容丰富, 理论体系庞大, 延续时间长, 内容之间的联系非常密切, 章节模块之间关联度非常高, 累积效应非常强, 这些都给课程的学习带来很大的困难; 另一方面, 数学课程自身的特点, 如理论性强、内容枯燥、高度的抽象性、应用的广泛性等, 更加使得学生在学习过程中感到困难. 但是, 这门课程的学习又是十分重要和必要的, 因此, 如何教好, 又如何让学生学好这门课, 是长期从事该课程教学的教员们面临的亟待解决的重大问题.

　　乘大学教育转型和教学改革的东风, 我们利用大学和理学院对基础教学的极度重视和大力支持, 在教学改革项目的资助下, 我们对该课程的教与学的过程进行了研究, 从教学内容、教学方法和手段、课堂的教学组织与实施、辅助教学过程到考核评价方式、考试形式与内容等进行了广泛的探索与实践, 这次出版的教材正是我们研究成果的集中体现.

　　总的说来, 本教材有如下特点:

　　(1) 本教材整体体现了基于本原性问题驱动的课程设计的教学理念.

　　本原性问题驱动理论就是基于HPM的数学教育思想, 抽象形成的数学教育理论, 指在数学教育中, 还原历史发展的环境, 阐述当时历史视角下人类认知发展规律、理论形成、发展的过程, 重点解决数学理论为何产生, 如何产生, 如何构建, 如何进一步应用形成的理论解决实际问题, 如何在整个理论的教育和学习过程中实现数学能力的培养? 其关注的核心内容是: 在数学教育中, 如何从数学理论、理论产生的历史背景问题、学生的认知规律的三个维度出发, 进行高质量的数学教育.

　　我们知道, 数学理论本身的产生与发展就是源于人类在认识自然和改造自然的过程中, 对所遇到的实际问题进行的探索与求解以及由此对所形成的解决问题的思想、方法的高度抽象和高度的完善而形成的完美严谨的理论体系. 数学分析的核心内容——微积分理论, 正是为解决当时历史发展进程中亟待解决的工程技术和应用领域(物理、天文、航海等）中大量的实际问题而形成的, 可以说, 课程教学内容的本身就体现了问题驱动的特性. 而这一特性紧紧与教学改革的能力培养的时代要求相吻合. 我们培养的学生, 将来走上工作岗位后要面对的还是一个个技术问题或实际问题的解决, 虽然这些问题与数学问题的形式不一样, 但是, 整个问题的求解过程, 从思路分析、方法的形成, 到技术路线的确立等环节中所隐藏的思想方法是一样的, 这些解决问题的思想方法正是能力的具体体现, 因此, 在传授知识的同时, 还原该理论的本原性问题的产生环境, 按当时的认知规律模拟问题解决的思想形成过程, 通过关注过程, 关注如何从现实问题实现当时条件下的问题求解, 让学生感受过程, 感受思想, 感受能力而不仅仅是理论本身, 达到能力培养的目标.

基于本原性问题驱动的课程设计贯穿于整个教材的始终, 从课程的绪论——正是以微积分的本原性问题解决为线索, 开始介绍微积分理论的主要内容、解决问题的思想方法, 以及贯穿于课程始终的数学思想, 后续每章内容的引入, 都是以历史发展过程中的本原性问题为出发点, 通过还原理论产生的背景, 解决的过程, 揭示数学理论中所隐藏的解决实际问题的数学思想和方法.

(2) 结构分析法和形式统一法的解决问题的数学思想贯穿于整个教材.

结构分析法和形式统一法是我们在教学过程中总结提炼出来的解决实际问题的一般性研究方法, 是科学研究理论在教学中的具体应用. 任何问题的解决都要经历两个阶段: 解题思想的形成阶段与具体方法和路线的设计阶段. 第一个阶段确立问题解决的方向, 解决"用什么"的问题, 即利用哪个已知的理论解决问题, 由此确立解决问题的思路; 第二个阶段确立具体的方法, 解决"怎么用"的问题, 即设计具体的技术路线, 如何利用已知理论解决问题, 确立解决问题的具体方法.

数学理论的结论(定理)很多, 学生记住这些结论并不难, 难在如何用这些定理结论解决一个个具体的问题, 这是教学过程中的突出问题和难题, 针对于此, 我们经过深入的研究与实践, 提炼出了行之有效的结构分析法和形式统一法.

数学定理很多, 但是, 每个定理都有自己的结构特征, 有自己的作用对象, 要想掌握定理的使用, 必须掌握定理的结构特点, 即定理处理的题型结构是什么, 只有如此, 当我们面对解决的问题时, 先对问题的结构作分析, 找到结构特点, 与已知的定理的处理对象的结构特点作类比, 由此确定使用什么定理和结论. 而在具体的求解过程中, 求解的核心思想是建立已知和未知的联系, 我们类比在思路确立中确定的已知定理, 分析应用过程中要解决的重点和难点, 先从形式上入手, 将待求解的问题从形式上转化为已经确立使用的已知定理或结论的形式, 或建立已知和未知的联系，使待求解的未知和要使用解决问题的已知在形式上进行统一，进一步形成解决问题的具体方法. 这就是结构分析法和形式统一法的核心内容. 可以将这种方法总结为24字方针：分析结构，挖掘特点，类比已知，确立思路，形式统一，设计方法.

在教材中，对大部分题目都给出了分析过程，在分析过程中，利用结构分析法和形式统一法给出解题的思路和具体的方法设计. 我们不厌其烦地从始至终使用这种方式，不怕重复，目的就是对学生进行数学思维训练的一遍遍的冲击，养成良好的数学解决问题的方式和习惯，培养坚实的数学素养.

(3) 在内容体系上有所变化.

在引入实数系基本定理时，大多教材都是以确界存在定理为公理，建立实数系的其他基本定理. 确界存在定理较抽象，此结论的成立并不明显，以此为公理有些突兀。我们采取Dedekind分割定理为公理，建立实数系基本定理. Dedekind分割定理就是对实数轴的一个具体的分割，形式简单直观，很容易理解。

为了分散极限定义的难度，我们在介绍集合的有界性时，就引入确界的定义，从而，可以使学生更早接触极限定义中非常重要又非常难以理解和掌握的量——"ε"，这是极限定义的灵魂，这样，学生对这个量的认识过程相对较长，把极限的难度进行了分解，也使学生对极限内涵的理解更加深刻.

在教学内容的其他部分上也进行了内容丰富，其中，个别地方还加入了笔者自己的研究心得和体会，如在介绍一致连续时，增加了对一致连续函数特征的更深入的刻画；在级数理论中，给出了一个新的结果，使得对复杂结构的级数的敛散性的判断进行简单化；对贯穿教材始终的Cauchy收敛准则进行的强化和深入的训练，这是体现极限思想的重要成果之一，学生必须掌握；这样的变化在教材中还有很多.

(4) 在教材的编排形式上有所变化，将数学思维和数学素养的培养、解决问题的实际能力的培养融入教材，体现学案式的教材设计理念.

现有的通用教材强调理论体系的较多，以教为主的多，以理论知识的传授为主的多，我们一直想变一变，转变理念，将理论知识的传授与能力的培养、数学思维和素养的熏陶相结合，突出以学为主，为学生提供一套"学案"，而不仅仅是教师所用的教材或教案，我们希望这套教材也可以称之为这样的学案. 这样的设计思想和理念体现在我们对教学内容的编排设计和对整个教材的设计上.

在内容的编排上，我们突出了分析和总结过程，体现对能力培养的设计思想；这样的编排是希望学生从模仿开始，直到可以独立地进行对教学内容的分析和总结，对数学思想的归纳和提炼，对解题方法的分析和理解，从理解给出的问题开始，到独立地去发现问题、分析问题和解决问题，这是一个循序渐进的过程，我们的教材设计体现这个过程.

(5) 教材中还引入了一些新词汇.

这些词汇有些源于现代分析学, 如挖洞法、扰动法、降维法等, 有些是借用, 如坏点、聚点、可控性、定性分析、定量分析等; 也引入了一些新的表示方法, 如表示双侧曲面侧的有侧(向)曲面、有侧投影, 表示双侧曲面的表示方法 $\overline{\Sigma}$, 第二类曲面积分的表示方法如 $\iint_{\overline{\Sigma}} f(x, y)\mathrm{d}x\mathrm{d}y$, 区分平面区域上的二重积分等.

教材还有其他的一些特点, 如在课后习题的设计上增加了难度, 引入了一些考研题目, 作者在教学过程中自己设计了一些题目, 增加了结构分析的题型, 学生可以通过学习逐渐去领会.

这套教材是我们辛苦工作的成果, 虽然几年前就已经成型, 一遍遍地试用, 总想让它十分完美, 当然, 这是不可能的, 因为每次使用后总感觉还有新的感悟, 需要增加新的东西, 需要在表达的准确性、逻辑性上做进一步的精雕细琢, 这就是所谓的精益求精吧; 这个过程是无止境的, 任何事物总是在发展, 在前进, 没有终结篇, 我们只能给出阶段性的成果; 我们也希望通过阶段性成果的公开出版, 接受同行、学生的检验和批判, 以改进我们的工作. 因此, 不当之处敬请批评指正, 不胜感激.

作　者

2017年11月

目　　录

数学分析引言

　　数学分析是研究变量(函数)的一门数学学科, 这和中学以常量为研究对象的数学形成了对比.

　　我们知道, 数学是人类在认识和改造自然的实践活动中高度抽象出来的科学理论, 是一门研究数量关系和空间形式的科学, 而数量关系和空间形式正是一切现象的存在形式和本质, 从这个意义来说, 数学就其起源已经体现了与自然界丰富多彩的、紧密的联系. 作为研究变量(或变量关系)的最基础学科的数学分析, 其核心内容正是人类在解决 17、18 世纪大量涌现的物理、几何、天文及航海等复杂的现实问题和工程技术问题中发明(现)的数学理论. 如果说初等数学是以研究自然界中静态的、简单的数量关系为主, 那么, 从数学分析开始, 数学就将进入了以研究自然界中变化着的、复杂的变量关系和空间形式的研究领域了.

　　那么, 数学分析的核心内容是什么? 这一理论体系又是如何从 17、18 世纪的实际问题的求解中抽象出来的? 理论体系中又体现了什么样的处理实际问题的数学思想? 让我们沿着历史的发展轨迹, 以重点关注解决问题的数学思想为主线, 追寻一下数学分析产生的历史根源.

　　数学发展历史的源头应该可以追溯到数字的形成, 原始人在早期的采集和狩猎活动中应是逐渐注意到了一条鱼和许多条鱼、一个果子和许多果子在数量上的差异, 也逐渐注意到了两只羊和两条狗在数量上的共性, 将这种认识抽象出来就形成了数的概念, 数的概念的形成可能与火的使用一样古老, 对人类文明发展的意义也不亚于火的使用. 原始人的集体狩猎必然要进行的成果分配、社会的组织与分工、对自然界的再认识等一系列活动相应促进了数及数的运算的发展, 逐渐形成了算术. 而对于形的认识也促进了几何学的产生与发展, 当然, 这是一个漫长的过程. 在这个过程中, 从古埃及、古希腊、古印度到中国, 世界各地的劳动人民都对数学发展做出了巨大的贡献.

　　但是, 以变量数学为标志的近代数学的产生却仅仅是几百年以前的事. 14 世纪, 文艺复兴伴随着资本主义的萌芽, 促进工场手工业和商品经济的发展, 也对用于改造自然的科学技术提出了新的要求, 出现了一些新的研究问题和研究领域, 如: 为提高效率而促进手工业向机械工业的发展需要解决一系列运动问题, 贸易的发展促使航海工业的发展, 需要解决大量的运动及天体运行规律的问题等. 到 16 世纪, 对运动和变化的研究已变成自然科学的核心问题, 由此促进了变量数学的发展, 诞生了近代数学.

　　变量数学发展的里程碑是解析几何的发明, 解析几何的基本思想是将几何与代数紧密结合起来, 将几何量用代数形式表示, 用代数的方法解决几何问题. 解析几何将变量引入了数学, 使得用数学的语言描述运动和变化发展的客观事实成为可能, 也为微积分的产生奠定了基础.

　　17 世纪, 自然科学领域有大量的问题亟待解决. 天文望远镜的发明为天文研究打开了一扇新窗口, Kepler(1571～1630, 德国天文学家, 提出行星运动三大定律, 终结传统的周转圆理论, 开创天文的新纪元)公布了通过观测得到的行星运动三大定律; Galileo(1564～1642, 意大利物理学家、天文学家、哲学家、发明家, 发明了温度计和天文望远镜, 是近代实验物理学的开拓者, 被誉为"近代科学之父")研究了自由落体运动和炮弹的最大射程问题; 望远镜的设计需要确定透镜曲面上任一点的法线, 如此等等, 一系列重大问题必须要得到准确的、科学的回答. 这些问题主要可以归结为四种类型: 一是研究运动物体的速度和加速度; 二是计算曲线的切线; 三是求函数的最大(小)值; 四是求曲线所围的面积、曲面所围的体积等. 由此可以看出, 自然科学中的实际应用问题最终抽象成了数学问题. 这些问题吸引了当代数学家, 他们解决这些问题的出色的工作, 使得数学分析的核心内容——微积分得以诞生, 其中最杰出的工作应归功于英国科学家 Newton 和德国科学家 Leibniz, 显然, 他们是站在巨人肩膀上发明了微积分, 这些巨人包括 Galileo、Kepler、Cavalieri、Descartes、Fermat、Barrow 等一大批同样杰出的科学家.

　　让我们再次回到上面的四种类型的问题, 按现在的观点, 前三类属于微分学, 最后一类属于积分学. 现在让我们以其中的两个问题为例, 通过对这两个问题置于当时条件下的研究和解决, 体现用数学理论解决实际问题的思想和方法, 由此说明微积分产生的背景.

　　问题一　直线运动物体的瞬时速度(率)问题.

　　数学建模抽象为数学问题　已知直线运动物体的距离 s 与时间 t 的关系式 $s = s(t)$, 计算物体在任一时刻 t_0 时的速度(速率) $v_0 = v(t_0)$.

　　研究及求解过程分析　这个在今天看来非常简单的问题, 在当时历史条件下是世界性难题, 让我们合理设置当时的问题情境.

　　1. 思路确立

　　类比已知　首先类比与求解的问题关联最紧密的已知理论, 这是问题求解的第一步, 即确定思路, 明确用什么理论解决问题.

　　可以设想, 也是一般性的认知规律, 人们对运动物体的认识是从最简单、最特殊的情形开始的. 最简单的情形是匀速直线运动, 此时, 路程、速度、时间三者的关系最简单, 可以通过实验观察得到 $s=vt$ 或 $v=\dfrac{s}{t}$, 此时, v 是常数, 要计算 v, 只需测量一下在时刻 t 内物体运动的距离 s 即可.

因此, 在研究问题一时, 我们假设所掌握的已知的理论工具仅仅是匀速直线运动物体的速度公式.

认知规律 因而, 问题一是在认识了简单的匀速直线运动后对物体运动认识的自然发展, 符合人类的认知规律. 那么, 如何认识和计算变速直线运动物体的速度? 显然, 此时物体在任一时刻的运动速度都不相同, 自然需要引入一个新的概念来刻画它, 这就是瞬时速度, 简称为速度.

那么, 如何计算瞬时速度? 此时, 已知的理论基础只有匀速直线运动物体的速度计算公式, 没有直接计算瞬时速度的公式. 为了解决这个问题, 我们从科学研究的方法论的角度出发, 结合人类的认识规律, 简单梳理一下实际问题解决的数学思想和过程, 设计具体的求解技术路线.

近似研究 我们知道, 虽然数学是最讲究严谨准确的学科, 但是, 在用数学理论解决实际问题的过程中, 也同样遵循人类的认知规律, 即对陌生事物的认识都是从模糊、近似, 到逐步精确, 直到准确地认识规律和过程, 要涉及近似、精确和准确的关系处理. 一方面, 科学和技术中尽量追求准确, 只有准确, 才能准确刻画自然现象, 达到对自然现象的准确认识; 另一方面, 追求绝对的准确是没有意义的, 也是不可能的; 因为对自然现象的认识本身就是近似的, 这表现在描述自然现象的数学模型的建立过程中已经忽略了一些次要因素, 或视为理想状态, 已进行了一些近似. 比如, 自由落体物体路程公式 $s(t)=\dfrac{1}{2}gt^2$ 的建立, 就忽略了空气的阻力; 电荷称之为点电荷是将其视为一个没有大小的点, 如此等等; 近似还表现在模型的求解过程中, 特别是对复杂模型的求解. 一般来说, 数学模型的解析求解或准确数值解是很困难的, 甚至是不可能的, 大多数情形是计算近似解; 近似还表现在实际操作和应用过程中, 因为即使得到了准确解, 在应用中由于工具和技术的限制也不可能达到完全的准确. 如坦克的设计, 要在威力、射程、综合能力等各项指标上进行优化设计, 以达到某种需求. 中国 99 式主战坦克, 采用 125 毫米滑膛炮, 炮管长度是口径的 50 倍, 达到 6.25 米. 在实际制造中, 由于技术上的误差, 最终制造出来的炮管口径并不是严格科学意义上的 125 毫米, 制造工艺总会造成一定的误差; 同样, 截得的炮管长度也不会是严格意义下的 6.25 米, 也有误差. 还有, 我们知道圆的面积计算公式是 $S=\pi r^2$, 由于 π 是无理数(无限不循环小数), 因此, 要得到圆的面积的准确值是不可能的, 同样, 寻求球的体积的准确值也是不可能的. 因此, 认识和改造自然的每一步都蕴涵了近似的处理思想.

所以, 追求绝对的准确是"没有意义的". 即使现在是数字化时代, 这也是某种近似下的数字化, 当然, 这绝对不能否定准确的科学意义. 同时, 在实际应用中, 过度追求精确和准确还存在一个制约因素——成本因素. 在实际应用中, 越是追求精确、准确, 需要付出的成本越高, 取得的效益就会受到制约, 因此, 实际应用中, 我们要做到的是准确、精确、近似之间的协调与平衡, 以便达到实际应用中所追求效益的最大化. 再举一个例子, 对常规武器的设计, 必须追求精度, 如导弹的精度要以米级设计, 而原子弹等核武器的命中精度就没有必要追求如此高的精度, 以便降低成本. 因此, 从实践中来到实践中去的数学理论的循环发展过程中隐藏了深刻的近似的数学思想, 我们认识数学, 不论从研究和解决问题的思想方法上, 还是从数学理论上, 都应该理解和把握"近似的思想". 当然, "近似思想的数学不是一种近似的数学而是关于近似关系的数学."

因此, 严谨的数学理论, 正是从近似研究开始, 进而研究在如何由近似到达精确、准确的过程中, 抽象和发展而形成的理论体系. 我们现在开始学习的数学分析, 正是体现近似思想、近似研究的严谨准确的数学理论. 由此确定了对问题进行近似研究的思路.

2. 技术路线设计

再回到变速直线运动物体的瞬时速度的问题上来. 利用近似研究的思想, 在得到准确的瞬时速度之前, 先从近似研究的角度对问题进行求解, 为此, 考虑引入一个近似替代量.

这决定了问题求解的思路——从近似研究开始. 利用这个思路, 再进一步决定求解的技术路线, 设计具体的研究方法.

技术路线的确立需要分析已知的条件和要证明的结论, 这里所说的分析是指从各个角度挖掘条件和要证明的结论中隐藏的信息, 寻找它们的结构特点, 以便找出二者之间的联系, 搭建从已知到未知的桥梁.

分析问题一的已知条件, 此条件是"匀速直线运动物体的速度计算公式", 这个公式描述了一段时刻的运动速度, "一段时刻"在时间轴上从几何上看对应的是一个区间段, 从公式的代数形式看具有平均的意识; 而要求解的瞬时速度是某一时刻的速度描述, "某一时刻"在时间轴是一个点; 因而, 近似求解的思路是如何将变速运动问题的某一时刻(局部)的瞬时速度转化为匀速问题的速度进行计算, 以便利用已知的公式近似求解. 比较二者的区别与联系, 要解决的核心问题是, 如何将"一个点"转化为"一段", 如何将某时刻点处的瞬时速度转化为某一段的匀速的速度. 当然, "点"和"段"是有明显的区别, 用"一段"精确表示"一点"是不可能的, 但是, 若考虑到实际问题的研究是先求近似解, 即从近似角度出发很容易确定思路——用"一段"近似代表"一点". 于是, 利用掌握的平均的概念, 引入瞬时速度的一个近似量——平均速度, 即先计算包含某一时刻的某个时段内的平均速度, 用此平均速度近似代替这个时刻的瞬时速度, 由此得到瞬时速度的一个近似, 这样, 从近似角度就可以解决问题一. 当然, 选择包含某一时刻的时段的方式不同, 可以得到不同的近似方法, 这是具体的技术路线问题. 先解决局部问题, 然后再过渡到具体的"点", 正是从近似到准确的认识规律的体现.

现在, 我们计算物体在 t_1 到 t_2 时段内的平均速度 $\bar{v}(t_1, t_2)$, 自然可引入公式

$$\bar{v}(t_1, t_2) = \frac{s(t_2) - s(t_1)}{t_2 - t_1}.$$

显然, 此时还不能准确计算 t_0 时刻的瞬时速度 $v(t_0)$, 但是, 对运动物体的认识, 已经从匀速运动过渡到了对变速运动的认识, 尽管此时的认识还是一个模糊的近似的认识; 剩下的问题就是如何从近似进一步追求精确、最终达到准确.

在研究瞬时速度 $v(t_0)$ 时, 首先得到了平均速度, 借助平均速度, 很容易给出 $v(t_0)$ 的一个近似, 比如, 我们采用如下近似:

$$v(t_0) \approx \bar{v}(t_0, t_0 + \Delta t),$$

而 $\bar{v}(t_0, t_0 + \Delta t)$ 完全可以通过测量手段和匀速的速度公式得到, 其中 Δt 为选取的一个时间段; 当然, 取不同的 Δt, 得到的 $v(t_0)$ 的近似值也不相同, Δt 越小, $\bar{v}(t_0, t_0 + \Delta t)$ 越近似于 $v(t_0)$, 即二者的误差就越小, 至此, 我们获得了一种求得 $v(t_0)$ 近似值的方法, 初步解决了瞬时速度 $v(t_0)$ 的计算问题.

至此, 从近似角度解决了问题一.

3. 问题进一步发展——从近似到准确

探知问题的真谛是科学家的职责和追求. 如何通过上面的近似值求得其准确值, 在理论研究和实际应用中都具有非常大的意义, 众多科学家为此做了大量的工作, 推动了 17 世纪数学的发展, 由此发明的微分学理论便是数学分析的核心内容之一.

其解决的关键理论, 在今天看来非常简单, 就是引入极限. 由 $v(t_0)$ 和 $\bar{v}(t_0, t_0 + \Delta t)$ 的定义可知, 当 Δt 越小时, $\bar{v}(t_0, t_0 + \Delta t)$ 就越接近于 $v(t_0)$, 因而, 我们可以猜想, Δt 趋近于 0 时, $\bar{v}(t_0, t_0 + \Delta t)$ 趋近于 $v(t_0)$, 借用极限符号表示为

$$v(t_0) = \lim_{\Delta t \to 0} \bar{v}(t_0, t_0 + \Delta t),$$

将此式用已知的路程函数表示为

$$v(t_0) = \lim_{\Delta t \to 0} \frac{s(t_0 + \Delta t) - s(t_0)}{\Delta t},$$

这样, 瞬时速度就可以利用路程函数借助极限工具计算出来.

至此, 问题一得到解决.

4. 结论的抽象与总结

事实还不仅如此, 观察上述的极限结构, $\dfrac{s(t_0 + \Delta t) - s(t_0)}{\Delta t}$ 正是函数增量与引起函数增量的自变量增量的比值; 而借助于这种由近似到精确、准确的处理问题的思想, 自然界中很多量(如速度、加速度等各种反映变化快慢的变化率)都可以转化为如上形式的函数增量与自变量增量的比值的极限. 数学重要的功能之一就是高度的抽象性, 因此, 在研究解决大量的上述类似的具体问题过程中, 将各种问题的背景去掉, 经过数学上的高度抽象之后, 将函数增量与自变量增量的比值的极限抽象形成了数学上的导数的概念, 因此, 借助于导数的定义, 则

$$v(t_0) = \lim_{\Delta t \to 0} \frac{s(t_0 + \Delta t) - s(t_0)}{\Delta t} = s'(t_0),$$

于是, 利用导数的计算公式, 速度问题得到解决. 而对函数的导数进行系统的研究就形成了微分理论, 这是数学分析的核心内容之一. 由此可以看出, 微分理论正是在研究大量的类似于上述问题过程中, 从近似到准确抽象而形成的严谨的数学理论.

问题二　平面封闭曲线所围的面积问题.

数学建模抽象为数学问题

问题简化　对问题简化是问题研究的第一步, 这是一般性的科学研究思想方法.

类比已知, 可以将任意平面封闭曲线所围的面积转化为曲边梯形面积的代数和(为何这样转化见图 1 的分析), 因而, 问题二的本质问题是曲边梯形的面积问题, 抽象为数学问题: 设 $y = f(x) > 0, x \in [a, b]$, 计算由曲线 $y = f(x)$, 直线 $x = a, x = b$ 及坐标轴 $y = 0$ 所围图形的面积.

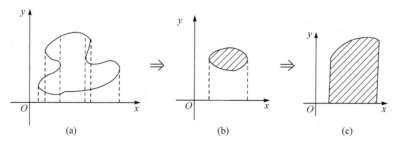

$$(a) \qquad\qquad (b) \qquad\qquad (c)$$

图 1

求解过程简析 平面图形的面积计算问题是人类认识和改造自然的活动中早期遇到的最重要问题之一, 在土地的丈量、分配中有着重要的作用.

类比已知, 确立思路 现在我们可以猜测一下人类对平面几何图形的面积的认识进程. 可以设想, 最早认识的是最简单规则的图形的面积, 如正方形、长方形的面积, 然后是较规则的直角三角形、等边三角形、梯形等图形的面积, 再发展到对正多边形面积的计算, 再发展到看似简单、规则、实则充满变化的圆的面积, 这是此时的已知理论, 当然, 历史上, 各种理论的发展是交织在一起, 并没有明确的分界线. 事实上, 公元前 4 世纪的《墨经》就有圆的抽象的数学定义了, "圆, 一中同长也." 公元 1 世纪的《九章算术》就有圆面积的计算公式: "半周半径相乘得积步." 当然, 此时人们已经掌握了一个重要结论: "周三径一". 这也是一个近似的结论, 即取 $\pi = 3$, 这又反映了认识进程中的近似. 为追求更精确的 π 值, 各国数学家都进行了艰苦细致的工作. 我国魏晋时期数学家刘徽于公元 263 年撰写《九章算术注》, 利用割圆术, 把圆内接正多边形的面积一直计算到正 3072 边形 (6×2^9), 得到 $\pi \approx 3.1416$, 而祖冲之计算到圆内接正 24576 边形 (6×2^{12}) 的面积, 将 π 值精确到 $\pi \approx 3.1415926$, 使得圆的面积的计算越来越精确, 达到了当时世界领先水平; 但是, 由于 π 是无理数, 准确给出某个圆的面积的值是不可能的. 换句话说, 由于取 π 为近似值, 因此, 所有圆的面积的计算都是近似值, 但是这些近似的结果都不影响其在工程技术中的应用, 再次体现了应用中的近似问题.

随着人类活动的进一步深入, 对更一般的平面图形面积的计算成为研究重点, 而技术的发展也使问题的解决成为可能. 事实上, 公元前 4 世纪, 古希腊的 Antiphon(约公元前 480—前 401, 希腊数学家、哲学家, 是智人学派的代表人物, 在数学方面的突出成就是用"穷竭法"讨论化圆为方问题, 被认为穷竭法的鼻祖)在研究化圆为方的问题时提出了穷竭法, Archimedes 完善了穷竭法, 并广泛用于面积的计算, 刘徽的割圆术也使用穷竭法. 穷竭法的直接定义为"在一个量中减去比其一半还大的量, 不断重复这个过程, 可以使剩下的量变得任意小", 这里, 仍体现近似的思想; 在实际应用中, 穷竭法常用于近似计算某个量, 通过"穷竭", 使得计算出的近似量与所求的量之间的差能够任意小, 这实际上已经蕴藏了极限的思想. 下面, 我们将用穷竭法来研究问题二.

技术路线的设计 问题二求解的思想和问题一的求解思想相类似, 先从近似计算的研究入手. 不妨假设现在仅仅知道矩形面积的计算公式, 因此, 解决问题的关键就是如何将不太规则的图形转化为矩形. 比较两图形的结构, 从近似计算的角度看, 很容易将其转化为矩形, 只需将其曲边梯形的顶边拉平, 这就需要一个合适的高度, 按此高度拉平就可以得到近似值. 当然, 高度的选择形式不同, 得到不同的近似计算方法. 我们这里不妨取 $f(a)$ 为高进行拉平, 就得到原曲边梯

形的一个近似矩形, 利用此矩形的面积, 记为 s_1, 就得到原面积 s 的一个近似

$$s \approx s_1 = f(a)(b-a).$$

我们来进行误差分析. 此时的误差比较大, 产生误差的原因是 $f(x)$ 在 $[a,b]$ 的存在变化幅度, 以 $f(a)$ 作为整条曲边的平均产生了误差. 一般来说, 底边的宽度越小, 对应曲边的振幅也越小. 因此, 为缩小误差, 最直接的办法是缩小区间 $[a,b]$, 但是 $[a,b]$ 是给定的, 一个变通的、间接的办法就是将区间 $[a,b]$ 分割. 比如, 作如下分割:

$$[a,b] = [a,a_1] \cup [a_1,b],$$

其中 $a_1 = \dfrac{a+b}{2}$, $[a,a_1]$, $[a_1,b]$ 上对应的面积记为 s_{21}, s_{22}, 可得到如下近似:

$$s \approx s_2 \equiv s_{21} + s_{22} = f(a)(a_1-a) + f(a_1)(b-a_1),$$

此时, s_2 作为 s 的近似, 仍有一定的误差, 虽然误差比用 s_1 代替 s 的误差要小. 可以设想, 要继续提高精度, 利用穷竭思想将 $[a,b]$ 分割得更细, 比如插入 $n-1$ 个分点 $a_1, a_2, \cdots, a_{n-1}$, 作如下分割:

$$[a,b] = [a,a_1] \cup [a_1,a_2] \cup \cdots \cup [a_{n-1},b],$$

获得 s 的近似值

$$s \approx s_n \equiv f(a)(a_1-a) + \cdots + f(a_{n-1})(b-a_{n-1}),$$

并且, 随着分割越来越细, 即 $\max\limits_{1 \leqslant i \leqslant n}(a_i - a_{i-1})$ 越来越小, s_n 越来越逼近 s, 即用 s_n 代替 s 的误差就越小. 因此, 从近似研究的角度, 问题得到了基本的解决——可以得到一个近似值, 尽管还不一定能得到误差.

进一步发展: 从理论上讲, 追求准确仍是理论研究的目标之一. 那么, 能否通过上述近似值的计算进一步获得准确值呢? 通过上述分析和问题一的解决过程可以发现, 同样可以借助极限工具, 实现从近似过渡到准确, 即 $s = \lim\limits_{\lambda \to 0} s_n$, 其中 $\lambda = \max\limits_{1 \leqslant i \leqslant n}(a_i - a_{i-1})$, $a_0 = a, a_n = b$. 至此, 平面图形面积问题得到解决.

结论的抽象与总结　　自然界有很多量, 如几何体上分布的质量、力所做的功等, 都可以表示成这类极限. 于是, 将所有这样的量的背景去掉, 进行数学上的抽象, 就形成了定积分的概念; 因此, 借用定积分符号, 上述面积可表示为

$$s = \lim\limits_{\lambda \to 0} s_n = \int_a^b f(x)\mathrm{d}x,$$

对定积分进行系统的分析研究, 便形成了积分理论, 这便是数学分析的又一核心内容.

至此, 给出的两个问题都得到了解决. 随着这两个问题的解决过程中相关理

论的进一步发展完善, 前面所提到的 17 世纪所归纳出来的四种类型问题得到全部解决. 当然, 这是一个漫长的过程, 从 Newton、Leibniz 在 17 世纪初步解决上述问题创立微积分, 直到 19 世纪构建严谨的极限定义, 奠定微积分严谨的理论基础, 期间经过众多数学家长期不懈的努力, 他们杰出的理论工作及将理论应用于实践, 解决实际问题所产生的成果, 便形成了数学分析的主要内容.

问题一和问题二的解决思路基本是相同的, 都是先进行近似计算, 然后通过极限得到准确值. 这种近似的思想在数学分析及其后续的课程中也称为无穷小分析的思想和方法, 因为这个过程都涉及某个量的无穷小变化过程以及由此无穷小改变所引起的函数分析性质的研究, 因此, 可以说, 数学分析(mathematical analysis)是以极限理论为基础, 以无穷小分析为主要方法, 研究函数的微分和积分等分析性质的一门学科. 其主要内容有极限理论、微分理论、积分理论和级数理论. 极限理论是基础, 微积分理论是核心, 级数理论是函数分析学的一个分支, 从离散角度研究函数性质.

数学分析虽然以微积分为核心内容, 但是, 它和一般意义下的微积分有区别. 微积分是微分学和积分学的统称, 英文词为 Calculus, 意为计算, 这是因为早期的微积分主要用于天文、力学、几何中的计算问题. 现在的高等数学基本为微积分, 而数学分析是整个分析学的基础, 是指用无穷小分析的思想分析、研究和解决实际问题或计算问题的一门学科. 现在, 分析学已经发展为内容丰富的一门学科, 包括将要学习的实变函数、复变函数及研究生阶段要学习的泛函分析、广义函数等, 已经成为整个现代数学的基础, 是数学中最大的一个分支.

习　题

1. 数学分析的研究对象是什么, 研究内容是什么, 主要研究内容有哪些?

2. 对于问题二, 为何说任何封闭的平面图形的面积可以简化为曲边梯形的面积? 给出一种转化方案.

3. 对于问题二, 我们采用长方形作曲边梯形的近似, 你还能找到其他近似的方法吗? 如果能, 比较一下你的方法和此处方法的优劣, 能否进一步猜想我们为何采用长方形近似? 这种方法的最大优势是什么? 能否从上述一系列问题中总结近似代替的基本原则?

4. 能否从问题一和问题二的解决过程中总结解决实际问题的一些思想方法?

5. 什么是穷竭法? 隐含的解决问题的思想是什么?

6. 用穷竭法近似计算由曲线 $y = x^2$、直线 $x=1$、x 轴和 y 轴所围图形的面积(要求误差小于 0.1).

数学分析的研究对象是函数
我们的课程就从函数开始

第1章 实数系 函数

函数, 对我们来说并不是一个陌生的数学概念. 在中学数学中, 就学习过函数的概念, 并接触了大量的具体函数, 初步研究了一些具体函数的性质.

让我们先简单回顾一下学习过的函数概念. 函数就是建立在两个实数集合之间的对应法则(或实数集合到实数系的对应法则), 如 $f(x)=x^2$ 就是通过对应法则 $f: x \mapsto x^2$ 建立了如下两个集合间的对应 $f: \mathbf{R} \to \mathbf{R}(\mathbf{R}^+)$, 其中 $\mathbf{R}$ 表示全体实数的集合, $\mathbf{R}^+$ 表示全体非负实数的集合; $f(x)=\ln x$ 就是通过对应法则 $f: x \mapsto \ln x$ 建立了全体正实数集合 $\mathbf{R}^+$ 到实数集的对应 $f: \mathbf{R}^+ \to \mathbf{R}$; 而 $f(x)=\dfrac{1}{\sqrt{x}}+\sqrt{1-x}$ 就是通过对应法则 $f: x \mapsto \dfrac{1}{\sqrt{x}}+\sqrt{1-x}$ 建立了两个集合间的对应 $f:(0,1] \to \mathbf{R}^+$, 上述具体的函数例子中, 建立关系的两个集合分别称为定义域和值域, 对应法则称为函数; 对应法则、定义域和值域也称为构成函数的三个要素. 这三个要素中, 关键要素是对应法则, 就我们现阶段所遇到的大部分函数而言, 对应法则就是由变量 x 构成的关系式(表达式), 我们也通常把这个表达式称为函数.

因此, 要研究函数的分析性质, 就是要研究这样或那样的 x 的表达式或更抽象的表达式的性质. 由于函数及其性质这个庞大的系统是建立在实数系的基础之上的, 所以, 要了解和研究函数, 必须从了解函数建立的基础——实数系开始.

1.1 实数系及其简单性质

本节简单介绍一些实数系的性质.

一、实数系的简单分类

实数系是指由全体实数构成的集合, 记作 $\mathbf{R}$ (或 $\mathbf{R}^1$), 表示为
$$\mathbf{R}=\{x: \ x \text{为实数}\}.$$

实数系是一个庞大而复杂的系统, 可以根据实数满足不同的性质进行不同的分类:

(1) 按无限小数表示法可将实数分为无限循环小数——有理数和无限不循环小数——无理数两部分. 若记有理数集合和无理数集合分别为

$$\mathbf{Q} = \{x : x \text{为无限循环小数(有理数)}\},$$
$$\mathbf{Q}_c = \{x : x \text{为无限不循环小数(无理数)}\},$$

因而, 有

$$\mathbf{R} = \mathbf{Q} \cup \mathbf{Q}_c, \quad \mathbf{Q} \cap \mathbf{Q}_c = \varnothing.$$

有理数集合也可以表示为

$$\mathbf{Q} = \left\{x = \frac{m}{n} : m, n \in \mathbf{Z} \text{互质}, n > 0\right\},$$

其中 $\mathbf{Z}$ 为整数集合, $\varnothing$ 表示空集. 整数和有限小数可以看成后面略去的部分全为 0 的无限循环小数.

(2) 按是否为整数可将实数系分为整数和非整数两部分.

若记 $\mathbf{Z}_c = \{x : x \text{为非整数}\}$, 则

$$\mathbf{R} = \mathbf{Z} \cup \mathbf{Z}_c, \quad \mathbf{Z} \cap \mathbf{Z}_c = \varnothing,$$

常用的一些集合符号还有

$$\mathbf{Z}^+ = \{x : x \text{为非负整数(自然数)}\},$$
$$\mathbf{Z}_+ = \{x : x \text{为正整数}\}.$$

实数系的建立是数学史上的大事情, 自此, 数学整个庞大体系的建立有了可靠坚实的基础. 当然, 实数系的建立本身就经历了非常漫长的历史阶段. 从约 30 万年前, 古人类为辨别一只羊、两只羊等数量上的区别的正整数意识的形成, 到 3 万年前结绳记数、刻痕记数等表达形式的形成, 直到 5000 年前正整数的计数系统的形成, 数, 这里特指正整数, 正式进入了人类的实践活动, 并伴随着劳动成果的计数、物与物交换的贸易活动等实践形成了计数系统. 这个系统使得数与数之间的书写与运算成为可能, 在此基础上产生了算术, 这是最早的数学理论. 因此, 人类在认识数的历史上, 首先认识的是正整数, 悠久的数的历史, 实际上是正整数的历史. 伴随着人类生产实践活动的深入, 统计、分配、丈量、贸易(交换)、对天象、地理等现象的观察的大量的实践活动广泛开展, 对正整数的一些简单的运算便由此开始, 一些新型的数逐渐被认识. 正整数之后, 首先被人类认识的数是正分数. 4000 多年前, 埃及人就有单分数的记载(分子为 1 的分数为单分数), 2600 年前, 中国开始出现把两个整数相除的商看作分数的认识, 2000 多年前的《周髀算经》就有分数的运算, 其后《九章算术》中就有了分数完整的运算法则. 继分数

之后被发现的数是无理数. 2500 年前, 毕达哥拉斯学派在研究勾股数时发现了无理数 $\sqrt{2}$, 但在当时, 这样的数只是被认为是不可直约数(不可度量数)而不被认可. 但是, 随着数字及其运算的发展, 求方程的根、数的开方运算、对数运算等涉及越来越多的无限不循环小数, 这些原来不被认可、不能表示为 $\frac{m}{n}$ (m,n 为正整数)的数, 越来越多地与人类的活动联系在一起, 迫使人们必须承认这些数. 到了 15 世纪, 这些数更多地被应用于各种运算. 16 世纪, 有了记号 "$\sqrt{\ }$", 当然, 到 19 世纪, 才有无理数的严格的数学定义(又用到了极限). 对负数的认识就又晚了一些, 负数产生的直接原因应该是数的运算, 包括求方程的根. 应该是中国人刘徽首先提出 "负数" 概念并将负数引入运算, 印度在 7 世纪才使用负数, 欧洲直到 16、17 世纪还不承认负数, 认为负数是假数、荒谬的数. 而特殊的数——零, 首先作为空白位置的表示符号进入数学, 在古巴比伦人的数学里可以找到记录; 7 世纪的印度数学家使用零作为一个数字, 并给出了与零有关的一些运算法则(加、减), 零作为一个特殊的数字与符号逐渐进入了数学. 这样, 虽然作为数字系统组成部分的各种数逐渐为人类认识而熟知, 但是, 严谨、完整的实数系的建立是在 19 世纪为解决微积分的基础时完成的, 换句话说, 直到 19 世纪, 完整的实数系理论才建立起来.

现在, 我们再从运算的角度看实数系建立的必要性. 首先给出一个系统对运算的封闭性的概念. 所谓系统对运算是封闭的是指系统中的元素经过此运算后, 仍属于此系统. 显然, 如果系统对运算封闭, 此运算对系统来说是一个好的运算.

对正整数构成的集合(系统), 只对加法和乘法运算封闭; 正整数集合加入零和负整数之后, 对减法运算也封闭; 再加入分数后, 对除法运算也封闭, 再加入无理数之后, 对更复杂的幂数、指数、对数运算也封闭了. 因此, 完整的实数系的建立, 使得在实数系内进行各种运算有了意义, 也正因为如此, 实数系的建立为整个数学理论, 当然也包括数学分析, 奠定坚实的基础. 正因为如此, 我们有必要掌握一些实数系的简单性质.

二、实数系的简单性质

经过漫长的发展至 19 世纪才形成的系统的、严谨的实数系, 不仅具备最基本的四则运算所要求的简单性质, 满足了初等数学的需要, 还具有更高级的性质, 满足高等数学对实数系的更高要求. 下面, 我们不加证明地引入一些实数系的性质.

性质 1.1　实数系对基本的四则运算是封闭的. 当然, 进行除法运算时, 0 不能作为除数.

这个性质保证了在实数系中进行四则运算是有意义的, 这是整个数学的基础.

性质 1.2　实数的有序性. 即对任意的两个实数 a,b, 下面三个关系式

$$a < b, \quad a = b, \quad a > b$$

有且仅有一个成立.

这个性质保证了每个实数在整个实数系中的秩序的确定性.

下面几个性质从不同角度说明了实数系的完备性, 而这正是微积分建立的基础.

性质 1.3　实数系的完备性. 实数系是完备的, 实数和数轴上的点一一对应, 即任给一个实数, 都可以在数轴上找到一点和它对应; 反之, 也成立. 因而, 实数充满了整个数轴.

这个性质从几何角度说明了实数系是一个完备的系统, 实数充满了整个数轴, 在数轴上没有空隙, 在后面的课程里可以借助 Cauchy 数列的概念定义实数系的完备性. 这个性质还可以借助 Dedekind 连续性公理来表述, 这个公理是 Dedekind 在致力于实数系的严谨性时建立的.

定义 1.1　设 A,B 是 **R** 的两个子集, 满足

$$A\bigcup B = \mathbf{R}, \quad A\bigcap B = \varnothing, \quad A \neq \varnothing, \quad B \neq \varnothing,$$

且对任意 $a \in A, b \in B$, 都有 $a < b$, 称 (A,B) 是 **R** 的一个 Dedekind 分割.

定理 1.1 (Dedekind 连续性公理)　对于 **R** 的任意一个 Dedekind 分割 (A,B), 都存在唯一的 $x_0 \in \mathbf{R}$, 使得

$$a \leqslant x_0 \leqslant b, \quad \forall a \in A, b \in B.$$

符号 $\forall$ 表示 "对任意的".

直观上看, Dedekind 分割就是将实数轴从某点处一分为二, 定理 1.1 中的 x_0 就是分点, 如取 $x_0=1, A=(-\infty,1), B=[1,+\infty)$, 则 (A,B) 就是 **R** 的一个 Dedekind 分割. 此性质同样表明实数系是没有空隙的, 因此, 实数系的完备性和连续性是等价的. 定义 1.1 和定理 1.1 都很明显, 易于理解, 本书将以定理 1.1 作为公理.

定理 1.1 的结构分析　从结论看, 定理的结论是确定一个点, 使得此点为分割的分界点. 我们把这类确定 "点" 的定理称为 "点定理".

还经常用到实数系的另一重要概念——稠密性.

性质 1.4　实数系是稠密的, 即任意两个不同的实数间都含有另外一个实数, 也即任意给定的两个不同实数 a,b, 不妨设 $a < b$, 至少存在一个实数 c, 使得 $a < c < b$.

性质 1.5　(1)有理数集 **Q** 是实数系 **R** 的稠密子集, 即有理数在实数中是稠密的, 也即任意给定的两个不同实数 a,b, 不妨设 $a < b$, 至少存在一个有理数 q, 使得 $a < q < b$.

(2) 无理数集 $\mathbf{Q}_c$ 也是实数系 $\mathbf{R}$ 的稠密子集.

从直观上理解, 所谓"稠密性"就是"密密麻麻地分布于"之意. 从这个意义上说, 有理数密密麻麻地分布在实数系中. 因而, 在实数系(轴)上, 找不到一个区间(数轴上一段)使得这个区间(段)内不含有理数, 对无理数也是如此. 因此, 从稠密性看, 有理数和无理数都有无限多个, 但是, 尽管如此, 二者在"数量"上还是有本质差别的.

性质 1.6　有理数集和正整数集之间存在一一对应, 因而, 有理数集是无限可列数集.

性质 1.6 涉及一类无限集——无限可列集. 我们称与正整数集存在一一对应的数集为无限可列集, 因而, 无限可列集的元素可以用下标标号, 将元素一一列出. 性质 1.6 还表明, 在一一对应的意义下, 有理数和正整数"个数相等", 这似乎是个矛盾, 因为正整数集是有理数集的一个真子集. 我们知道, 对有限集来说, 一个真子集的元素个数一定小于其母集的元素个数, 由此看来, 这个结论推广到无限集不成立. 一个简单的解释是:对有限集来说, 其子集和母集的元素个数都是确定的数, 两个确定的数之间总可以比较大小; 而对一个无限集来说, 如果其一个真子集也是无限集, 则两个集合的元素个数都是无穷(无限), 无穷不是一个确定的数, 仅是一个符号, 两个不确定的"无穷数"(两个符号)无法在通常意义下比较大小, 因而, 性质 1.6 所体现的这种现象确实存在, 其结论并不矛盾, 这正体现了"有限"和"无限"的差别. 因此, 对有限对象成立的性质, 对无限对象不一定成立, 在本教材的后续教学内容中, 经常会遇到将某种运算的法则从"有限"情形推广到"无限"情形, 此时要十分小心, 需要验证成立的条件.

性质 1.6 还表明, 正整数和有理数在数量的级别上是没有差别的, 在同一数量级上, 二者的"个数是相等的"(在测度意义下), 这似乎和有理数的稠密性相矛盾, 因为正整数在实数系并不稠密, 有空隙地分布于数轴上, 而有理数却是稠密地分布于数轴上, 二者"个数"又是一样多, 这种现象仍是由无限的不确定性质所造成的.

举一个简单的例子, 我们可以很容易构造正整数到整数的一一对应, 如

$$f(n) = \begin{cases} \dfrac{n}{2}, & n = 2k, \\ -\dfrac{n-1}{2}, & n = 2k-1, \end{cases} \qquad k = 1, 2, \cdots.$$

因此, 在一一对应的意义下, 正整数和整数"个数相等"; Cantor 曾给出一个有理数到正整数的映射, 尽管给出这个映射的表达式是很困难的. 因此, 对于性质 1.5, 我们在此并不打算给出严谨的证明.

性质 1.7　无理数集是无限不可列数集.

当然, 我们把不是无限可列集的无限集称为无限不可列集. 性质 1.7 表明, 无理数要比有理数多. 事实上, 在实变函数课程中将揭示: 无理数要比有理数多得多, 或者换一种说法, 虽然二者都有无限多个, 都在实数集中稠密, 但是, 相对于无理数, 有理数的 "个数" 可以忽略不计. 借用现代数学概念——测度, 可以很好地说明这一点; 简单来说, 测度是现实世界中的距离、区间的长度、区域的面积(体积) 等概念的抽象推广, 这里, 我们用测度表示实数集合(区间)在数轴上所占据的长度的大小以度量元素个数的多少. 令 $A=[0,10]$, $B=\{x\in\mathbf{Q}:x\in A\}$, $C=A\setminus B$, 则 A 的测度 $|A|$ 就是区间的长度 10, B 的测度 $|B|$ 为 0, C 的测度 $|C|$ 为 10, 与 $|A|$ 相等, 若记 $D=\{x\in A:x$为正整数$\}$, 则 $|D|=0$, 因此, 从测度的角度看, A 中的实数和无理数 "一样多", 正整数和有理数 "一样多", 无理数比有理数 "多得多", 有理数的 "个数" 相对于无理数的 "个数" 可以忽略不计.

本节最后, 给出一些常用的区间表示. 设 a,b 为两个给定的实数, 且 $a<b$, $+\infty$ 表示正无穷大, $-\infty$ 表示负无穷大, ∞ 表示无穷大, 引入如下记号: 记 $[a,b]=\{x\in\mathbf{R}:a\leqslant x\leqslant b\}$, 称为闭区间; $(a,b]=\{x\in\mathbf{R}:a<x\leqslant b\}$, 称为半开半闭区间; 类似可以引入如下的区间 $[a,b)$, (a,b), $[a,+\infty)$, $(a,+\infty)$, $(-\infty,b)$, $(-\infty,b]$, 整个实数系也可以用区间表示为 $\mathbf{R}=(-\infty,+\infty)$.

邻域也是一个常用的概念. 设 x_0 是给定的实数, $\delta>0$ 为某个正数. 称开区间 $(x_0-\delta,x_0+\delta)$ 为以 x_0 为心、δ 为半径的邻域, 或简称为 x_0 的 δ 邻域, 记为 $U(x_0,\delta)$; $\overset{\circ}{U}(x_0,\delta)\triangleq U(x_0,\delta)\setminus\{x_0\}$ 称为 x_0 的去心 δ 邻域; 有时也称 $(x_0-\delta,x_0)$ 为 x_0 的左 δ 邻域, $(x_0,x_0+\delta)$ 称为 x_0 的右 δ 邻域.

习　题　1.1

1. 证明 $\sqrt{2}$ 是无理数.
2. 设 $a,b\in\mathbf{R}$, 若对任意 $\varepsilon>0$ 都有 $|a-b|\leqslant\varepsilon$, 证明 $a=b$.
3. 设 $Y=\{3k:k\in\mathbf{Z}\}$, 给出集合 $Y,\mathbf{Z}$ 间的一个一一对应.
4. 试给出 $(0,1)$ 区间内的有理数和正整数间的一个一一对应.
5. 试给出一个 Dedekind 分割.
6. (1) 问题: 可以取到两个相邻的有理数/无理数/实数吗?
   (2) 上述问题的本质是什么?

1.2　界　最值　确界

数学分析是研究函数分析性质的一门学科, 分析性质的研究又大致分为两个方面: 定性分析和定量分析. 定性分析就是对函数的"质"进行研究, 了解函数具有什么样的属性; 定量分析就是对函数的"量"进行研究, 从数量关系上揭示函数的性质. 从数学角度看, 定量分析要优于定性分析. 而有界性的"界"正是函数最简单的定量性质, 是函数研究的内容之一; 函数的有界性实质上是函数值域这个实数集合的有界性, 因此, 为研究函数的有界性, 我们先研究实数集合的有界性.

一、数集的有界性

设 A 是一个给定的实数集合.

定义 2.1　若存在实数 M, 使得

$$x \leqslant M \left(M \leqslant x \right), \quad \forall x \in A,$$

称 M 是集合 A 的一个上(下)界, 同时称 A 是有上(下)界的集合. 若 A 既有上界, 又有下界, 统称 A 是有界集合.

　　信息挖掘　**(1)界的不唯一性**　由定义可以看出, 若 M 是 A 的一个上(下)界, 则任何比 M 大(小)的数, 都是 A 的一个上(下)界, 因而, 上(下)界不具备唯一性.

　　(2) 不唯一性的缺陷　这种不唯一性也反映出, 作为集合 A 的一种控制量, 上(下)界不是一个精确或准确的控制量, 因此, 定义中 "$\leqslant (\geqslant)$" 可换为 "$< (>)$", 这对追求准确的数学来说, 这不是一个好的概念. 因此, 寻求一个更精确的控制量, 将是我们的下一步目标.

　　正是由于上(下)界只是对数集的粗略的控制, 因此, 更多的时候是采用如下更简便的定义, 特别是没有明确要求找上、下界时.

　　定义 2.2　若存在 $M > 0$, 使得对所有 $x \in A$ 成立

$$|x| \leqslant M,$$

称 M 是 A 的一个界, A 称为有界集.

　　当然, 并不是所有的数集都有界, 有时还必须证明数集的无界性, 因此, 给出无界性的定义是必要的, 这就涉及数学分析中的概念从肯定式到否定式的转变, 即通过肯定式的定义, 给出否定式的定义, 完成由肯定到否定的转化.

　　定义 2.2 的结构分析　为引入否定式, 我们观察肯定式的定义, 可以发现: 在有界的肯定式定义中, 需要证明存在 M, 对所有元素都成立一个相应的结论; 转化成否定式时, 只需说明那样的 M 不存在, 即对任意的 M, 找到一个元素否定相应的结论或使结论不成立, 这就是下面的定义.

　　定义 2.3　若对任意的实数 M, 都存在 $x_0 \in A$, 使得

$$M < x_0 \quad \left(x_0 < M \right),$$

称 A 是一个无上(下)界的集合. 无上界或无下界的集合称为无界集合.

肯定式和否定式的结构对比　分析肯定式和否定式的定义, 相当于进行如下形式的对应翻译:

肯定式	否定式
$\exists M$	$\forall M$
$\forall x \in A$	$\exists x_0 \in A$
对所有 $x \in A$, 成立性质 P	对 x_0, 性质 P 不成立

因此, 否定式中就是对相应肯定式中各条进行否定. 当然, 肯定式也是对否定式的各条进行否定. (这里, 符号"$\exists$"表示"存在","$\forall$"表示"对任意的", 这是常用的数学符号.)

例 1　讨论下列集合的有界性. 如果有上、下界, 将其求出, 如果没有上、下界, 证明之.

(1)　$A = \left\{ \dfrac{1}{n} : n = 1, 2, \cdots \right\}$;

(2)　$A = \left\{ 1 + q + \cdots + q^n : n = 1, 2, \cdots \right\} \left(|q| < 1 \right)$;

(3)　$A = \left\{ x_n : x_1 = \sqrt{2}, x_n = \sqrt{2 + x_{n-1}}, n = 1, 2, \cdots \right\}$;

(4)　$A = \left\{ \dfrac{1}{\sqrt{n^2 + 1}} + \cdots + \dfrac{1}{\sqrt{n^2 + n}} : n = 1, 2, \cdots \right\}$;

(5)　$A = \left\{ \mathrm{e}^x : x \in \mathbf{R} \right\}$;

(6)　$A = \left\{ \dfrac{1}{x} \cdot \sin \dfrac{1}{x} : x > 0 \right\}$.

分析　题目的求解正如现实问题的解决, 可以分为两个阶段: 第一阶段: **确立解题思路**, 所谓思路就是解决问题的方向, 确定用什么理论或哪个定理(结论)解决问题, 因此, 本阶段主要解决"用什么的问题". 确立思路是解决问题中最关键的一步, 本教材中, 我们提出"**结构分析方法**"解决"**思路确立**"问题. 结构分析就是对题目的结构(题目中的条件和结论)进行分析, 发现并确立结构特点, 类比已知的理论(定理或结论), 通过对比条件和结论的结构特点, 择其相似或相近的已知理论, 用于解决问题, 形成解决问题的思路. 结构分析法可以概括为: **分析结构, 确立特点, 类比已知, 形成思路**. 当然, 分析结构是指分析题目的结构, 分析的内容包含题目的类型、条件结构和要证明的结论的结构分析; 具体的分析的方法可以采用逐次分析法, 从大到小逐次分析, 即先对题目整体分析, 然后逐次进行细节分析, 从而可以全面挖掘题目中隐藏的信息, 从各个方面揭示题目的特点. 第二阶段: **设计解题的技术路线**, 即在确定的思路下, 设计具体的解决方法,利用已知的某个定理或结论完成具体的解题过程和步骤, 本阶段主要解决 "如何用的问题". 本教材中, 我们提出 **"形式统一法"** 来完成技术路线的设计. 形式统一法就是将题目中的条件或要证明的结论, 通过与已知的定理或结论的形式作类比, 将研究对象向已知定理或结论的标准形式进行转化, 通过形式统一化为标准化形式, 从而可以用已知的定理或结论进行求解. 形式统一法可以概括为: **形式统一, 设计路线**. 结构分析法和形式统一法是本课程中使用的研究、分析和求解问题的重要方法, 要认真领会和掌握.

当然, 对结构进行简化是求解过程中的重要步骤, 简化的主要思想是保留主项, 甩掉无关项或次要项, 化未知为已知, 化不定为确定, 以使结构最简. 结构越简单, 越容易发现其结构特点, 越容易确定解题思路和设计路线, 简化结构也是结构分析中的重要步骤.

因此, 此处, 从最简单的题目开始, 我们就利用结构分析法和形式统一法对题目进行分析和求解, 以培养分析问题和解决问题的能力, 从过程中也可以感受科学研究的一些思想和方法.

解 (1)**结构分析** 题型结构——集合的有界性研究; 集合的元素结构: $x_n = \dfrac{1}{n}$, 主要构成因子涉及正整数 n; 类比已知——有界性的定义(目前为止, 关于有界性只有定义)和正整数的性质, 由此确定解题思路——用有界性的定义来研究, 进一步形成方法——利用正整数的性质来证明.

由于 $0 < \dfrac{1}{n} \leqslant 1$, $\forall n \in \mathbf{Z}_+$, 故, A 是有界集, 0 是 A 的一个下界, 1 是 A 的一个上界.

(2) **简析** 元素结构形式上是 n 项有限和结构, n 又是不确定的序数, 因此, 我们称这类结构为有限不定和结构, 后续内容中会经常遇到这类结构. 结构特点, 具有等比结构特点, 因此, 可以先利用等比数列的求和公式进行结构简化, 再利用定义进行论证.

由于

$$1 + q + \cdots + q^n = \frac{1 - q^{n+1}}{1 - q}, \quad \forall n \in \mathbf{Z}_+,$$

而 $0 < \dfrac{1 - q^{n+1}}{1 - q} < \dfrac{2}{1 - q}$, $\forall n \in \mathbf{Z}_+$, 故, A 是有界集, 0 是 A 的一个下界, $\dfrac{2}{1 - q}$ 是 A 的一个上界.

(3) **简析** 题型: 有界性研究; A 的元素结构: 给出了相邻两项的一个关系式, 称之为迭代结构; 常用方法: ①迭代出结果或归纳论证结论; ②利用单调性迭代得到一个仅含 x_n 的不等式, 求解不等式即可.

由于 $x_n > 0$，故，A 有下界，0 就是其一个下界.

由于 $x_n^2 = 2 + x_{n-1}$，考察 x_n 和 x_{n-1} 的关系. 由于

$$x_n = \underbrace{\sqrt{2 + \sqrt{2 + \cdots + \sqrt{2}}}}_{n\text{重}},$$

直接观察或用归纳法证明 $x_n > x_{n-1}$，因而

$$x_n^2 < 2 + x_n,$$

故

$$x_n < \frac{2}{x_n} + 1,$$

又由于 $x_n > 1, \forall n \in \mathbf{Z}^+$，故

$$x_n < 3, \ \forall n \in \mathbf{Z}^+,$$

因而，A 有上界，3 为其一个上界.

(4) **简析**　仍是有限不定和结构，但是，由于不具有等比或等差结构，不能直接求和以简化结构，此时，通常需要利用估计方法简化结构，特别关注其中特殊的项，如最大、最小项.

由于

$$0 < \frac{1}{\sqrt{n^2+1}} + \cdots + \frac{1}{\sqrt{n^2+n}} < \frac{n}{\sqrt{n^2+1}} < 1,$$

故，A 是有界集，0 为 A 的一个下界，1 为 A 的一个上界.

(5) **简析**　元素由函数 e^x 给出，需类比该函数性质给出证明. 难点是上无界的证明，按照定义，需要对任意 $M > 0$，找到一个点 x_0，满足不等式 $e^{x_0} > M$，只需求解此不等式即可. 当然，由于不唯一性，也可以将不等式转化为特定的等式求解.

显然，$e^x > 0, \forall x \in \mathbf{R}$，故，$A$ 有下界，0 为其一个下界.

又，$\forall M > 1$，取 $x_0 = \ln(2M)$，则

$$e^{x_0} = 2M > M,$$

因而，A 无上界.

(6) **简析**　由于涉及函数 $\sin x$，一定要注意利用此函数重要的特性——周期性.

对任意 $M > 1$，取 n 充分大，使 $2n\pi + \frac{\pi}{2} > M$，取 $x_0 = \dfrac{1}{2n\pi + \dfrac{\pi}{2}}$，则

$$\frac{1}{x_0} \cdot \sin \frac{1}{x_0} = \left(2n\pi + \frac{\pi}{2}\right) \cdot \sin\left(2n\pi + \frac{\pi}{2}\right)$$

$$= 2n\pi + \frac{\pi}{2} > M,$$

故 A 无上界.

同样地，对任意 $M < 0$，取 n 充分大，使得 $-\left(2n\pi + \frac{3\pi}{2}\right) < M$，则取

$x_0 = \dfrac{1}{2n\pi + \dfrac{3\pi}{2}}$，则

$$\frac{1}{x_0} \cdot \sin \frac{1}{x_0} = -\left(2n\pi + \frac{3\pi}{2}\right) < M,$$

故，A 无下界.

例 2　讨论下列集合的有界性：

(1)　$A = \left\{ \dfrac{x}{x^2 + 2x - 1} : x \in [1,2] \right\}$；

(2)　$A = \left\{ \dfrac{x^2 - x + 3}{x(x+2)} : x \in (0,1) \right\}$.

结构分析　题型结构：有界性证明(不必确定具体找上、下界)；类比已知：定义 2.2；思路：用定义 2.2 进行验证；方法：根据定义，对研究对象进行放大处理，通过化简确定界；化简原则：去掉绝对值号，甩掉次要项，简化结构. 注意：论证无界性时进行反向缩小，处理的思想是相同的，即简化为最简结构再论证处理.

解　(1)由于

$$\left| \frac{x}{x^2 + 2x - 1} \right| = \frac{x}{x^2 + 2x - 1} \leqslant \frac{2}{x^2} \leqslant 2, \quad \forall x \in [1,2],$$

故，A 有界.

(2) 由于对任意的 $x \in (0,1)$，有

$$\left| \frac{x^2 - x + 3}{x(x+2)} \right| = \frac{x^2 - x + 3}{x(x+2)} \geqslant \frac{1}{x(x+2)} \geqslant \frac{1}{3x},$$

因而，对任意的 $M > 1$，取 $x_0 = \dfrac{1}{6M}$，则 $x_0 \in (0,1]$ 且

$$\left| \frac{x_0^2 - x_0 + 3}{x_0(x_0 + 2)} \right| \geqslant \frac{1}{3x_0} = 2M > M,$$

故，A 无界.

分析例 1 和例 2 的结构，可以看出，二者要求不同，例 1 要求研究集合的上、下界，例 2 仅要求研究集合的界，因此，例 2 采用了简单的处理方法，对集合的元素的绝对值进行估计.

二、数集的最大值和最小值

再次回到对数集 A 的有效控制问题上. 由于界不具备唯一性，使得用这个量 (如果存在)控制集合时，只能得到一个粗略的控制. 因而，界并不是一个很好的控制集合的量，为此，我们引入最大值和最小值的概念.

定义 2.4　若存在 $\beta \in A$，使得

$$x \leqslant \beta, \quad \forall x \in A,$$

称 β 是集合 A 的最大值，记 $\beta = \max A$.

定义 2.5　若存在 $\alpha \in A$，使得

$$x \geqslant \alpha, \quad \forall x \in A,$$

称 α 是集合 A 的最小值，记 $\alpha = \min A$.

最大值和最小值统称为最值. 从定义挖掘可得如下性质.

性质 2.1　(1) 若集合 A 存在最大值 β，则 β 是 A 的一个上界；若集合 A 存在最小值 α，则 α 是 A 的一个下界.

(2) 若集合 A 存在最大值 β，则必有 $\beta \in A$；若集合 A 存在最小值 α，则必有 $\alpha \in A$.

这个性质表明：在存在的情况下，最大值 β 是 A 可取到(达到)的一个上界；最小值 α 是 A 可取到(达到)的一个下界. 因此，最大(小)值是集合 A 的一个很好的控制量. 不仅如此，它还具有下面很好的结论.

定理 2.1　(1) 如果集合 A 最大值存在，则最大值是集合 A 的唯一的最小的上界；

(2) 如果集合 A 最小值存在，则最小值是集合 A 的唯一的最大的下界.

证明　只证明最大值情形.

首先证明最大值 β 是最小的上界. 假设 M 是集合 A 的任意的上界，由定义，则

$$x \leqslant M, \quad \forall x \in A,$$

由性质 2.1，则 $\beta \in A$，因而，$\beta \leqslant M$，故 β 是最小的上界.

其次证明最大值的唯一性. 设 A 存在两个最大值 β_1，β_2，由定义，则

$$x \leqslant \beta_1, \quad x \leqslant \beta_2, \quad \forall x \in A,$$

由性质 2.1，则成立

$$\beta_1 \in A, \quad \beta_2 \in A,$$

因而, 特别还有

$$\beta_2 \leqslant \beta_1, \quad \beta_1 \leqslant \beta_2,$$

因而, $\beta_1 = \beta_2$, 故最大值唯一.

性质 2.1 和定理 2.1 表明在存在的条件下, 最值所具有的非常好的属性: 唯一性、可达性和精确控制性. 但是, 这个量存在很大的一个缺点: 即使对有界集, 最值也不一定存在. 如 $A = (0,1)$, 显然, A 有下界 0, 上界 1, 但是, A 不存在最大值和最小值. 事实上, 对任何满足 $\beta \geqslant 1$ 的数 β, 由于 $\beta \notin A$, 因而, β 不可能是 A 的最大值; 而对任意的 $\beta \in (0,1)$, 由于 $0 < \beta < \dfrac{\beta+1}{2} < 1$, $\dfrac{\beta+1}{2} \in A$, 故, β 也不是 A 的最大值. 显然, $\beta \leqslant 0$ 时也不可能成为 A 的最大值. 因此, A 没有最大值. 同样, A 也没有最小值. 这样, 对有界集来说, 最值也不一定存在. 所以, 虽然最值可作为集合一个非常好的控制量, 但是其存在性问题是这个概念在应用中面临的最大问题.

通过上述对界和最值概念的分析, 我们应该理解到, 作为一个概念, 同时具备存在性和唯一性才是一个"好"的概念, 因为存在性保证了这个量是有意义的, 唯一性保证这个量的精确和有效性.

继续改进上述两个量, 希望引入一个对有界集合来说既存在又唯一的一个"好"的控制量, 这个量就是确界.

三、确界

我们从具有上界的集合谈起. 对一个有上界的集合, 上界有无穷多个, 不唯一, 因此, 要从这无限多个上界中找一个较为精确、有效的控制量, 显然, 这个特殊的上界应该选为"最小"的上界, 这就是将要引入的上确界. 当然, 类似还可以引入下确界.

作为描述性定义, 上确界就是最小的上界. 在高等数学中, 数学概念就要用严格的数学语言给出定义, 因此, 我们必须用数学语言刻画出上确界的两个特征: 上界和最小. 上界很容易用精确的数学语言描述, 而要刻画其最小性就要变换一种说法: 任何比它小的数都不是上界. 这样, 借助定义 2.1 和定义 2.2 就可以刻画出上述两个特征, 进而给出上确界的定义.

定义 2.6 若实数 β 满足:

(1) β 是 A 的上界, 即 $x \leqslant \beta, \forall x \in A$;

(2) 任意比 β 小的给定的实数都不是 A 的上界, 即对任意的 $\varepsilon > 0$, 存在 $x_0 \in A$, 使得

$$x_0 > \beta - \varepsilon\,;$$

称 β 是 A 的上确界, 记作 $\beta = \sup A$.

注意第二个特征的刻画方式, 通过引入一个具有**任意性的动态的**(不是固定的)量 $\varepsilon > 0$, 利用 "$\beta - \varepsilon$" 的形式表示出任意一个比 β 小的数(这里 ε 通常是任意充分小的正数), 使得这个数与 β 的关系借助 ε 来反映出来, 这是一个非常好的处理方法, 具有任意性的常数 ε, 其任意性会在相关问题的研究中带来很多方便.

由于 ε 的任意性, 若 M 是给定的正实数, 则 $M\varepsilon$ 也具有任意性, 因而, 可以用 $M\varepsilon$ 代替 ε, 当然, 只要具备 ε 的任意的属性, 可以用更复杂的结构的量如 $M\varepsilon^k, k > 0$ 的形式代替.

量 ε 是分析学中非常重要的量, 通常说具有双重属性, 任意性和确定性, 二者看似矛盾, 实际上并不矛盾, 是不同阶段对这个量的不同认识; 在这个量给定之前, 它是任意的, 具有任意性, 想怎么取都可以, 用于刻画充分小的属性; 一旦取定后, 它就是一个确定的量, 具有确定的属性, 以利于数学上的控制和研究. 因此, 今后默认 ε 是充分小的正数.

作为练习, 自行给出下确界的定义, 这里只给出下确界的表示如下: $\alpha = \inf A$ 表示 A 的下确界.

由定义可知

$$\inf A \leqslant x \leqslant \sup A, \quad \forall x \in A,$$

因此, 若 $\inf A$ 和 $\sup A$ 都存在且有限, 则 A 必是有界集.

注意, 若 $\sup A = +\infty$, 也称 A 的上确界不存在, 此时, A 没有上界; 若 $\inf A = -\infty$, 也称 A 的下确界不存在, 此时, A 没有下界.

当然, 也可以用定义 2.6 的形式给出 $\sup A = +\infty$ 的定义(作为练习, 自己课后给出).

信息挖掘　利用定义, 可以得到界、确界和最值间的简单关系:

(1) 上(下)确界是集合 A 最小(大)的上(下)界, 因而, 上(下)确界也分别是集合 A 的上(下)界.

(2) 最大值是可达到的最小的上界, 最小值是可达到的最大的下界, 因而, 在最大(小)值存在的条件下, 确界也存在, 且

$$\sup A = \max A, \quad \inf A = \min A.$$

(3) 当 $\sup A \in A$ 时, 有 $\max A = \sup A$; 当 $\inf A \in A$ 时, 有 $\min A = \inf A$.

例 3　计算下列集合的确界, 给出计算理由, 利用计算的结果计算最值并判断集合的有界性.

(1) $A = [0,1)$;

(2) $A = \left\{ e^{-x} : x > 0 \right\}$;

(3) $A = \left\{ \ln x : x > 1 \right\}$;

(4) $A = \left\{ \dfrac{1}{2^n} : n = 1, 2, \cdots \right\}$;

(5) $A = \left\{ (-1)^n \cdot n : n = 1, 2, \cdots \right\}$.

分析　先从直观上判断确界, 再用定义严格论证; 由于题目简单, 略去结构分析.

解　(1) 先计算 $\inf A$. 由于 $0 \in A$ 且

$$0 \leqslant x, \quad \forall x \in A,$$

故, $\inf A = 0$.

再计算 $\sup A$. 由于

$$x < 1, \quad \forall x \in A,$$

利用预控制技术, 对任意 $\varepsilon \in (0,1)$, 取 $x_0 = 1 - \dfrac{\varepsilon}{2}$, 则

$$x_0 \in A \quad 且 \quad x_0 > 1 - \varepsilon,$$

故, $\sup A = 1$.

由于 $\inf A = 0 \in A$, 故 $\min A = 0$; 而 $\sup A = 1 \notin A$, 故 $\max A$ 不存在, 且由于 $\inf A$, $\sup A$ 有限, 故, A 是有界集.

(2) 先计算 $\inf A$. 由于

$$0 < e^{-x}, \quad \forall x > 0,$$

又, 对任意 $\varepsilon \in \left(0, \dfrac{1}{2} \right)$, 取 $x_0 = \ln \dfrac{2}{\varepsilon} > 0$, 则

$$e^{-x_0} \in A \quad 且 \quad e^{x_0} = \dfrac{2}{\varepsilon} > \dfrac{1}{\varepsilon},$$

因而, $e^{-x_0} < \varepsilon = \varepsilon + 0$, 故, $\inf A = 0$.

再考虑 $\sup A$. 显然

$$e^{-x} < 1, \quad \forall x > 0,$$

因而, 1 是 A 的上界. 下面证明 $\sup A = 1$.

分析　这是证明的重点和难点. 为此, 只需在 $x > 0$ 内求解不等式 $e^{-x} > 1 - \varepsilon$. 因而, 点的选取是不唯一的.

又, 对任意 $\varepsilon \in (0,1)$, 则 $\dfrac{1}{1-\varepsilon} > 1$, 取 $x_0 = \dfrac{1}{2} \ln \dfrac{1}{(1-\varepsilon)} > 0$, 则 $e^{x_0} = \sqrt{\dfrac{1}{1-\varepsilon}} < \dfrac{1}{1-\varepsilon}$,

故，$e^{-x_0} > 1 - \varepsilon$，因而，$\sup A = 1$.

由于 $\inf A = 0 \notin A$，$\sup A = 1 \notin A$，故，A 有界但不存在最大值和最小值.

注　计算 $\sup A$ 时，下述过程是否正确，为什么？

显然，$e^{-x} < 1, \forall x > 0$，因而 1 是 A 的上界. 又，对任意 $\varepsilon \in (0,1)$，取 $x_0 = \ln \dfrac{1}{2(1-\varepsilon)}$，则 $e^{x_0} = \dfrac{1}{2(1-\varepsilon)} < \dfrac{1}{1-\varepsilon}$，故 $e^{-x_0} > 1 - \varepsilon$，因而 $\sup A = 1$.

上述过程有误，因为当 ε 充分小时，$\dfrac{1}{2(1-\varepsilon)}$ 接近于 $\dfrac{1}{2}$，此时 $x_0 = \ln \dfrac{1}{2(1-\varepsilon)} < 0$，不在 A 的范围内. 错误原因：取 $\delta = 2$ 太大，只能取 $\delta > 1$ 且充分接近于 1，才能保证 $\dfrac{1}{\delta(1-\varepsilon)} > 1$，取 $x_0 = \ln \dfrac{1}{\delta(1-\varepsilon)}$ 才有意义.

(3) 先计算 $\inf A$. 显然，$\ln x > 0, \forall x > 1$. 对任意 $\varepsilon > 0$，取 $x_0 = e^{\frac{\varepsilon}{2}} > 1$，则

$$\ln x_0 = \frac{\varepsilon}{2} < \varepsilon = \varepsilon + 0,$$

故，$\inf A = 0$.

再计算 $\sup A$. 由于 $\forall M > 0$，取 $x_0 = e^{2M}$，则 $\ln x_0 = 2M > M$，因而，A 无上界，故，$\sup A = +\infty$.

由于 $\inf A = 0 \notin A$，故 A 的最小值不存在；由于 $\sup A = +\infty$，故 A 无上界，因而，A 还是无界集.

上述结论表明 A 有下界，但无上界.

(4) 先计算 $\sup A$. 显然

$$\frac{1}{2^n} \leqslant \frac{1}{2}, \quad \forall n \in \mathbf{Z}_+, \quad \text{且} \ \frac{1}{2} \in A,$$

故，$\sup A = \dfrac{1}{2} \in A$，得 $\max A = \dfrac{1}{2}$.

再计算 $\inf A$. 显然，

$$\frac{1}{2^n} > 0, \quad \forall n \in \mathbf{Z}_+,$$

对任意 $\varepsilon \in (0,1)$，取 $n_0 \in \mathbf{Z}_+$ 使得 $n_0 \ln 2 > \ln \dfrac{1}{\varepsilon}$，则

$$2^{n_0} > \frac{1}{\varepsilon}, \quad \text{即} \quad \frac{1}{2^{n_0}} < \varepsilon = \varepsilon + 0,$$

故，$\inf A = 0$，而 $0 \notin A$，因而，$\min A$ 不存在.

由于 $\sup A = \dfrac{1}{2}$，$\inf A = 0$，故 A 是有界集.

注 上述过程能否改为：取 $n_0 \ln 2 = \ln \dfrac{2}{\varepsilon}$，因而，则 $2^{n_0} = \dfrac{2}{\varepsilon} > \dfrac{1}{\varepsilon}$，因而，$\dfrac{1}{2^{n_0}} < \varepsilon = \varepsilon + 0$，故 $\inf A = 0$.

上述过程不严谨，因为如此选取的 n_0 不一定是正整数，即不一定有 $n_0 \in \mathbf{Z}_+$，关于这一点，在后面可以用取整函数克服.

(5) 观察结构可知，A 无上界也无下界，下证之.

先证 $\sup A = +\infty$. $\forall M > 0$，取偶正整数 n_0，使得 $n_0 > 2M$，则

$$(-1)^{n_0} n_0 = n_0 > 2M > M，$$

故 A 无上界，因而 $\sup A = +\infty$.

类似地，$\inf A = -\infty$. 因而，A 既无上界也无下界.

分析上述几个例子，关键在于确界定义中第二个条件的验证，即通过任意给定的 ε，确定出一个特殊的 x_0，满足相应的不等式：$x_0 > \beta - \varepsilon$ 或 $x_0 < \alpha + \varepsilon$. 这个 x_0 的确定，通常是通过求解不等式来完成，当然，由于只需确定一个满足条件的 x_0，故，也可将上述不等式的求解转化为特殊的等式求解. 在这个过程中，为便于求解，有时需预先限定 ε 于一个非常小的范围，这种限制是合理的，因为 ε 本身就是一个非常小的量，太大就没有意义了.

通过上述的几个例子还可以发现，有上界集合，上确界存在且有限，无上界的集合，上确界也不存在，对下确界也是如此. 下面，我们将用 Dedekind 连续性公理证明这个结论.

定理 2.2 (确界存在定理) 非空有上界的集合必有上确界，非空有下界的集合必有下确界.

结构分析 题型结构：集合确界的存在性证明，需要确定数轴上一个点(实数系中一个数)，使得此点为确界点，因而，要证明的定理是"点"定理，即确定一个点具有某种性质；类比已知：目前已知的"点"定理只有 Dedekind 分割定理；思路确立：用此定理证明分割点就是确界点；难点：构造分割；条件分析：集合有界，类比要证明的结论，可以将所有的界做成集合，由此构造分割.

证明 只证明上确界情形.

设 A_1 是非空有上界的集合. 记 B 是 A_1 的上界组成的集合，即 $B = \{M : M \text{是} A_1 \text{的上界}\}$，则 B 是非空集合，由于 A_1 非空，则还有 $B \neq \mathbf{R}$. 记 $A = \mathbf{R} \backslash B$，显然，$A$ 也是非空集合.

我们首先证明：(A, B) 是 $\mathbf{R}$ 的一个 Dedekind 分割.

显然，A，B 是非空集合；由于 $A=\mathbf{R}\backslash B$，则，$A\bigcap B=\varnothing$.

又，$\forall a\in A,b\in B$，由于 $b\in B$，则，b 是 A_1 的上界，因而，若 $a\geqslant b$，则，a 也是 A_1 的上界，故，$a\in B$，这与 $a\in A$ 矛盾，故必有 $a<b$，因此，(A,B) 是 $\mathbf{R}$ 的一个 Dedekind 分割.

由 Dedekind 连续性公理，存在唯一的 $\beta\in\mathbf{R}$，使得

$$a\leqslant\beta\leqslant b,\quad\forall a\in A,b\in B.$$

下证 $\beta=\sup A_1$. 先证 β 是 A_1 的上界.

反证之，若 β 不是 A_1 的上界，则必存在 $x_0\in A_1$，使得 $x_0>\beta$，显然

$$\beta<\frac{\beta+x_0}{2}<x_0,$$

这表明 $\frac{\beta+x_0}{2}$ 不是 A_1 的上界，因而，有 $\frac{\beta+x_0}{2}\in A$，由 Dedekind 公理，则还应有

$$\frac{\beta+x_0}{2}\leqslant\beta,$$

这与 $\beta<\frac{\beta+x_0}{2}$ 矛盾. 因而，β 是 A_1 的上界，故，$\beta\in B$.

又，$\beta\leqslant b,\forall b\in B$，因而，$\beta$ 是最小的上界，故，$\beta=\sup A_1$.

注　不一定有 $A_1\subset A$，因而，成立 $a\leqslant\beta\leqslant b$，$\forall a\in A,b\in B$，不一定表明 β 就是 A_1 的上界. 如，取 $A_1=(0,1]$，则 $A=(-\infty,1)$，$B=[1,+\infty)$，$A_1\not\subset A$.

定理 2.2 表明，在存在性方面，界和确界是同等的，即有上界必有上确界；当然，上确界也必然是上界，对下界和下确界也是如此. 但是，下面的唯一性结论表明，确界是比界更好的一个概念，是集合的一个精确的控制量.

定理 2.3　若确界存在，则确界必唯一.

证明　仅证明上确界情形.

设 A 是非空集合，且 $\beta_1=\sup A,\beta_2=\sup A$，若 $\beta_2>\beta_1$，因为 β_1 是 A 的上界，这与 β_2 是 A 的最小上界矛盾.

同样，也不可能成立 $\beta_1>\beta_2$，故必有 $\beta_1=\beta_2$.

上述结论表明，有上(下)界的集合必存在唯一的上(下)确界，而最大值(最小值)不一定存在，因而，确界是一个比界、最值都具有更好的确定性的概念，是刻画集合界的一个好的量，也是教材中一个非常重要的概念. 要掌握这一重要概念，并掌握用定义研究确界问题的方法. 下面的例子讨论了相关集合间的确界关系，更多的结论参考课后习题.

例 4　设 X，Y 是两个有界集，定义

$$Z = \{x + y : x \in X, y \in Y\},$$

证明：$(1) \sup Z = \sup X + \sup Y$；$(2) \inf Z = \inf X + \inf Y$.

结构分析　题型结构：确界关系的讨论；类比已知：关于确界，我们仅仅掌握定义，即只有定义是已知的，必须通过定义完成证明；思路确立：用确界定义证明；具体方法：只需将定义摆出来，通过研究三个集合对应元素的关系得到确界关系.

证明　只证明(1).

记 $\alpha = \sup X$，$\beta = \sup Y$，$\gamma = \sup Z$，由确界定义，则

$$x \leqslant \alpha, \quad \forall x \in X; \quad y \leqslant \beta, \quad \forall y \in Y,$$

由集合的定义，$\forall z \in Z$，存在 $x \in X$，$y \in Y$，使得 $z = x + y$，因而，成立 $z = x + y \leqslant \alpha + \beta$，故，$\alpha + \beta$ 是 Z 的一个上界.

另，对任意 $\varepsilon > 0$，由确界定义，存在 $x_0 \in X, y_0 \in Y$，使得

$$x_0 \geqslant \alpha - \frac{\varepsilon}{2}, \quad y_0 \geqslant \beta - \frac{\varepsilon}{2},$$

令 $z_0 = x_0 + y_0$，则 $z_0 \in Z$，且 $z_0 \geqslant \alpha + \beta - \varepsilon$，再次利用确界定义，则有 $\gamma = \alpha + \beta$.

例 5　设 X，Y 是两个有界非负实数集，定义

$$Z = \{xy : x \in X, y \in Y\},$$

证明：$(1) \inf Z = \inf X \cdot \inf Y$；$(2) \sup Z = \sup X \cdot \sup Y$.

证明　只证明(1). 记 $\alpha = \inf X, \beta = \inf Y$，$\gamma = \inf Z$，则 $\alpha \geqslant 0$，$\beta \geqslant 0$，$\gamma \geqslant 0$. 由确界定义，则

$$x \geqslant \alpha, \quad \forall x \in X; \quad y \geqslant \beta, \quad \forall y \in Y,$$

因而，对任意 $z \in Z$，必存在 $x \in X, y \in Y$，使得

$$z = xy \geqslant \alpha \cdot \beta,$$

故 $\alpha\beta$ 是 Z 的一个下界.

另，对任意的 $\varepsilon \in (0,1)$，存在 $x_0 \in X, y_0 \in Y$，使得

$$x_0 \leqslant \alpha + \varepsilon, \quad y_0 \leqslant \beta + \varepsilon,$$

取 $z_0 = x_0 y_0 \in Z$，则

$$z_0 \leqslant \alpha\beta + (\alpha + \beta)\varepsilon + \varepsilon^2 \leqslant \alpha\beta + (\alpha + \beta + 1)\varepsilon,$$

故，$\alpha\beta$ 是最大下界，因而，$\gamma = \alpha\beta$.

这两个例子的证明中，都灵活运用了"ε"的任意性，要仔细体会这一点. 同时，对两个例子进行总结，提炼出这类题目处理的思想方法.

习　题　1.2

1. 讨论下列集合的有界性, 证明你的结论, 并给出你的证明思路是如何形成的.

1)　$A = \left\{ \dfrac{\sin x}{x} : x \in [1, +\infty) \right\}$；

2)　$A = \left\{ \dfrac{\cos x}{x} : x \in (0, +\infty) \right\}$；

3)　$A = \left\{ 1 + \dfrac{1}{2^2} + \dfrac{1}{3^2} + \cdots + \dfrac{1}{n^2} : n \in \mathbf{Z}_+ \right\}$；

4)　$A = \left\{ x_n : x_0 = 1, x_n = \dfrac{1}{2}\left(x_{n-1} + \dfrac{3}{x_{n-1}} \right), n \in \mathbf{Z}_+ \right\}$；

5)　$A = \left\{ \dfrac{x}{x^2 + x - 2} : x \in (1, 2] \right\}$.

2. 讨论界、最值、确界之间的关系.

3. (1)给出集合 A 的下确界的定义; (2)给出 $\sup A = +\infty$ 的定义; (3)设 α 是集合 A 的上界, 给出 α 不是 A 的上确界的定义.

4. 确界定义中的 ε 可以改写为 "$M\varepsilon$" 吗? (其中 M 是正的定常数), 还可以改为其他形式吗?

5. 计算下列集合的确界.

1)　$A = \left\{ \dfrac{1}{n} : n \in \mathbf{Z}_+ \right\}$；

2)　$A = \left\{ \dfrac{1}{x+1} : x > 0 \right\}$；

3)　$A = \left\{ \mathrm{e}^x : x \in (0, 1) \right\}$.

6. 设 X, Y 是有界的两个实数集合, $X \subset Y$, 证明:

$$\inf X \geqslant \inf Y, \quad \sup X \leqslant \sup Y.$$

7. 证明例 4 和例 5 的(2).

8. 设 A 是有界的正数集合, 且 $\alpha = \sup A > 1$, 令 $B = \left\{ \dfrac{1}{x} : x \in A \right\}$, 证明: $\inf B = \dfrac{1}{\sup A}$.

提示: 关键是证明定义中的(2), 由条件得 $\forall \varepsilon > 0$, 存在 $x_0 \in X$, 使得 $x_0 > \alpha - \varepsilon$, 要使 $\dfrac{1}{x_0} < \dfrac{1}{\alpha} + \varepsilon$, 只需证: $\dfrac{1}{\alpha - \varepsilon} < \dfrac{1}{\alpha} + M\varepsilon$, 适当控制 $\varepsilon > 0$ 和选取 M 即可.

9. 设 A 是有界实数集合, 令 $B = \{ -x : x \in A \}$, 证明: $\sup A = -\inf B$.

10. 证明定理 2.2 和定理 2.3 的下确界情形.

11. 例 1 和例 2 的解题或证明的关键在于思路的形成, 能否从上述解题过程中总结出一些解题的思想方法?

12. 注意观察例 1(5), (6)和例 2(2)小题的证明, 能否总结出特殊点 x_0 选择的一些技术方法? 同时, 分析为何在证明无上界时限制 $M > 1$? 这种处理方法合适吗?

13. 分析例 4 和例 5 的证明过程, 抽象总结出证明 $\beta = \sup A$ 的步骤. 在证明过程中, 难点是什么? 如何解决?

1.3　函　　数

一、映射

在引入了集合的概念后, 就可以在集合间建立联系了. 映射是两集合间基本的对应关系.

定义 3.1　设 X, Y 是两个给定的集合, 若按照某种对应法则 f, 使对任意的 $x \in X$, 存在唯一的 $y \in Y$ 与之对应, 称对应法则 f 是集合 X 到集合 Y 的一个映射, 记为 $f: X \to Y$ 或 $x \mapsto y = f(x)$, 其中, y 称为在映射 f 下 x 的像, 对应的 x 称为映射 f 下 y 的一个原像; 集合 X 称为映射 f 的定义域, 记为 $D_f = X$, 集合 $R_f = \{y: y \in Y$ 且 $y = f(x), x \in X\} \subset Y$ 称为映射 f 的值域.

简单地说, 映射 f 是一个规律, 一个关系, 建立了两集合间的联系, 因此, 构成映射的要素为两个集合(定义域、值域)和对应规则 f.

我们这里定义的映射, 要求像是唯一的, 原像不一定唯一, 即都是单值映射, 且并不是 Y 中每个元素都有原像.

定义 3.2　若映射的原像唯一, 即不同的原像, 像也不同, 此时称映射为单射; 若映射满足 $R_f = Y$, 即 Y 中每个元素都有原像, 称映射 f 为满射; 既是单射又是满射的映射称为双射, 也称为可逆映射.

映射建立了集合间的对应关系和联系, 而作为数学分析研究对象的函数, 就是一种简单的、特殊的映射, 即建立在实数集合上的映射.

和其他数学概念和数学理论一样, 映射是现实生活中一些现象的高度抽象, 能否举出作为映射原型的身边的一些例子?

二、函数

定义 3.3　设集合 X 是实数集合, $Y = \mathbf{R}^1$ 为实数系, 则集合 X 到实数系 $\mathbf{R}^1$ 的映射称为函数.

若以 x 表示 X 的元素, y 表示对应的像, 映射为 f, 我们通常称对应的关系式 $y = f(x)$ 为函数关系式, 简称函数.

有时, 原像 x 也称为自变量, 像 y 称为因变量, 因此, 函数实际就是用自变量表示因变量的关系式, 尽管有时这个关系式不能显式给出, 即函数关系不一定都有解析表达式.

由于这里定义的函数的自变量只有一个, 因此, 这样的函数称为一元函数, 我们将在第三册研究多元函数.

作为基本的数学概念, 在中学阶段, 我们已经接触到了函数, 已经学习了函数的运算和一些性质, 我们简单总结一下.

1. 函数的运算

除了简单的四则运算, 我们学习了函数的两种重要的运算: 函数的复合运算和反函数运算.

1) 复合函数.

给定两个函数: $y=f(u), u \in I_1$; $u=g(x), x \in I_2$.

假设函数 u 的值域 $R_u \subset I_1$, 则对任意 $x \in I_2$, 存在唯一的 $u=g(x) \in I_1$, 进而, 存在唯一的 $y=f(u)$, 由此, 借助于 u, 我们在变量 x 和 y 之间建立了联系

$$x \to u = g(x) \to y = f(u),$$

可以验证, 变量 x 和 y 之间建立了对应的函数的关系.

定义 3.4　把在上述条件下确定的 x 和 y 的函数关系称为函数 $y=f(u)$ 和 $u=g(x)$ 的复合函数, 记为 $y= f(g(x))$, $x \in I_2$.

例 1　设 $f(x) = \dfrac{1}{1+x}$, $g(x) = x^2 +1$, 求 $f(g(x))$ 和 $g(f(x))$.

解　函数 $u=g(x)$ 的值为 $R_g = \{u : u \geqslant 1\}$, 而函数 $f(x)$ 的定义域为 $\{x : x \neq -1\}$, 故可以计算复合函数为

$$f(g(x)) = \frac{1}{1+x^2+1} = \frac{1}{2+x^2}, \quad x \in \mathbf{R}.$$

同样可得, $g(f(x)) = 1 + \dfrac{1}{(1+x)^2}$, $x \neq -1$.

复合函数的计算很简单, 只需将外层函数表达式中的变量换成内层函数的关系式即可.

2) 反函数.

给定函数 $y=f(x)$, $x \in I$.

定义 3.5　设函数 $y=f(x)$ 是一一对应的, 即对任意的 $y \in R_f$, 存在唯一的 $x \in I$, 使得 $y=f(x)$, 由此确定了一个 R_f 到 I 的函数 $y \mapsto x$, 称为函数 $f(x)$ 的反函数, 记为 $x = f^{-1}(y)$.

习惯上, 常用 x 表示自变量, y 表示函数, 因此, 反函数常写为 $y = f^{-1}(x)$. 如 $y= x^2, x > 0$ 的反函数为 $y = \sqrt{x}, x > 0$; $y = \mathrm{e}^x$ 与 $y = \ln x, x > 0$ 时互为反函数.

因此, 反函数的计算很简单, 在存在的条件下, 就是从 $y=f(x)$ 的表达式中求出 x, 用 y 表示.

在中学阶段, 已经学习过几类常见的函数及其反函数的性质, 在现阶段, 我们仍然经常用到这些结论, 请自行总结这些结论.

函数和反函数对应的几何曲线关系:

(1) 几何上, $y = f(x)$ 和 $x = f^{-1}(y)$ 的几何图形是同一曲线.

(2) 函数 $y = f(x)$ 和 $y = f^{-1}(x)$ 的图形关于直线 $y = x$ 对称, 即若点 (x, y) 在曲线 $y=f(x)$ 上, 则点 (y, x) 在曲线 $y = f^{-1}(x)$ 上; 反之也成立. 事实上, 若 (x_0, y_0) 满足 $y_0 = f(x_0)$, 则 $x_0 = f^{-1}(y_0)$, 故, 点 (y_0, x_0) 在曲线 $y = f^{-1}(x)$ 上(图 1-1).

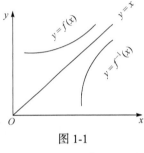

图 1-1

定理 3.1　设 $y = f(x)$ 在某个区间 I 内严格单调递增(减), 又设和 I 对应的值域为 Y, 则在 Y 内必存在反函数 $x = f^{-1}(y)$, 且反函数也是严格单增(减)的.

简析　由定义, 要证明函数存在反函数, 只需说明该函数既单又满.

证明　显然, 映射 f 是满射, 故, 只需证 f 是单射. 而由严格单调性可得 f 为单射, 故, f 存在反函数.

再证 $x = f^{-1}(y)$ 的单调性.

设 $y_1, y_2 \in Y$ 且 $y_1 < y_2$, 记 $x_1 = f^{-1}(y_1), x_2 = f^{-1}(y_2)$, 则
$$y_1 = f(x_1), \quad y_2 = f(x_2),$$
因此, 若 $x_1 \geq x_2$, 由单调性, $y_1 \geq y_2$, 矛盾, 故
$$x_1 = f^{-1}(y_1) < x_2 = f^{-1}(y_2),$$
因而, $x = f^{-1}(y)$ 是单调递增的.

2. 函数的常用性质

给定函数 $y=f(x)$, $x \in I$, 讨论函数的下述性质.

1) 函数的奇偶性.

定义 3.6　若对任意的 $x \in I$, 都有
$$f(-x) = f(x) \quad (f(-x) = -f(x)),$$
则称函数 $f(x)$ 为 I 上的偶函数(奇函数).

在讨论函数的奇偶性时, 函数通常定义在如下的对称区间 $(-a, a)$, 且当 $f(x)$ 为奇函数时, 成立 $f(0)=0$.

从几何上看, 奇函数的图像关于原点对称(图 1-2), 偶函数的图像关于 y 轴对

称(图 1-3).

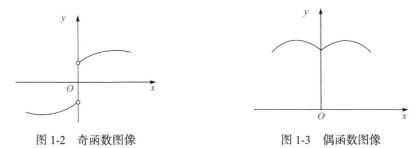

图 1-2　奇函数图像　　　　　　　　　图 1-3　偶函数图像

定理 3.2　对任意的 $f(x)$，则 $f(x)+f(-x)$ 为偶函数，$f(x)-f(-x)$ 为奇函数.

2) 函数的单调性.

定义 3.7　若对于任意的 $x_1, x_2 \in I$ 且 $x_1 \leqslant x_2$，都有
$$f(x_1) \leqslant f(x_2) \quad (f(x_1) \geqslant f(x_2)),$$
则称函数 $f(x)$ 为 I 上的单调递增(递减)函数.

若定义中"$\leqslant (\geqslant)$"改为严格的"$<(>)$"时，对应地函数称为严格递增(递减)函数.

函数的单调性和其定义的区间有关. 如 $y=x^2$ 在整个定义域 $\mathbf{R}^1$ 上是偶函数，但是，在区间 $(-\infty, 0)$ 上讨论该函数时，它是单调递减函数，而在区间 $(0, +\infty)$ 上讨论该函数时，它是单调递增函数.

3) 函数的周期性.

定义 3.8　若存在实数 T，使得对任意的 x，都有
$$f(x+T) = f(x),$$
则称 $f(x)$ 为周期函数，T 为其周期.

通常，周期函数的定义域是整个实数轴，或周期延拓到整个实数轴.

周期是不唯一的. 事实上，若 T 为周期，则对任意的正整数 n，nT 也为函数的周期，因此，我们通常所说的周期，指的是函数的最小的正周期.

有的周期函数没有最小的正周期. 如 Dirichlet 函数
$$D(x) = \begin{cases} 0, & x \text{为有理数}, \\ 1, & x \text{为无理数}, \end{cases}$$
则任何有理数都是该函数的周期，显然，$D(x)$ 没有最小的正周期. 后面我们将得到，连续的周期函数必有最小正周期.

中学学习过，三角函数都是周期函数.

4) 函数的有界性.

定义 3.9　若存在实数 $M>0$，使得对任意的 $x \in I$，都有
$$|f(x)| \leqslant M,$$

则称 $f(x)$ 为有界函数, M 为函数 $f(x)$ 的界.

函数的界本质上是函数的值域集合的界, 因而, 有界函数的界不唯一, 界只是刻画函数有界性的一个较为粗略的概念.

函数的无界性也是一个常用的概念, 我们给出相应的定义.

定义 3.10　若对任意的 $M>0$, 都存在 $x_M \in I$, 使得

$$|f(x_M)|>M,$$

则称 $f(x)$ 在区间 I 上无界.

有界和无界是一对肯定式和否定式的定义, 对这样一对对应的概念, 可以通过其中一个定义, 推出另一个对应的定义, 前面已经给出了转化方法, 再次强调: 即在肯定式的定义中, 将条件"存在一个"改为对应的"对任意的", 将"对任意的"改为"存在一个", 将结论否定, 则肯定式的定义就转化为否定式的定义, 反之, 也成立.

三、基本初等函数

最后给出最基本的五类函数, 我们称之为基本初等函数.

1. 幂函数

函数表达式为 $y = x^a$.

幂函数的定义域与 a 有关. 当 a 为正整数时, 其定义域为整个实数轴 $(-\infty, +\infty)$;

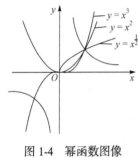

当 a 为负整数时, 定义域为所有非零的实数 $\mathbf{R}^1 \setminus \{0\} = (-\infty, 0) \cup (0, +\infty)$; 当 a 为分数时, 定义域还与分子和分母的奇偶性有关. 一般地, 我们总认为, $a>0$ 时函数的定义域为 $[0, +\infty)$, $a<0$ 时函数的定义域为 $(0, +\infty)$. 当然, 幂函数的奇偶性也和 a 有关. 常用的幂函数为 $a = -1, \dfrac{1}{2}$, 2, 3 时对应的幂函数, 课后自己讨论这些函数的上述性质并绘出相应的函数图形(图 1-4).

图 1-4　幂函数图像

2. 指数函数

函数表达式为 $y = a^x$, 其定义域也和 a 的取值有关.

特别地, $a>0$ 时的指数函数的定义域为整个实数轴. 常用的指数函数 $y = e^x$, 课后讨论此函数的上述性质并绘出相应的函数图形.

3. 对数函数

函数表达式为 $y = \log_a x$, 其中 $a>0$ 且 $a \neq 1$, 定义域为 $(0, +\infty)$.

常用的对数函数为 $y = \ln x$，课后讨论此函数的上述性质并绘出相应的函数图形.

当 $a > 0$ 时，指数函数和对数函数都是严格单调的函数；当 $a > 1$ 时，都是严格递增的，$0 < a < 1$ 时，都是严格递减的，因而，反函数都存在，事实上，它们互为反函数(图 1-5 和图 1-6).

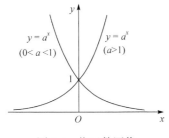

图 1-5　指函数图像

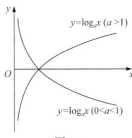

图 1-6

4. 三角函数

正弦函数 $y = \sin x$，余弦函数 $y = \cos x$，定义域都是整个实数轴，都以 2π 为周期，最大值为 1，最小值为 -1(图 1-7).

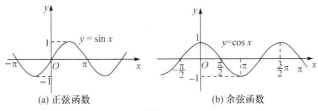

(a) 正弦函数　　　　　(b) 余弦函数

图 1-7

正切函数 $y = \tan x$，周期为 π，定义域为 $\bigcup\left(k\pi - \dfrac{\pi}{2}, k\pi + \dfrac{\pi}{2}\right)$. 余切函数 $y = \cot x$，周期为 π，定义域为 $\bigcup(k\pi, (k+1)\pi)$. 二者性质如图 1-8 所示.

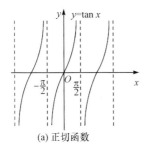
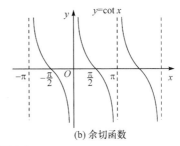

(a) 正切函数　　　　　　　　　(b) 余切函数

图 1-8

正割函数 $y = \sec x = \dfrac{1}{\cos x}$ 和余割函数 $y = \csc x = \dfrac{1}{\sin x}$.

本课程中, 经常用到如下常用的三角函数公式:

$$\sin 2x = 2\sin x \cos x,$$

$$\cos 2x = \cos^2 x - \sin^2 x,$$

$$\sin a + \sin b = 2\sin \frac{a+b}{2}\cos \frac{a-b}{2},$$

$$\sin a - \sin b = 2\cos \frac{a+b}{2}\sin \frac{a-b}{2},$$

$$\cos a + \cos b = 2\cos \frac{a+b}{2}\cos \frac{a-b}{2},$$

$$\cos a - \cos b = -2\sin \frac{a+b}{2}\sin \frac{a-b}{2},$$

$$\sin a \sin b = -\frac{1}{2}[\cos(a+b) - \cos(a-b)],$$

$$\cos a \cos b = \frac{1}{2}[\cos(a+b) + \cos(a-b)],$$

$$\sin a \cos b = \frac{1}{2}[\sin(a+b) + \sin(a-b)],$$

$$\sin(a \pm b) = \sin a \cos b \pm \cos a \sin b,$$

$$\cos(a \pm b) = \cos a \cos b \mp \sin a \sin b,$$

$$\sin^2 x + \cos^2 x = 1$$

$$1 + \tan^2 x = \sec^2 x.$$

5. 反三角函数

反正弦函数 $y = \arcsin x$ 的定义域是$[-1,1]$, 值域为 $\left[-\dfrac{\pi}{2},\dfrac{\pi}{2}\right]$, 且是单调递增函数(图 1-9(a)).

反余弦函数 $y = \arccos x$ 的定义域是$[-1,1]$, 值域为 $[0,\pi]$, 且是单调递减函数(图 1-9(b)).

反正切函数 $y = \arctan x$ 的定义域为实数轴, 值域为 $\left(-\dfrac{\pi}{2},\dfrac{\pi}{2}\right)$, 且为单调递增函数(图 1-10(a)).

反余切函数 $y = \operatorname{arccot} x$ 的定义域为实数轴, 值域为 $(0,\pi)$, 且为单调递减函数(图 1-10(b)).

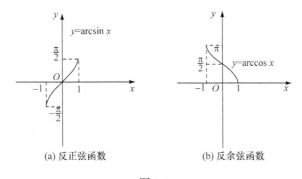

(a) 反正弦函数　　　　　　(b) 反余弦函数

图 1-9

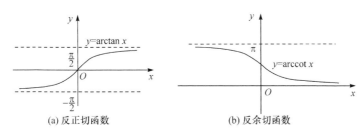

(a) 反正切函数　　　　　　(b) 反余切函数

图 1-10

成立公式

$$\arcsin x + \arccos x = \frac{\pi}{2}; \quad \arctan x + \operatorname{arccot} x = \frac{\pi}{2}.$$

课后讨论这些函数的上述性质并画出图形.

上述给出的是基本初等函数, 经过基本初等函数的有限次四则运算和有限次复合所得到的函数, 统称为初等函数. 我们分析学中研究的对象就是初等函数.

再给出几个常用的特殊的函数.

符号函数(图 1-11): $y = \operatorname{sgn} x = \begin{cases} 1, & x > 0, \\ 0, & x = 0, \\ -1, & x < 0. \end{cases}$

取整函数(图 1-12): $y = [x] = n,\ n \leqslant x < n+1,\ n$ 为整数;

非负小数部分: $y = (x) = x - [x]$;

Riemann 函数: $R(x) = \begin{cases} \dfrac{1}{p}, & x = \dfrac{q}{p} \text{为有理数}, \\ 0, & x \text{为} 0,1 \text{或无理数}, \end{cases}$ $x \in [0,1],$

其中 $p, q \in \mathbf{Z}_+,\ p, q$ 互质 (Riemann 函数的定义有不同形式).

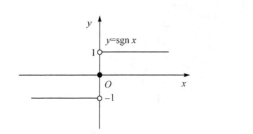

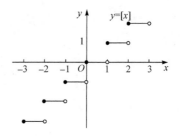

图 1-11　符号函数　　　　　　　　　　　图 1-12　取整函数

习　题　1.3

1. 设 $f(x) = \dfrac{1}{x}$ ，计算 $f(x)$ 的定义域，并计算 $f(f(x))$ 和 $f(f(f(x)))$.

2. 设 $f(x) = \dfrac{x+1}{x^2+1}$ ， $g(x) = \dfrac{1}{x^2}$ ，1)求函数的定义域；2)计算 $f(g(x))$ ；3)在其定义域内，判断 $f(x), g(x)$ 的有界性.

3. 设 $f(x) = \ln(x+1)$ ，求其反函数.

4. 证明两个奇函数的积是偶函数.

5. 设 $f(x) = \begin{cases} x+1, & x \geqslant 0, \\ x^2, & x < 0, \end{cases}$ $g(x) = \begin{cases} x^2, & x \geqslant 0, \\ x, & x < 0. \end{cases}$ 计算 $f(g(x))$.

6. 总结 5 类基本初等函数的性质，包括单调性、有界性、最值，并画出图形.

第 2 章　数列的极限

　　数列和其他数学概念一样产生于人类认识自然和改造自然的活动中，是人类对特定事物认识的高度总结和抽象，因此，为了本章内容的学习，让我们沿着数学发展的历史轨迹，以人类对面积的认知过程为例，尽可能追溯和了解数列产生的发展背景与概念中隐藏的解决实际问题的数学思想.

　　正如前面章节谈到的，数学发展的初期，对几何图形及其面积的认识是数学的重要内容之一. 人类在早期的实践活动中，必然涉及平面几何图形的面积计算问题，显然，最先得到的是一些简单规则的图形，如正方形、矩形、三角形、梯形等的面积，随之而来的问题自然是：更复杂的图形，如圆、特殊曲线所围的图形等的面积的计算问题. 同样的道理，对这类问题的认识和研究也经历了从近似到精确、再到准确的过程. 下面，我们以圆的面积的主要研究进程为例，挖掘研究过程中抽象形成的数学理论和思想.

　　先从刘徽割圆术计算圆的面积谈起.

　　早在我国先秦时期，《墨经》上就已经给出了圆的定义. 认识了圆，人们也就开始了关于圆的种种计算，特别是圆面积的计算. 我国古代数学经典《九章算术》在第一章"方田"章中写到"半周半径相乘得积步(面积)"，也就是我们现在所熟悉的面积公式. 为了证明这个公式，我国魏晋时期数学家刘徽于公元 263 年左右撰写《九章算术注》时，在圆面积公式后面写了一篇 1800 余字的注记，这篇注记就是数学史上著名的"割圆术".

　　根据刘徽的记载，在刘徽之前，人们求证圆面积公式时，是用圆内接正十二边形的面积来代替圆面积. 应用出入相补原理，将圆内接正十二边形拼补成一个长方形，借用长方形的面积公式来论证《九章算术》中的圆面积公式. 刘徽指出，这个长方形是以圆内接正六边形周长的一半作为长，以圆半径作为高的长方形，它的面积是圆内接正十二边形的面积. 这种论证"合径率一而弧周率三也"，即后来常说的"周三径一"，取"周三径一"(即取 $\pi = 3$)的数值来进行有关圆的计算误差很大. 东汉的张衡不满足于这个结果，他从研究圆与它的外切正方形的关系着手，得到圆周率 $\pi \approx 3.1622$. 这个数值比"周三径一"要好些，但刘徽认为其计算出来的圆周长必然要大于实际的圆周长，也不精确. 他认为，圆内接正多边形的面积与圆面积都有一个差，用有限次数的分割、拼补是无法证明《九章算术》中的圆面积公式. 因此，刘徽大胆地将现在称为极限的思想和无穷小分割引入了数学证明, 提出用"割圆术"来求圆周率, 既大胆创新, 又严密论证, 从而为圆周率的计算指出了一条科学的道路, 刘徽也开创了逻辑推理和论证的先河. 按照这样的思路, 刘徽把圆内接正多边形的面积一直算到了正 3072 边形, 并由此而求得了圆周率的近似数值为 3.1416. 这个结果是当时世界上圆周率计算的最精确的数据. 刘徽对自己创造的这个"割圆术"新方法非常自信, 把它推广到有关圆形计算的各个方面, 从而使汉代以来的数学发展大大向前推进了一步.

　　刘徽的割圆术记载在《九章算术》第一卷方田章的第 32 题关于圆面积计算的注文里. 其主要思想是: 在圆内作内接正六边形, 每边边长均等于半径(这是作内

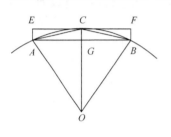

图 2-1

接正六边形的原因); 再作正十二边形, 从勾股定理出发, 求得正十二边形的边长, 如此类推, 求得内接正 $2^n \times 6$ 边形的边长和周长, 用此周长近似为圆的周长, 利用出入相补原理计算出内接正 $2^n \times 6$ 边形的面积, 以此面积作为圆面积的近似, 且当 n 逐渐增大时, 此面积就越接近圆的面积.

　　其关键的步骤是当边数加倍时, 如何计算边长. 如图 2-1 是一个由正 $2n$ 边形的边长计算加倍后的正 $4n$ 边形的边长的过程. 如图 2-1 所示.

$$OA = OB = OC = r \ (r \text{ 为圆的半径});$$

$$AB = l_{2n}, \quad OG = \sqrt{r^2 - (l_{2n}/2)^2}, \quad CG = r - OG;$$

$$AC = BC = l_{4n}, \quad l_{4n} = \left\{ [r - \sqrt{r^2 - (l_{2n}/2)^2}\,]^2 + (l_{2n}/2)^2 \right\}^{1/2}.$$

　　利用上述思想可以由内接正六边形的边长开始, 计算任意的正 $2^n \times 6$ 边形的边长 l_n, 进一步求得其周长 c_n, 近似为圆的周长, 利用出入相补原理, 可以算出用正 $2^{n+1} \times 6$ 边形近似的圆的面积为

$$S \approx S_{n+1} = \frac{1}{2} r c_n.$$

　　利用这种方法, 刘徽从内接正六边形开始, 计算了内接正六边形、内接正十二边形、内接正 96 边形、内接正 192 边形, 直到内接正 3072 边形($n = 9$)的面积, 由此, 近似得到 $\pi \approx 3.14159$, 这个结果在当时是最好的结果.

　　我们现在将刘徽的思想抽象出来: 刘徽先得到了内接正六边形周长为 $6r$, 依此计算内接正十二边形的面积和周长, 记其面积为 $a_1 = S_{2 \times 6}$, 再计算内接正 24 边形的面积和周长, 记其面积为 $a_2 = S_{2^2 \times 6}$, 直到计算出任意的内接正 $2^n \times 6$ 边形的面积, 记为 $a_n = S_{2^n \times 6}$, 当 n 越来越大时, a_n 就近似于所求的圆的面积, 这样, 从

近似的角度得到了圆的面积. 当然, 取不同的 n, 就得到不同的圆的面积, 因此, 可能需要研究一系列这样的数 a_1, a_2, a_3,$\cdots$,a_n,$\cdots$, 而为了获得更精确的值, 需要考察当 n 充分大时 a_n 的变化趋势, 因此, 上述的过程用数学语言抽象出来, 就是已知 a_1, a_2, a_3,$\cdots$,a_n,$\cdots$, 考察当 n 增大时, a_n 的变化趋势, 这种问题就是我们将要介绍的数列及其极限.

上述这种数列极限的思想在现代科学技术和工程技术领域得到广泛的推广和应用, 如复杂的非线性问题用一系列简单的线性问题来近似逼近; 方程根的计算实际上就是计算一系列的交点, 利用这些交点的坐标逼近方程的根, 这仍然是数列的极限问题; 因此, 引入并研究数列及其极限问题, 不仅有历史背景, 还有现实意义.

2.1　数　列　极　限

一、数列的定义

定义 1.1　无穷(可列)个数按次序一个个排列下去或按正整数编号的可列无穷个数, 称为数列.

如 1, $\dfrac{1}{2}$,$\dfrac{1}{3}$,$\cdots$,$\dfrac{1}{n}$,$\cdots$ 和 2, 4, 6,$\cdots$, $2n$,$\cdots$ 都是数列. 由于数列中有无穷多项, 不可能把每一项都写出来, 因而, 为书写和表示方便, 我们引入数列的通项定义: 把数列中每一项与一个正整数对应, 如第一项与正整数 1, 第二项与正整数 2, $\cdots$, 任意的第 n 项与正整数 n 对应, 如果对任意的第 n 项都能用对应的正整数 n 的表达式把这一项表示出来, 这个表达式就称为数列的通项. 通俗地说, 数列的通项就是数列规律的表示.

定义 1.2　若正整数 n 的表达式 x_n 满足: $n=1$ 时, x_1 为数列的第一项; $n=2$ 时, x_2 为其第二项; 对任意的 n, x_n 为对应的第 n 项, 称 x_n 为对应数列的通项, 对应的数列记为 $\{x_n\}$.

如前面给出的两个数列可以分别记为 $\left\{\dfrac{1}{n}\right\}$ 和 $\{2n\}$. 以后就用通项表示一个给定的数列.

用函数的观点看, 数列可看成特殊的函数——离散变量的函数: $x_n = f(n)$, 自变量 n 以离散的形式取自正整数集合.

数列并不是一般意义下的数的集合. 数集中, 元素间没有次序关系, 重复出现的数是同一个元素. 数列可以视为特殊的可列无穷数集, 每个数都有确定的编号, 有确定的顺序, 因此, 不同位置上的数是不同的元素, 不同元素的值可以是相等的，即数列中的元素是靠位置(编号)而不是靠大小来确定，因而，允许在同一数列中重复出现相同的数，如常数列：$c, c, c, \cdots$，记为$\{x_n\}$，其中$x_n = c$；数列$\{(-1)^n\}$为$-1, 1, -1, 1, \cdots$.

二、数列极限

1. 极限的定义

我们引入数列之后，很自然的一个问题是，对数列，我们更关心的问题是什么？

从数列产生的背景和现实应用来看，最关心的是数列最终的逼近结果，即数列的变化趋势及趋势的可控性问题，所谓趋势可控是指控制了某个数，就可以实现对数列的控制；那么，数列的变化趋势是什么？数列能否控制？先看下述几个数列：

$\left\{\dfrac{1}{n}\right\}$，显然$\dfrac{1}{n} \to 0$，数列的趋势明确确定且可控.

$\{n\}$，数列的趋势明确，但不确定，趋势不可控，因为∞不是确定的数.

$\{(-1)^n\}$，就整个数列来讲，数列是跳跃性的，没有明确的趋势，更谈不上趋势的可控性，或者说趋势不可控.

从上述具体数列中可知，有些数列趋势明确，且趋势可以控制，有些数列虽有明确的趋势，但是趋势不可控，还有些数列，变化趋势不明确，更谈不上趋势的可控性. 显然，第一种是"好数列"，是我们将要研究的主要对象，趋势及其可控性是研究的主要内容，在数学上，我们将"好数列"的趋势抽象并引入"极限"概念来表示，于是，数列的极限是否存在？判断极限存在即数列收敛的方法有哪些？如何计算数列的极限？便是我们研究的主要内容. 而首要解决的问题就是如何用数学语言给出极限的定义.

极限并不是一个陌生的概念，在中学阶段，我们已经学习了极限的概念，首先回顾一下中学的定义：a是数列$\{x_n\}$的极限是指当n充分大时，x_n越来越接近于a. 这是一个描述性的定义，是定性的语言，存在很大的缺陷：不严谨，缺乏定量的刻画，缺乏可操作性，只能处理非常简单的数列极限问题. 因此，为给出极限概念的严谨的数学表达，必须用定量的数学语言刻画两个过程：① n充分大；② x_n越来越接近于a. 仔细分析①和②，其本质是相同的，都是充分接近的意思. 事实上，若将$+\infty$视为一个广义意义下确定的量，则①的含义是n充分接近于$+\infty$. 因此，极限定义的定量表示关键在于如何用定量的关系式表示出两个量的充分接近. 我们知道：两个量的远近用二者之间的距离表示，因此，我们必须借助距离的概念将二者充分接近的含义表达出来. 从字面上理解，充分接近就是二者之间的距离

非常小, 距离是一个实量(数), 因此, 问题最终归结为 "用什么样的实(数)量表示距离充分小". 首先要明确的是, 任何一个确定的实数都不能表示出 "充分小" 的含义, 因为**充分接近、充分小表示的是一个变化着的动态的过程**, 一个确定的实数是一个静态的量, 从这种属性上可以看出, 任何一个确定的量都不能表示充分接近、充分小的含义, 因此, 引入的量必须具备某种任意性, 用于体现动态变化的过程. 如, $\dfrac{1}{100}$ 是一个小的量, $|a-1|<\dfrac{1}{100}$ 表示 a 接近于 1 及其接近的确定的程度, $|b-1|<\dfrac{1}{1000}$ 表示 b 也接近于1, 且 b 比 a 更接近于1, 但是, 都表示不出无限接近或充分接近的意思. 其次, 还需要明确的是, 引入的量既要表示出充分小、充分接近的意思, 还必须具有确定性或给定性, 因为只有具有确定性, 才有可控性, 才具有可操作性, 才能进行证明或计算. 因此, 要引入的量必须是一个具有任意性和给定性的充分小的量, 暂且记这个的量为 ε, 当给定之前, 它具有任意性, 要多小有多小, 用以刻画接近的程度, 一旦给定, 它又是确定的, 便于数学上的研究与论证, 这就是**量的二重性**; 借助于这个 ε 就可以刻画 x_n 充分接近于 a, 用数学表达式表示为 $|x_n-a|<\varepsilon$, 比如, 要使 x_n 充分接近于 a 的接近程度为 1/100, 只需在小于 1/100 的范围内取定一个值为 ε 即可; 要使 x_n 充分接近于 a 的接近程度为 1/10000, 只需在小于 1/10000 的范围内取定一个值为 ε 即可; 这就是 ε 给定前的任意性, 它根据需要而选取, 当然, 一旦选定, 它就确定下来了. 剩下的问题就是如何刻画 n 充分大或 n 充分接近于 $+\infty$ 这个过程, 如果借用符号 $+\infty$ 和上述表示, 这个过程可以表示为 $|n-(+\infty)|<\varepsilon$, 但是, 由于 $+\infty$ 仅仅是一个符号, 因此, 这个表示并不合适, 为此, 将上述表示进行等价转化, 分离出 n, 可以表示为

$$(+\infty)-\varepsilon<n<(+\infty)+\varepsilon,$$

后半部分显然成立, 因此, 关键在于刻画前半部分. 注意到 $+\infty$ 和 ε 的含义, 此部分的含义是 "n 是一个充分大的量", 要多么大就有多么大, 从这个意义上讲, 这个量与 ε 有相同的性质, 因此, 为将其转化为可以控制的量的表示, 类似于 ε 的引入, 我们引入一个确定的充分大的量 $M>1$, M 和 ε 一样具有双重属性——任意性和确定性, 在给定前是任意的, 因此, 可以取得充分大, 以刻画 n 充分大的性质要求; 一旦取定, 它又是确定的, 便于运算和控制. 因此, "n 充分大" 用数学语言就可以表示为: 对任意充分大的 M, $n>M$. 注意到①和②的逻辑关系, n 充分大的程度决定了 x_n 充分接近于 a 的程度, 换句话说, 要使 $|x_n-a|<\varepsilon$, 必须有成立的条件, 即必须有一个 M, 要求 $n>M$ 时才成立 $|x_n-a|<\varepsilon$, 因而, 从逻辑关系上, M 是一个由 ε 确定的充分大的量, 这样, 基本问题就解决了. 将上述分析过程中的思想用严谨的数学语言表达出来, 并注意到逻辑关系, 就可以如下给出极限的严格的数学定义了.

定义 1.3　设 $\{x_n\}$ 是给定数列, a 是给定的实数, 如果对 $\forall\ \varepsilon > 0$, 存在 $N \in \mathbf{Z}^+$, 使 $n > N$ 时, 都成立

$$|x_n - a| < \varepsilon,$$

称数列 $\{x_n\}$ 收敛, a 称为 $\{x_n\}$ 的极限, 也称 $\{x_n\}$ 收敛于 a. 记为 $\lim\limits_{n \to +\infty} x_n = a$ 或简记为 $x_n \to a(n \to +\infty)$.

极限是本课程最重要的概念之一, 我们从不同角度对涉及的量、对定义的结构作进一步分析与理解.

信息挖掘　1)从概念的**属性**看, 上述定义既是定性的, 也是定量的. 定性是指对性质的描述, 如本定义中定义的 "数列 $\{x_n\}$ 收敛" 就是定性的; 此定义还是定量的, 定量是指定义中涉及定量关系的刻画, 如本定义中的 "$\{x_n\}$ 收敛于 a" 就是定量的.

2) 从**逻辑关系**上看, 定义中的量 ε 和 N 的逻辑关系是, 先给定 ε, 才能确定 N, N 由 ε 确定, 事实上, N 是通过求解一个与 ε 有关的不等式所得到的, 因此, N 是由数列本身和其极限及给定的 ε 确定的一个量, 不唯一且与 ε 有关. 定义中两个式子的逻辑关系是: "$n > N$" 是 "$|x_n - a| < \varepsilon$" 成立的条件.

3) 从极限表达式 $\lim\limits_{n \to +\infty} x_n = a$ 的**结构**看, 此表达式也反映出刻画极限的两个过程: 自变量(下标变量)的变化过程, 即 $n \to +\infty$; 数列的变化过程, 即 $x_n \to a$. 因此, $\lim\limits_{n \to +\infty} x_n = a$ 有时也简写为 $x_n \to a(n \to +\infty)$. 了解极限的结构对利用定义证明简单数列的极限是非常重要, 也是非常必要的.

要熟悉从多角度对定义和定理进行分析, 以便了解和掌握其结构, 为进一步的应用作准备.

再对极限定义中所涉及的**量**进行进一步的分析总结.

抽象总结　1)从定义看出, 数列的极限就是数列充分接近的量, 用极限揭示出了数列的最终变化趋势, 即数列 x_n 充分接近并趋向于 a; 而 ε 就是用来表明接近程度的量, 是一个要多小就有多小的充分小的量. ε 具有双重性: 既是任意的, 也是确定的, 在给定前它是任意的, 可以任意取值, 以便于表示充分接近或无限逼近的程度, 但是, 一旦给定, 它又是一个确定的数, 以便使得相关的过程或相关的量都是确定的、可操作的或可控的.

2) ε 的任意性还有一个含义. 从理论上讲, 要验证 x_n 充分接近于 a, 等价于验证 $|x_n - a|$ 要多小就有多小, 需要验证对所有小的数 ε, 都有 $|x_n - a| < \varepsilon$, 这是一个无限验证的过程, 是无法一一验证的, 因此, 借助于具有任意属性的量 ε 将一个无限的验证过程转化为一个可以进行的确定的过程, 隐藏着类似于数学归纳法中的思想.

3) 由 ε 的任意性, 定义中的表达式 $|x_n - a| < \varepsilon$ 可以写为

$$|x_n - a| < M\varepsilon,$$

或

$$|x_n - a| < M\varepsilon^k,$$

或更一般的形式

$$|x_n - a| < f(\varepsilon),$$

其中 $M > 0$, $k > 0$ 为常数, $f(\varepsilon)$ 是正的函数且当 ε 任意小时 $f(\varepsilon)$ 也任意小. 同样的道理, 上式中的 "<" 也可以换为 "≤".

4) 数列的收敛性与数列的前面有限项无关, 这也反映了数列最重要的是 "趋势" 的特性.

5) 极限的**几何意义**: 将定义中的不等式用数轴上区间的几何形式表示就得到极限的几何意义: $x_n \to a$ 等价于对 $\forall\ \varepsilon > 0$, $\exists N \in \mathbf{Z}_+$, 使 $n > N$ 时, $x_n \in U(a, \varepsilon)$, 即数列的第 N 项以后的元素 $\{x_n\}(n > N)$ 都落在邻域 $U(a, \varepsilon)$ 内, 故, 区间 $(a - \varepsilon, a + \varepsilon)$ 外至多有数列的有限 N 项(图 2-2).

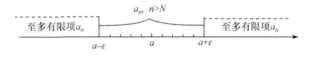

图 2-2　极限的几何意义

6) 从定义形式看, 通过 N, 将数列分为具有不同性质的两段: $n > N$ 时, 具有性质 $|x_n - a| < \varepsilon$; 当 $n \leqslant N$ 时, $x_1, x_2, \cdots, x_N$ 视为确定的常数. 这为后续研究中的分段处理方法提供了依据.

总之, 极限的定义将中学学习的描述性的、定性的定义转化为定量的定义, 所有的过程都用确定的量来表示, 非常严谨又易于操作, 便于研究, 这正是数学理论的特征.

有了极限的定义, 我们就可以利用定义计算或证明一些简单的具体数列的极限结论, 导出数列极限的运算性质和其他性质, 由此构建起极限的理论.

2. 数列极限定义的应用

1) 具体数列极限问题中的应用.

有了定义, 就可以利用定义, 从定量的角度验证或计算一些简单的具体数列的极限问题. 先看两个简单的例子.

例 1　证明: $\lim\limits_{n \to +\infty} q^n = 0$, 其中 $0 < |q| < 1$.

证明　对 $\forall \varepsilon > 0$，取 $N \geqslant \left[\dfrac{\ln \varepsilon}{\ln |q|} \right] + 1$，则当 $n > N$ 时，

$$\left| q^n - 0 \right| \leqslant |q|^N < \varepsilon,$$

故，$\lim\limits_{n \to +\infty} q^n = 0$.

例 2　证明 $\lim\limits_{n \to +\infty} \dfrac{1}{n^a} = 0$，其中 $a > 0$.

证明　对 $\forall \varepsilon > 0$，取 $N = \left[\varepsilon^{-\frac{1}{a}} \right] + 1$，则 $n > N$ 时，

$$\left| \frac{1}{n^a} - 0 \right| < \frac{1}{n^a} < \frac{1}{N^a} < \varepsilon,$$

故，$\lim\limits_{n \to +\infty} \dfrac{1}{n^a} = 0$.

从上述两个例子可以总结出这类极限的证明过程步骤为**三步法**：

第一步：先给定一个任意的 $\varepsilon > 0$；

第二步：寻找或确定正整数 N；

第三步：验证当 $n > N$ 时，成立 $|x_n - a| < \varepsilon$.

可以看出，证明过程严格遵循了极限的定义，体现了定义中各量之间和表达式之间的严谨的**逻辑关系**；证明的关键点(重点/难点)是 **N 的确定**. 那么，如何确定 N？我们以例 1 为例，分析 N 的确定方法.

例 1 分析　我们要证明的是：对 $\forall \varepsilon > 0$，要使 $n > N$ 时，成立

$$\left| q^n - 0 \right| = |q|^n < \varepsilon,$$

因此，n 一定属于上述关于 n 的不等式的解集，因此，本质上相当于求解一个不等式，但是，从形式上看，我们要确定的是 N，尽可能把不等式转化为关于 N 的式子(不等式或等式)，因此，必须借助于条件 $n > N$ 将 n 的表达式转化为 N 的表达式，对本例来说，由于 $|q| < 1$，则 $|q|^n$ 关于 n 单调递减，故 $n > N$ 时，$\left| q^n \right| \leqslant |q|^N$，因此，要使 $|q|^n < \varepsilon$，只需 $|q|^N \leqslant \varepsilon$，等价于 $N \ln |q| \leqslant \ln \varepsilon$，注意到 $\ln |q| < 0$，$\ln \varepsilon < 0$，求解上述不等式得：$N \geqslant \left[\dfrac{\ln \varepsilon}{\ln |q|} \right] + 1$，在这个解集中选择一个就确定了 N.

上面的分析中，蕴藏了利用极限定义证明具体数列极限的基本方法——**放大法**，我们将这种方法的核心步骤**抽象总结**如下：

1) 放大过程：对刻画数列极限的控制对象 $|x_n - a|$ 放大处理，即

$$|x_n - a| < \cdots < G(n),$$

其中 $G(n)$ 满足原则

(i) $G(n)$ 应是单调递减的, 因而, $n > N$ 时, 成立

$$|x_n - a| \leqslant G(n) \leqslant G(N),$$

这样, 可以将控制变量由 n 转化为 N;

(ii) $G(n) \to 0$, 因而, 成立当 n 充分大时有 $G(n) < \varepsilon$;

(iii) $G(n)$ 尽可能简单, 以便求解 $G(N) < \varepsilon$, 进而确定 N.

通过求解关系式确定了 N, 按定义中的逻辑关系, 给出严谨的证明过程即可.

放大法的**主要思路**是: 通过对刻画数列极限的控制对象 $|x_n - a|$ 的放大, 把复杂结构的控制对象放大为最简单的结构, 以便求解不等式 $G(N) < \varepsilon$ 以确定 N. 在放大过程中, 要分析放大对象 $|x_n - a|$ 的结构, 放大的目标是从其中分离出刻画自变量变化过程的变量 n, 得到 n 的最简单的表达式 $G(n)$, 因此, 在放大过程中, 要分析 $|x_n - a|$ 的结构, 去掉绝对值号, 确定结构中的主要因子和次要因子(以分离的变量为参考), 不断甩掉次要因子, 保留主要因子以简化结构, 这也是矛盾分析方法在数学中的应用.

2) 求解 $G(N) < \varepsilon$, 得到 N 的解集, 从中取出一个作为 N 即可.

下面, 利用上述方法再处理几个例子, 体会这种方法的应用.

例 3　证明: $\lim\limits_{n \to +\infty} \dfrac{n^2 + 10000}{-n^3 + n^2 + n} = 0$.

结构分析　放大对象为 $\left| \dfrac{n^2 + 10000}{-n^3 + n^2 + n} - 0 \right|$. 先去掉绝对值号. 显然, $n > 3$ 时,

$|x_n - 0| = \dfrac{n^2 + 10000}{n^3 - n^2 - n}$; 要使上式尽可能地简单, 在放大过程中, 必须使分子和分母同时**达到最简**——多项简化到一项, 只保留最关键的、起最重要作用的项即**主要因子**——n 的最高次幂项(对 $n^k\,(k > 0)$ 结构, k 越大, 当 n 充分大时变化越大(快)). 达到这一目的的方法也很简单: 用最高次幂项控制其余项(**主项控制副项, 主要因子控制次要因子**).因此, 分子要保留最高次幂 n^2 项, 必须去掉常数项 10000, 或用最高次幂 n^2 来控制此常数, 显然要使 $10000 \leqslant n^2$, 只需 $n > 100$, 此时可得 $n^2 + 10000 \leqslant 2n^2$, 达到分子最简且保留主项的目的.

对分母的化简. 为保证整个分式的放大, 我们必须以缩小的方式处理分母, 为此, 我们采用分项的方式来处理: 即从最高的主项中分离出一部分用以控制其余项, 如从 n^3 分出一半 $\dfrac{1}{2} n^3$, 则

$$n^3 - n^2 - n = \frac{1}{2}n^3 + \frac{1}{2}n^3 - n^2 - n,$$

由于 $n>4$ 时, 有 $\frac{1}{2}n^3 - n^2 - n > 0$, 因而, 有

$$n^3 - n^2 - n = \frac{1}{2}n^3 + \frac{1}{2}n^3 - n^2 - n > \frac{1}{2}n^3,$$

达到了使分母最简的目的.

故, 当 $n>\max\{100, 4\}=100$ 时, 同时成立 $10000 \leqslant n^2$ 和 $\frac{1}{2}n^3 - n^2 - n > 0$, 分子和分母同时达到最简, 此时

$$|x_n - 0| = \frac{n^2 + 10000}{n^3 - n^2 - n} \leqslant \frac{2n^2}{2^{-1}n^3} = \frac{4}{n},$$

因而, $n>N$ 时,

$$|x_n - 0| \leqslant \frac{4}{n} < \frac{4}{N},$$

故, 要使 $|x_n - 0| < \varepsilon$, 只需 $\frac{4}{N} < \varepsilon$, 求解不等式得 $N > \frac{4}{\varepsilon}$.

要使上述过程同时成立, 条件必须同时得到满足, 即 N 必须同时满足 $N>100$ 和 $N > \frac{4}{\varepsilon}$, 为此, 取 $N = \left[\frac{4}{\varepsilon}\right] + 100$ 即可.

注意放大过程中的放大思想: 分析各个部分的结构, 确定主要因子(关键要素), 用主要因子控制次要因子, 达到简化结构的目的, 这也是抓主要矛盾的解决问题的哲学方法的具体应用. 将上述分析过程用严谨的数学语言表达出来就是具体的证明过程.

证明 对任意的 $\varepsilon > 0$, 取 $N = \left[\frac{4}{\varepsilon}\right] + 100$, 则当 $n>N$ 时有

$$|x_n - 0| = \frac{n^2 + 10000}{n^3 - n^2 - n} \leqslant \frac{2n^2}{\frac{1}{2}n^3} = \frac{4}{n} < \frac{4}{N} < \varepsilon,$$

故, $\lim\limits_{n \to \infty} \dfrac{n^2 + 10000}{n^3 - n^2 - n} = 0$.

从最终给出的证明过程看, 证明过程非常简洁, 但是, 简洁的证明过程源于分析过程, 上述分析过程说明了如何产生 N, 初学者应严格遵守上述过程, 逐渐熟悉 N 的寻找方法, 熟练掌握处理技术.

从复杂的分析过程中提炼出严谨、简练的证明过程也是必须要掌握的基本要求, 这就需要我们要掌握相关的定义和理论, 严格按相关的要求, 特别是逻辑上

的要求, 给出严谨的求解过程.

例 4　证明: $\lim\limits_{n\to+\infty}\dfrac{n^2-n+2}{3n^2+2n-4}=\dfrac{1}{3}$.

分析　先对 $\left|x_n-\dfrac{1}{3}\right|$ 进行放大处理, 去掉绝对值号, 则

$$\left|x_n-\frac{1}{3}\right|=\left|\frac{-5n+10}{3(3n^2+2n-4)}\right|$$

$$=\frac{1}{3}\frac{5n-10}{3n^2+2n-4}$$

$$\leqslant\frac{1}{3}\frac{5n}{3n^2+2n-4}\leqslant\frac{1}{3}\frac{5n}{3n^2}=\frac{5}{9n}<\frac{1}{n}\quad(n>2),$$

当 $n>N$ 时,

$$\left|x_n-\frac{1}{3}\right|\leqslant\frac{1}{n}<\frac{1}{N},$$

故, 要使 $\left|x_n-\dfrac{1}{3}\right|<\varepsilon$, 只需 $\dfrac{1}{N}<\varepsilon$, 等价于 $N>\dfrac{1}{\varepsilon}$, 取 $N=\left[\dfrac{1}{\varepsilon}\right]+1$ 即可.

证明　对 $\forall\,\varepsilon>0$, 取 $N=\left[\dfrac{1}{\varepsilon}\right]+2$, 则当 $n>N$ 时,

$$\left|x_n-\frac{1}{3}\right|\leqslant\frac{5}{9n}<\frac{1}{n}<\frac{1}{N}<\varepsilon,$$

故, $\lim\limits_{n\to+\infty}\dfrac{n^2-n+2}{3n^2+2n-4}=\dfrac{1}{3}$.

下面几个例子涉及一些特殊结构的结论, 这些结构和结论将在后续内容中经常出现, 要掌握这些结构和对应的结论及证明方法.

例 5　设 $a>1$, 证明: $\lim\limits_{n\to+\infty}\sqrt[n]{a}=1$.

分析　对 $\left|\sqrt[n]{a}-1\right|$ 进行分析并进行放大处理. 由于 $n>N$ 时有

$$\left|\sqrt[n]{a}-1\right|=\sqrt[n]{a}-1<\sqrt[N]{a}-1,$$

因此, 要使 $0<\sqrt[n]{a}-1<\varepsilon$, 只需 $\sqrt[n]{a}-1<\varepsilon$, 只需 $\sqrt[n]{a}<\varepsilon+1$, 只需 $N>\dfrac{\ln a}{\ln(1+\varepsilon)}$.

证明　**法一**　对任意的 $\varepsilon>0$, 取 $N=\left[\dfrac{\ln a}{\ln(1+\varepsilon)}\right]+1$, 则当 $n>N$ 时

$$0<\sqrt[n]{a}-1<\sqrt[N]{a}-1<\varepsilon,$$

故, $\lim\limits_{n\to+\infty}\sqrt[n]{a}=1$.

证法一是常规的证明方法, 当掌握了各种工具之后, 可以用各种手段和方式用于极限问题的讨论.看下述解法.

法二   二项式估计方法   为估计 $\sqrt[n]{a}-1$, 化简此项. 令 $\alpha_n=\sqrt[n]{a}-1$, $\alpha_n>0$. 只需估计 α_n. 利用二项式展开定理, 则

$$a=(1+\alpha_n)^n=1+C_n^1\alpha_n+C_n^2\alpha_n^2+\cdots+\alpha_n^n>1+n\alpha_n,$$

故,

$$\alpha_n<\frac{a-1}{n},$$

因而, $n>N$ 时,

$$0<\sqrt[n]{a}-1=\alpha_n<\frac{a-1}{n}<\frac{a-1}{N},$$

则, 对任意的 $\varepsilon>0$, 取 $N>\dfrac{a-1}{\varepsilon}$, 则, 当 $n>N$ 时

$$0<\sqrt[n]{a}-1<\varepsilon,$$

所以, $\lim\limits_{n\to+\infty}\sqrt[n]{a}=1$.

注   二项式展开方法是处理这类开 n 次幂因子的数列极限的一个有效方法, 要牢固掌握, 熟练应用, 关键点是选择展开式中适当的项, 再看下面的例子, 分析选择展开项的思想.

例 6   证明 $\lim\limits_{n\to+\infty}n^{\frac{1}{n}}=1$.

证明   令 $y_n=n^{\frac{1}{n}}-1$, 则

$$
\begin{aligned}
n&=(1+y_n)^n\\
&=1+C_n^1y_n+C_n^2y_n^2+\cdots+y_n^n\\
&>\frac{n(n-1)}{2}y_n^2,
\end{aligned}
$$

故,

$$0<n^{\frac{1}{n}}-1=y_n<\sqrt{\frac{2}{n-1}},$$

因而, 对 $\varepsilon>0$, 取 $N>1+\dfrac{2}{\varepsilon^2}$, 则当 $n>N$ 时, 有

$$0 < n^{\frac{1}{n}} - 1 = y_n < \sqrt{\frac{2}{n-1}} < \sqrt{\frac{2}{N-1}} < \varepsilon,$$

故，$\lim\limits_{n \to 0} y_n = 0$，因而，$\lim\limits_{n \to \infty} n^{\frac{1}{n}} = 1$.

注　利用二项式定理时，应根据需要合理选择展开式中要保留的项，选择的原则是所选择项中关于 n 的幂次高于左端 n 的幂次.

2) 在抽象数列极限问题中的应用.

下面，我们再用定义处理抽象数列的极限问题，即已知某个数列的极限，研究与此相关的另外数列的极限；这类问题相对复杂，需要通过数列间的关系来证明其极限关系.这类问题解决的主要方法仍是结构分析法，总体思路是通过分析已知条件和要证明结论之间的结构，通过形式上的统一，建立已知和未知之间的桥梁，或用已知来控制未知，从而达到目的.

例 7　设 $x_n \geqslant 0$，若 $\lim\limits_{n \to +\infty} x_n = a \geqslant 0$，证明 $\lim\limits_{n \to +\infty} \sqrt{x_n} = \sqrt{a}$.

结构分析　题型：要证明极限结论；类比已知：只有定义可用；确立思路：用定义证明；方法设计：利用形式统一法，由定义，需要研究的对象是 $\left| \sqrt{x_n} - \sqrt{a} \right|$，已知的条件形式是 $|x_n - a|$，因此，处理的思路是如何建立二者的联系，即用已知条件 $|x_n - a|$ 来控制要研究的对象 $\left| \sqrt{x_n} - \sqrt{a} \right|$，或从 $\left| \sqrt{x_n} - \sqrt{a} \right|$ 中分离出 $|x_n - a|$，转化为用 $|x_n - a|$ 来控制的量.这是具体方法设计的总体思路.类比二者的结构，问题转化为如何把未知的要控制的量 $\left| \sqrt{x_n} - \sqrt{a} \right|$ 转化为已知的量或用已知的量 $|x_n - a|$ 来控制？也即如何去掉量中的根号？显然，有理化正是去掉根号、解决这类问题的一个有效方法.事实上，通过有理化得到

$$\left| \sqrt{x_n} - \sqrt{a} \right| = \frac{|x_n - a|}{\sqrt{x_n} + \sqrt{a}},$$

这个表达式中，已经出现了我们想要的已知量 $|x_n - a|$，建立了已知和未知的联系，但是，观察上式结构，除了需要的已知项(包括常数)外，还有不确定或不明确的项 $\sqrt{x_n}$，因此，下一步要甩掉无关的、不确定的项，即控制分母，此时，为了对整体进行放大处理，需要对分母进行缩小，即寻找它的一个确定的已知的正下界. 显然，当 $a > 0$ 时，问题得到解决.那么，当 $a = 0$ 时怎么解决？事实上，此时问题更加简单，因为此时已知和未知的联系更加容易建立. 通过上述分析，证明分两种情况来处理.

从科学研究的方法论讲，对复杂问题的研究通常从最简单的情形开始，获得结果后再推广到更复杂的情形，得到更一般的结论；推广过程中又有两种途径，

其一是将复杂的情形直接转化为简单的情形, 称为直接转化法; 其二是不能直接转化为简单情形, 化用简单情形的研究思想以处理复杂情形, 称为间接化用法. 本题就是采用的间接化用法——用定义证明.

证明 当 $a=0$ 时, 由于 $\lim\limits_{n\to+\infty} x_n=0$, 对任意的 ε, ε^2 也是一个给定的数, 由定义, 存在 N, 使得当 $n>N$ 时,

$$|x_n-0|=|x_n|<\varepsilon^2,$$

因而, 此时还有

$$\left|\sqrt{x_n}-0\right|=\sqrt{x_n}<\sqrt{\varepsilon^2}=\varepsilon,$$

故, $\lim\limits_{n\to+\infty}\sqrt{x_n}=0$, $a=0$ 时结论成立.

当 $a>0$ 时, 由于 $\lim\limits_{n\to+\infty}x_n=a$, 则由定义, 对任意的 ε, 存在 N, 使得当 $n>N$ 时,

$$|x_n-a|<\sqrt{a}\varepsilon,$$

因而, 当 $n>N$ 时,

$$|\sqrt{x_n}-\sqrt{a}|=\frac{|x_n-a|}{\sqrt{x_n}+\sqrt{a}}<\frac{|x_n-a|}{\sqrt{a}}<\varepsilon,$$

故, $\lim\limits_{n\to+\infty}\sqrt{x_n}=\sqrt{a}$.

上述证明过程用到了**科学研究的一般方法**. 我们知道, 科学研究中, 解决问题的一般方法就是从简单到复杂、从特殊到一般的求解思路, 上述分两步的求解方法正是这种思想的体现, 即第一步处理了简单情形, 第二步将第一步的结果进行了推广, 处理了复杂的情形. 在后面的学习过程中, 我们会经常用到这种解题思想.

注意理解和体会上述解题过程中, 为何要用 ε^2 和 $\sqrt{a}\varepsilon$ 代替 ε, 这是具体的技术问题.

例 7 实际上给出了一个极限的运算法则. 再看一个复杂的例子.

例 8 设 $\lim\limits_{n\to+\infty}x_n=0$, 证明 $\lim\limits_{n\to+\infty}e^{x_n}=1$.

结构分析 思路确定: 从题目结构与已知理论的类比可知, 必须用极限的定义证明; 已知条件: $\lim\limits_{n\to+\infty}x_n=0$, 即 $|x_n|<\varepsilon'$; 证明结论: $\lim\limits_{n\to+\infty}e^{x_n}=1$, 即 $|e^{x_n}-1|<\varepsilon$; 类比已知和未知, 为建立二者的联系, 需要将复杂的控制对象的形式 $|e^{x_n}-1|$ 向已知的形式 $|x_n|$ 转化, 即从中将 x_n 分离出来, 这就形成了证明的方法: 由于

$$|e^{x_n}-1|<\varepsilon \text{ 等价于 } -\varepsilon<e^{x_n}-1<\varepsilon, \text{ 等价于 } 1-\varepsilon<e^{x_n}<1+\varepsilon,$$

进一步等价于 $\ln(1-\varepsilon) < x_n < \ln(1+\varepsilon)$，等价于 $-\ln\dfrac{1}{1-\varepsilon} < x_n < \ln(1+\varepsilon)$，这就是我们要证明的结论形式. 由于已知条件可以转化为 $-\varepsilon' < x_n < \varepsilon'$，类比二者的形式可以设想，适当选取 ε' 就可以保证在已知条件下得到相应结论. 具体证明如下.

证明　由于 $\lim\limits_{n\to+\infty} x_n = 0$，利用极限定义，则对任意的 $\varepsilon > 0$，取 $\varepsilon' = \min\left\{\ln\dfrac{1}{1-\varepsilon}, \ln(1+\varepsilon)\right\}$，存在 N，使得 $n > N$ 时有

$$|x_n - 0| < \varepsilon',$$

因此，$-\varepsilon' < x_n < \varepsilon'$，故 $-\ln\dfrac{1}{1-\varepsilon} < x_n < \ln(1+\varepsilon)$，即

$$|\mathrm{e}^{x_n} - 1| < \varepsilon,$$

因而，成立 $\lim\limits_{n\to+\infty} \mathrm{e}^{x_n} = 1$.

本题结论仍可以视为关于极限运算的运算法则，更多的法则见课后习题.

从上述解题过程中可以体会解决问题的一般方法. 先通过结构分析，确立结构特点，由此形成解决问题的思路，这是解决问题分析阶段的结构分析方法. 明确思路后，利用具体的技术路线实现思路，完成证明，这是解题过程. 解题过程实际就是在正确思想方法的指导下，充分利用掌握的理论知识和技术手段解决问题，是解题思路或思想的具体化，因此，我们既要掌握基本的理论知识，还必须掌握方法技术手段.

再给出一个较难的例子，请尝试分析解题过程，总结出解题的思想和方法.

例 9　设 $\lim\limits_{n\to+\infty} x_n = 0$，证明 $\lim\limits_{n\to+\infty} \dfrac{x_1 + x_2 + \cdots + x_n}{n} = 0$.

证明　由于 $\lim\limits_{n\to+\infty} x_n = 0$，则对任意 $\varepsilon > 0$，存在 N，使得当 $n > N$ 时，成立

$$|x_n - 0| = |x_n| < \varepsilon,$$

故当 $n > N$ 时，

$$\left|\frac{x_1 + x_2 + \cdots + x_n}{n} - 0\right| \leqslant \frac{|x_1| + |x_2| + \cdots + |x_N| + |x_{N+1}| + \cdots + |x_n|}{n}$$

$$\leqslant \frac{|x_1| + |x_2| + \cdots + |x_N|}{n} + \frac{1}{n}(n - N)\varepsilon$$

$$\leqslant \frac{|x_1| + |x_2| + \cdots + |x_N|}{n} + \varepsilon,$$

由于 $|x_1| + |x_2| + \cdots + |x_N|$ 是常数，因而，$\lim\limits_{n\to+\infty} \dfrac{|x_1| + |x_2| + \cdots + |x_N|}{n} = 0$，对上述 $\varepsilon > 0$，存在 $N_1 > 0$，使得当 $n > N_1$ 时，成立

$$\frac{|x_1|+|x_2|+\cdots+|x_N|}{n}\leqslant\varepsilon,$$

故，当 $n>\max\{N,N_1\}$ 时，

$$\left|\frac{x_1+x_2+\cdots+x_n}{n}-0\right|\leqslant2\varepsilon,$$

故 $\lim\limits_{n\to+\infty}\dfrac{x_1+x_2+\cdots+x_n}{n}=0.$

上述解题过程包含了用极限定义证明抽象数列极限问题的基本思路和方法，称为**分段处理**或**分段控制方法**，即通过 N 将数列 $\{x_n\}$ 分成具有不同性质的两段：$n>N$ 时，$\{x_n\}$ 具有性质：$|x_n-a|<\varepsilon$；而当 $n\leqslant N$ 时，$\{x_n\}$ 具有性质：$\{x_n\}$ 有界 M，即 $|x_n|\leqslant M$，$n=1,2,\cdots,N$；在应用中，通常将数列分成上述两段，利用其具有的不同性质进行分别处理，在后续的练习中可以深刻体会这一点.

3. 发散数列

上面，我们通过证明极限的存在性，研究了一类"好数列"——数列的变化趋势明确可控的收敛数列，但是，并不是所有的数列都收敛，因此，有时候，就必须研究数列的不收敛性，这就是与收敛数列相对应的发散数列，为引入数列的发散定义，先给出如下定义.

定义 1.4　若对实数 a，存在 $\varepsilon_0>0$，使得对任意的 N，都存在 $n_0>N$，使得

$$\left|x_{n_0}-a\right|>\varepsilon_0,$$

则称 $\{x_n\}$ 不收敛于 a.

由定义 1.4 知，$\{x_n\}$ 不收敛于 a，对数列 $\{x_n\}$ 有两种可能：$\{x_n\}$ 可能不收敛，也可能收敛但不收敛于 a，因此，"$\{x_n\}$ 不收敛于 a"不能写为 $\lim\limits_{n\to\infty}x_n\neq a$(存在但不等于 a).

定义 1.3 和定义 1.4 是一对肯定与否定的定义，这样一对的定义式中，通常可以通过将"对任意的"改为"存在一个"，将"存在一个"改为"对任意的"，同时否定相应的结论关系式而实现相互之间的转化，我们再次强调从肯定式到否定式的定义关系的转化.

定义 1.5　若对任意的实数 a，$\{x_n\}$ 都不收敛于 a，称 $\{x_n\}$ 发散或不收敛.

由此定义，发散数列包含了两种情况，其一没有明确的变化趋势，其二，变化趋势明确但是不可控，相对来说，在研究数列的变化趋势方面，第二种情况相对比第一种情况好，为此，我们将其单独分离出来，给出下列定义.

定义 1.6　给定数列 $\{x_n\}$，若对任意的 $G>0$，存在 $N>0$，当 $n>N$ 时，有

$$|x_n|>G\quad(x_n>G\text{ 或 }x_n<-G),$$

称 $\{x_n\}$ 是无穷大量(正无穷大量或负无穷大量).

有时也借用极限的符号, 将无穷大量 $\{x_n\}$ 记为 $\lim\limits_{n\to+\infty} x_n = \infty$ 或 $x_n \to \infty$, 正无穷大量记为 $\lim\limits_{n\to+\infty} x_n = +\infty$ 或 $x_n \to +\infty$, 负无穷大量记为 $\lim\limits_{n\to+\infty} x_n = -\infty$ 或 $x_n \to -\infty$. 一定注意, 此时的符号 $\lim\limits_{n\to+\infty}$ 只是一个借用和记法, 不表示极限的存在性. 有时也把无穷大量的极限称为非正常极限, 对应的收敛数列的极限称为正常极限.

通过上述一系列定义, 数列可以分为

1) 收敛数列: "好数列", 变化趋势确定、可控; 正常极限;

2) 有趋势但趋于或发散到 ∞ 的发散数列 : 有趋势但不可控; 非正常极限;

3) 没有趋势的发散数列: 此时更谈不上趋势可控性, 如 $\{(-1)^n\}$.

显然, 2)和3)都是发散数列, 前两类是我们研究的主要对象. 下面, 我们通过例子说明如何研究数列的发散性. 观察下面的例子, 提炼出处理的思想和方法.

例 10 证明 $\{\ln n\}$ 为正无穷大量.

证明 对任意 $M>0$, 取 $N=\left[e^M\right]+1$, 则当 $n>N$ 时,

$$\ln n > \ln N > M,$$

故, $\{\ln n\}$ 为正无穷大量.

总结 证明数列为无穷大量的方法和放大法思想类似, 是相应的缩小方法. 自行通过对放大法的分析, 总结提炼出缩小法的作用对象的特点、使用过程分析(缩小对象、缩小目标、要分离出的项、缩小原则等).

与无穷大量相对应, 还可以引入无穷小量.

定义 1.7 若数列 $\{x_n\}$ 满足 $\lim\limits_{n\to+\infty} x_n = 0$, 称 $\{x_n\}$ 为无穷小量.

显然, 无穷小量就是极限为 0 的收敛数列, 要验证数列为无穷小量只需证明其极限为 0, 其本质就是极限结论的验证, 此处不再举例说明. 关于无穷大量和无穷小量的关系将在学过极限性质后进行研究.

习 题 2.1

1. 观察下列数列, 给出其通项, 并观察其变化趋势和可控性.

1) $1, \dfrac{1}{\sqrt{3}}, \dfrac{1}{\sqrt{5}}, \dfrac{1}{\sqrt{7}}, \cdots$;

2) $1, 4, 9, 16, \cdots$;

3) $1, -\dfrac{1}{2}, \dfrac{1}{3}, -\dfrac{1}{4}, \cdots$;

4) $1, -2, \dfrac{1}{3}, -4, \cdots$.

2. 用定义证明下列极限.

1) $\lim\limits_{n \to +\infty} \dfrac{\sqrt{n}}{2n-10} = 0$;

2) $\lim\limits_{n \to +\infty} \dfrac{2n^2+10}{2n^2-n-10} = 1$;

3) $\lim\limits_{n \to +\infty} \dfrac{n!}{n^n} = 0$;

4) $\lim\limits_{n \to +\infty} \dfrac{4^n}{n!} = 0$;

5) $\lim\limits_{n \to +\infty} \left(\sqrt{n+1} - \sqrt{n}\right) = 0$;

6) $\lim\limits_{n \to +\infty} \ln\left(1 + \dfrac{1}{n}\right) = 0$;

7) $\lim\limits_{n \to +\infty} \dfrac{n^2}{3^n} = 0$;

8) $\lim\limits_{n \to +\infty} x_n = 1$, 其中

$$x_n = \begin{cases} \dfrac{2n+10}{2n}, & n = 2k, \\[2mm] \dfrac{n+\sin n}{n}, & n = 2k+1, \end{cases} \qquad k = 1, 2, 3, \cdots;$$

9) $\lim\limits_{n \to +\infty} \left\{ \dfrac{1}{n^2+1} + \dfrac{1}{n^2+2} + \cdots + \dfrac{1}{n^2+n} \right\} = 0$;

10) $\lim\limits_{n \to +\infty} a^n = +\infty$, 其中 $a > 1$;

11) $\lim\limits_{n \to +\infty} \dfrac{n^3-10}{2n^2+5} = +\infty$;

12) $\lim\limits_{n \to +\infty} \left\{ \dfrac{1}{\sqrt{n+1}} + \dfrac{1}{\sqrt{n+2}} + \cdots + \dfrac{1}{\sqrt{2n}} \right\} = +\infty$.

3. 设 $\lim\limits_{n \to +\infty} x_n = a$, 证明 $\lim\limits_{n \to +\infty} |x_n| = |a|$; 反之成立吗? 为什么?

4. 设 $\lim\limits_{n \to +\infty} x_n = a$, 证明: 对任意正整数 k, $\lim\limits_{n \to +\infty} x_{n+k} = a$.

5. 给定数列 $\{x_n\}$, $\{x_{2n-1}\}$ 和 $\{x_{2n}\}$ 分别称为其奇子数列和偶子数列, 证明: $\lim\limits_{n \to +\infty} x_n = a$ 的充分必要条件是

$$\lim\limits_{n \to +\infty} x_{2n} = \lim\limits_{n \to +\infty} x_{2n-1} = a.$$

6. 利用不等式

$$\frac{n}{\dfrac{1}{a_1} + \dfrac{1}{a_2} + \cdots + \dfrac{1}{a_n}} \leqslant \sqrt[n]{a_1 a_2 \cdots a_n} \leqslant \frac{a_1 + a_2 + \cdots + a_n}{n},$$

其中 $a_n > 0$, 证明: 当 $a > 1$ 时 $\lim\limits_{n \to +\infty} \sqrt[n]{a} = 1$.

7. 设 $\lim\limits_{n \to +\infty} x_n = a$, 证明存在 $M > 0$, 使得 $|x_n| \leqslant M$.

8. 设 $\lim\limits_{n \to +\infty} x_n = 2$, 证明 $\lim\limits_{n \to +\infty} \dfrac{1}{x_n} = \dfrac{1}{2}$.

9. 若 $\lim\limits_{n \to +\infty} x_n = a$, 证明:

1) $\lim\limits_{n \to +\infty} x_n^2 = a^2$;

2)　$\lim\limits_{n\to+\infty} x_n^k = a^k$，$k$ 为正整数；

3)　$\lim\limits_{n\to+\infty} \sqrt[3]{x_n} = \sqrt[3]{a}$.

10.　若 $\lim\limits_{n\to+\infty} x_n = a$，证明：

1)　$\lim\limits_{n\to+\infty} \mathrm{e}^{x_n} = \mathrm{e}^a$；

2)　$\lim\limits_{n\to+\infty} \ln x_n = \ln a(x_n > 0, a > 0)$；

3)　$\lim\limits_{n\to+\infty} \sin x_n = \sin a$；

(提示：利用和差化积公式，不等式 $|\sin x| \leqslant |x|$.)

4)　$\lim\limits_{n\to+\infty} \arcsin x_n = \arcsin a$.

11.　若 $\lim\limits_{n\to+\infty} x_n = a$，证明 $\lim\limits_{n\to+\infty} \dfrac{x_1 + x_2 + \cdots + x_n}{n} = a$.

12.　设 $\{x_n\}$ 是无穷小量，且 $x_n \neq 0, \forall n$，证明 $\left\{\dfrac{1}{x_n}\right\}$ 为无穷大量.

13.　1)若 $\{x_n\}$，$\{y_n\}$ 都是无穷小量，试讨论 $\{x_n + y_n\}$ 和 $\{x_n y_n\}$ 是否为无穷小量？

2)　若 $\{x_n\}$，$\{y_n\}$ 都是无穷大量，试讨论 $\{x_n + y_n\}$ 和 $\{x_n y_n\}$ 是否为无穷大量？

14.　若 $\{x_n\}$ 满足：$x_n \leqslant (<) x_{n+1}, \forall n$，称 $\{x_n\}$ 是(严格)单调递增的.

1)设 $\{x_n\}$ 是单调递增的，且 $\lim\limits_{n\to+\infty} x_n = a$，证明 $x_n \leqslant a, \forall n$.

2)　设 $\{x_n\}$ 是单调递增的，$x_n \leqslant b, \forall n$ 且 $\lim\limits_{n\to+\infty} x_n = a$，证明 $a \leqslant b$.

3)　对单调递减的数列 $\{x_n\}$，给出相应的结果.

15.　若 $\{x_n\}$ 满足：若存在 $M > 0$，使得 $x_n \leqslant M, \forall n$，称 $\{x_n\}$ 是有上界的数列. 设 $\{x_n\}$ 严格单调递增且无上界，证明 $\{x_n\}$ 为正无穷大量.

16.　请设计满足相应要求的数列.

1)　无界，但不是无穷大量的数列；

2)　有界，但不收敛的数列；

3)　单增，但不收敛的数列；

4)　单增，且收敛的数列.

2.2　数列极限的性质及运算

引入数列的极限定义后，研究数列的收敛性及其收敛条件下的极限计算成为要解决的主要问题. 理论上讲，定义是最底层的工具，用定义只能处理最特殊、简单的数列极限问题，对一般的、复杂的数列极限问题的研究与解决，定义就无能为力了，必须引入更高级的理论和工具，这正是本节的目的之一. 本节介绍数列极限的性质及运算法则，利用这些理论就可以解决更一般的数列极限问题了. 这又体现了从简单到复杂，从特殊到一般的研究思想.

一、数列极限的性质

本小节, 我们研究在极限存在的条件下, 数列及其极限的性质.

1. 唯一性

引理 2.1 a, b 是两个实数, 若对任意的 $\varepsilon > 0$, 有 $|a-b| < \varepsilon$, 则必有 $a=b$.

证明   反证法. 设 $a \neq b$, 不妨设 $a > b$, 取 $\varepsilon = \dfrac{a-b}{2}$, 则

$$|a-b| = a-b > \varepsilon,$$

与条件矛盾, 同样, $a < b$ 也不成立, 故, $a=b$.

结构分析   引理 2.1 给出了利用一个动态的量证明两个实数相等的又一方法, 与初等的证明方法形成区别.

定理 2.1   收敛数列的极限必唯一, 即假设 $\lim\limits_{n \to +\infty} x_n = a$ 且还有 $\lim\limits_{n \to +\infty} x_n = b$, 则 $a=b$.

结构分析   要证明的结论是 $a=b$, 即两个实数相等; 类比已知, 已经建立了证明两个实数相等的高等工具, 由此确立用引理 2.1 来证明的思路; 因而, 需要研究量 $|a-b|$, 类比已知条件的相应形式, 相当于已知 $|x_n - a|$ 和 $|x_n - b|$, 因此, 要求建立三者的关系, 或用已知的 $|x_n - a|$ 和 $|x_n - b|$ 来控制 $|a-b|$, 类比三者的形式, 利用形式统一的思想可以设计具体的插项方法建立三者的关系, 实现用已知控制未知的目标, 由此确定了具体的方法, 设计具体的技术路线.

证明   由于 $\lim\limits_{n \to +\infty} x_n = a$, $\lim\limits_{n \to +\infty} x_n = b$, 由定义, 对 $\varepsilon > 0$, 存在 N, 使得 $n > N$ 时, 成立

$$|x_n - a| < \frac{\varepsilon}{2}, \quad |x_n - b| < \frac{\varepsilon}{2},$$

故

$$
\begin{aligned}
|a-b| &= |a - x_n + x_n - b| \\
&\leqslant |x_n - a| + |x_n - b| < \varepsilon,
\end{aligned}
$$

由 ε 的任意性得 $a=b$, 故极限唯一.

本定理证明的方法是插项方法, 利用插项建立两个或多个量的联系, 或建立已知和未知的联系是常用的方法.

2. 有界性

定义 2.1   若存在 $M > 0$, 使 $|x_n| \leqslant M$, $\forall n$ 成立, 则称 $\{x_n\}$ 为有界数列.

注   也可用上界、下界定义数列的有界性.

定理 2.2   收敛数列必有界.

结构分析　结论分析：由有界性的定义，要证明收敛数列 $\{x_n\}$ 有界，只需确定 M，使得 $|x_n| \leqslant M$，即要研究控制的项是 $|x_n|$；条件分析：已知条件转化为量化关系式为 $|x_n - a|$，其中 a 为极限；因此，从结构看，解题思路的分析和技术路线（解题的具体方法）的设计完全类似于定理 2.1，但是，由于界必须是一个确定的常数，已知条件中只有任意的数 ε，因此，必须将其**定量化**．

证明　设 $\lim\limits_{n \to +\infty} x_n = a$，由定义，对 $\varepsilon = 1$，存在 $N > 0$，使得 $n > N$ 时，成立

$$|x_n - a| < 1, \quad n > N,$$

因而，

$$|x_n| = |x_n - a + a| < 1 + |a|, \quad n > N,$$

若取 $M = \max\{|x_1|, \cdots, |x_N|, 1 + |a|\}$，则

$$|x_n| \leqslant M, \quad \forall n,$$

故，数列 $\{x_n\}$ 有界．

分析总结　上述过程中为何取 $\varepsilon = 1$？因为要寻找数列的界，界必须是一个确定的数，因此，必须将 ε 取定，当然，取定的方法不唯一，任何一个确定的正数都可以．通过取特定的 ε 得到数列的一些性质是常用的技巧，也是化不定为确定的思想的体现．

注　1）其逆不成立，如 $\{(-1)^n\}$．

2）有界性的界是对数列的一个粗略的估计或控制，收敛数列的有界性从一个方面反映了收敛数列的可控性．

3. 保序性

定理 2.3　设 $\{x_n\}$，$\{y_n\}$ 收敛，且 $\lim\limits_{n \to +\infty} x_n = a$，$\lim\limits_{n \to +\infty} y_n = b$，若 $a < b$，则存在 $N > 0$，使 $n > N$ 时，$x_n < y_n$．

结构分析　已知条件：转化为量化关系式为已知形式 $|x_n - a|$，$|x_n - b|$；证明结论：形式是 $x_n < y_n$，因此，从结构形式上看，要证明结论必须从已知形式中去掉绝对值号，分离出 x_n, y_n，并借助 a, b 的序进一步建立二者的关系．类比已知和未知的形式，很容易利用 ε 的任意性建立相应的关系．

证明　由定义，对 $\varepsilon = \dfrac{b-a}{2}$，存在 N，使得 $n > N$ 时

$$a - \varepsilon < x_n < a + \varepsilon, \quad b - \varepsilon < y_n < b + \varepsilon,$$

代入 $\varepsilon = \dfrac{b-a}{2}$，得

$$x_n < \frac{a+b}{2} < y_n,$$

结论成立.

　　总结　1) 此定理说明, 若数列的极限具有某种顺序, 则对应的数列从某一项后也保持相应的顺序.

　　2) 为何取 $\varepsilon = \dfrac{b-a}{2}$? 还有其他的选择吗?

　　推论 2.1　若 $\lim\limits_{n \to +\infty} y_n = b \neq 0$, 则存在 N, 使 $n > N$ 时, $|y_n| > \dfrac{|b|}{2} > 0$.

　　证明　由于 $\lim\limits_{n \to +\infty} y_n = b$, 故, $\lim\limits_{n \to +\infty} |y_n| = |b|$ (见习题), 取 $x_n = \dfrac{|b|}{2}$, 则 $x_n \to \dfrac{|b|}{2}$, 由定理 2.3 即得.

　　总结　推论 2.1 给出了数列绝对值的一个严格正的下界的估计, 这是一个很好的结论, 在对**数列作估计如放大和缩小时非常有用**.

　　定理2.3给出了数列保持了极限的次序, 保序性还有另一种表现形式, 即极限也基本保持数列的次序.

　　推论 2.2　若 $x_n < y_n$, 且 $\lim\limits_{n \to +\infty} x_n = a$, $\lim\limits_{n \to +\infty} y_n = b$, 则 $a \leqslant b$.

　　注意到推论 2.2 和定理 2.3 的结构关系, 可以用反证法证明此推论.

　　注　推论 2.2 表明定理 2.3 的逆部分成立, 如 $x_n = \dfrac{1}{n}$, $y_n = \dfrac{2}{n}$, 则 $x_n < y_n$, 但是, $\lim\limits_{n \to +\infty} x_n = \lim\limits_{n \to +\infty} y_n = 0$.

　　定理 2.3 及其推论的作用在于研究数列及其极限的关系, 并通过关系获得所期望是结论.

　　4. 两边夹(夹逼)性质

　　定理 2.4　若 $\{x_n\}, \{y_n\}, \{z_n\}$ 满足: $x_n \leqslant y_n \leqslant z_n, n > n_0$ 且 $\lim\limits_{n \to +\infty} x_n = \lim\limits_{n \to +\infty} z_n = a$, 则 $\lim\limits_{n \to +\infty} y_n = a$.

　　分析　从定理的结构看, 与定理2.3的结构类似, 可以类似分析其证明的思路和方法.

　　证明　由于 $\lim\limits_{n \to +\infty} x_n = \lim\limits_{n \to +\infty} z_n = a$, 则对任意的 $\varepsilon > 0$, 存在 N, 使得 $n > N$ 时,

$$a - \varepsilon < x_n < a + \varepsilon, \quad a - \varepsilon < z_n < a + \varepsilon,$$

故

$$a - \varepsilon < x_n < y_n < z_n < a + \varepsilon,$$

即 $|y_n - a| < \varepsilon$, 因而 $\lim\limits_{n \to +\infty} y_n = a$.

　　总结　定理2.4的作用仍是用于研究数列的极限: 考察某数列 $\{y_n\}$ 的极限, 可

将其适当放大和缩小, 使放大和缩小后的两个数列有共同的极限, 由此, 利用定理 2.4 可以得到结论, 因此, 也可以将此定理作为极限的运算法则.

二、数列极限的四则运算

定理 2.5 设 $\lim\limits_{n\to+\infty} x_n = a$, $\lim\limits_{n\to+\infty} y_n = b$, 则

1) $\lim\limits_{n\to+\infty} (\alpha x_n + \beta y_n) = \alpha a + \beta b$, α, β 为给定的实数;

2) $\lim\limits_{n\to+\infty} x_n y_n = ab$;

3) $\lim\limits_{n\to+\infty} \dfrac{x_n}{y_n} = \dfrac{a}{b}$ ($b \neq 0$).

结构分析 已知的量为 $|x_n - a| < \varepsilon$, $|y_n - b| < \varepsilon$, 因此, 定理证明的思想就是如何从要控制的量中分离出上述的已知量; 所采用的方法就是形式统一法. 过程中要解决的主要问题是如何甩掉无关项, 只保留已知项 $|x_n - a|$, $|x_n - b|$, 这就用到前面建立的极限性质. 当然, 此处实现形式统一的主要方法仍是插项法.

证明 由极限定义, 则对任意的 $\varepsilon > 0$, 存在 N, $N > 0$(N 是默认的正整数)使得 $n > N$ 时,

$$|x_n - a| < \varepsilon, \qquad |y_n - b| < \varepsilon,$$

因而, 当 $n > N$ 时,

1) 由于

$$\left| \alpha x_n + \beta y_n - (\alpha a + \beta b) \right| \leqslant |\alpha| \cdot |x_n - a| + |\beta| \cdot |y_n - b|$$
$$< (|\alpha| + |\beta|)\varepsilon,$$

故, $\lim\limits_{n\to+\infty} (\alpha x_n + \beta y_n) = \alpha a + \beta b$.

2) 由于两个数列收敛, 因而有界, 设其共同的界为 M, 则

$$|x_n y_n - ab| = |x_n y_n - ay_n + ay_n - ab|$$
$$= |y_n(x_n - a) + a(y_n - a)|$$
$$< (M + |a|)\varepsilon,$$

故, $\lim\limits_{n\to+\infty} x_n y_n = ab$.

3) 由保序性, 不妨设 $|y_n| \geqslant \dfrac{|b|}{2}$, 故

$$\left| \frac{x_n}{y_n} - \frac{a}{b} \right| = \left| \frac{bx_n - ay_n}{by_n} \right| = \left| \frac{bx_n - ab + ab - ay_n}{by_n} \right|$$
$$\leqslant \frac{(|b| + |a|)\varepsilon}{|b| \cdot |y_n|} \leqslant \frac{2(|a| + |b|)}{|b|^2}\varepsilon,$$

故, $\lim\limits_{n \to +\infty} \dfrac{x_n}{y_n} = \dfrac{a}{b}$.

总结　极限的四则运算法则适用于结构较简单的确定型极限, 即数列的极限能够由组成因子的极限通过计算法则唯一确定.

三、应用

通过我们已经建立的极限的性质、运算法则和一些具体的简单的极限结论, 就可以研究更一般的对象.

我们将如下的这些理论作为已知理论:

1) 定义, 我们用定义已经获得了一些简单的结论: $\lim\limits_{n \to +\infty} q^n = 0 \ (|q| < 1)$,

$\lim\limits_{n \to +\infty} n^{-k} = 0 \ (k > 0)$, $\lim\limits_{n \to +\infty} a^{\frac{1}{n}} = 1 \ (a > 1)$, $\lim\limits_{n \to +\infty} n^{\frac{1}{n}} = 1$;

2) 数列极限的性质, 特别是夹逼定理;

3) 数列极限的运算法则.

下面, 我们利用这些理论处理一些更一般、更复杂的极限题目. 处理的整体思路是结构分析法和形式统一法.

例 1　求 $\lim\limits_{n \to +\infty} \dfrac{5^{n+1} - (-2)^n}{3 \times 5^n + 2 \times 3^n}$.

结构分析　从数列结构看, 其结构主要由具有 a^n **结构特点**的因子组成, 类比已知, 相应的**已知结论**为 $\lim\limits_{n \to +\infty} q^n = 0 \ (|q| < 1)$, 因此, 利用形式统一的思想将数列中的各项转化为 $q^n (|q| < 1)$ 结构, 为此, 只需用最大项 5^n 同时除以分子和分母、再利用运算法则即可, 由此, 形成解题思路和方法.

解　原式 $= \lim\limits_{n \to +\infty} \dfrac{5 - \left(-\dfrac{2}{5}\right)^n}{3 + 2 \times \left(\dfrac{3}{5}\right)^n} = \dfrac{5}{3}$.

例 2　计算 $\lim\limits_{n \to +\infty} \dfrac{a_0 n^k + a_1 n^{k-1} + \cdots + a_k}{b_0 n^l + b_1 n^{l-1} + \cdots + b_l}$, $k \leqslant l$.

结构分析　从结构看, 其结构和例 1 完全相同, 是例 1 的进一步推广, 处理方法也相同.

解　原式 $= \lim\limits_{n \to +\infty} \dfrac{a_0 n^{k-l} + a_1 n^{k-1-l} + \cdots + a_k n^{-l}}{b_0 + b_1 n^{-1} + \cdots + b_l n^{-l}}$

$$= \begin{cases} 0, & l > k, \\ \dfrac{a_0}{b_0}, & l = k. \end{cases}$$

由此说明, 当 n 充分大时, n 的多项式的符号由首项系数决定. 事实上,

$$a_0 n^k + a_1 n^{k-1} + \cdots + a_k = n^k \left(a_0 + a_1 \frac{1}{n} + \cdots + a_k \frac{1}{n^k} \right),$$

而

$$\lim_{n \to +\infty} \left(a_0 + a_1 \frac{1}{n} + \cdots + a_k \frac{1}{n^k} \right) = a_0 ,$$

由极限的保号性性质可知, 多项式与 a_0 同号.

例 3　证明 $\lim\limits_{n \to +\infty} a^{\frac{1}{n}} = 1$, $1 > a > 0$.

结构分析　结构特点: 开 n 幂结构; 类比已知: 该结构已知的结论是当 $a > 1$ 时结论成立(见 2.1 节例 5), 因此, 证明的思路是如何进行形式上的转化.

证明　令 $a = \dfrac{1}{b}$, $b > 1$, 则

$$\lim_{n \to +\infty} a^{\frac{1}{n}} = \lim_{n \to +\infty} \frac{1}{b^{\frac{1}{n}}} = 1 .$$

上述几个例子都是确定型极限的计算, 直接利用运算法则就可以完成计算. 有些数列的极限从形式上看不能直接利用运算法则, 如形如 $\dfrac{\infty}{\infty}$, $\dfrac{0}{0}$ 型(此处, ∞ 表示无穷大量, 0 表示无穷小量)的极限计算就不能直接用运算法则, 这种类型的极限称为待定型或不定型极限. 对这类极限的处理思想是利用各种方法将其转化为确定型极限.

例 4　计算 $\lim\limits_{n \to +\infty} n \left(\sqrt{n^2 + 1} - \sqrt{n^2 - 1} \right)$.

结构分析　题型为数列极限的计算, 结构特点是 $\infty \cdot 0$ 型极限的计算, 不能直接利用运算法则, 处理的思路是先考虑能否转化为确定型的数列极限; 数列结构特征: n 的幂次结构, 类比已知: 此结构已知的结论是: $\dfrac{1}{n^a} \to 0$, 其中 $a > 0$; 可以考虑能否对其进行化简或转化为上述已知极限的结构形式; 注意到结构中含有两根式相减, 分子有理化是常用的化简方法, 由此确定具体的方法; 当然, 此方法也体现了化不定为确定的处理问题的思路.

解　原式 $= \lim\limits_{n \to +\infty} \dfrac{2n}{\sqrt{n^2+1} + \sqrt{n^2-1}}$

$$= \lim\limits_{n \to +\infty} \dfrac{2}{\sqrt{1+\dfrac{1}{n^2}} + \sqrt{1-\dfrac{1}{n^2}}} = 1.$$

注　上式用到结论：若 $\lim\limits_{n \to +\infty} x_n = a \geqslant 0$，则 $\lim\limits_{n \to +\infty} \sqrt{x_n} = \sqrt{a}$.

例5　证明：$\lim\limits_{n \to +\infty} \left(\dfrac{1}{\sqrt{n^2+1}} + \dfrac{1}{\sqrt{n^2+2}} + \cdots + \dfrac{1}{\sqrt{n^2+n}} \right) = 1.$

结构分析　数列结构的特点：n 项不定和结构，由于 n 又是极限变量，在极限过程中是不确定的量，又称为有限不定和，有限不定和的极限属于不定型极限，因此，本题不能利用四则运算法则进行计算，因为四则运算法则只适用于确定项的运算；这就体现了有限和无限的区别. 求解的思路：对本题极限的计算不能用四则运算法则，只能对不定和简化为一个确定的项后，再利用运算法则进行计算；解题方法：对简单的不定和(如等比、等差等能够对其求和的不定和)，可以先求和，再计算极限；对较复杂的不定和，一般不能直接求和，必须对其进行放大或缩小后再进行求和，以化有限不定和为确定的一项，利用运算法则计算确定项的极限，然后再利用两边夹定理研究极限.这是这类题目的一般处理方法. 当然，在放大和缩小过程中，一般要注意不定和中特殊的项，如最大项、最小项等.

证明　由于

$$\frac{n}{\sqrt{n^2+n}} \leqslant \frac{1}{\sqrt{n^2+1}} + \frac{1}{\sqrt{n^2+2}} + \cdots + \frac{1}{\sqrt{n^2+n}} \leqslant \frac{n}{\sqrt{n^2+1}},$$

且

$$\lim\limits_{n \to +\infty} \frac{n}{\sqrt{n^2+n}} = \lim\limits_{n \to +\infty} \frac{n}{\sqrt{n^2+1}} = 1,$$

利用两边夹定理, 则结论成立.

抽象总结　1)在上述不定和的处理中也体现了"合而为一"的化简思想. 最简单直接的"合"是求和, 当然, 这只能对简单结构(有求和公式能用, 如等比、等差以及其他特殊的结构)有效, 对一般结构需要利用估计方法进行合并, 这就需要考虑结构中的特殊项.

2) 如果直接利用极限的四则运算法则, 则得到错误的结论:

$$\lim\limits_{n \to +\infty} \left(\frac{1}{\sqrt{n^2+1}} + \frac{1}{\sqrt{n^2+2}} + \cdots + \frac{1}{\sqrt{n^2+n}} \right)$$

$$= \lim_{n \to +\infty} \frac{1}{\sqrt{n^2+1}} + \lim_{n \to +\infty} \frac{1}{\sqrt{n^2+2}} + \cdots + \lim_{n \to +\infty} \frac{1}{\sqrt{n^2+n}} = 0 + 0 + \cdots + 0 = 0,$$

因此, 对不定和的处理不能像处理有限确定和那样利用有限确定和的运算法则, 运算法则不能随意由有限确定和推广到不定和及无限和, 这正是有限和无限的区别之一.

例 6 证明 $\lim\limits_{n \to +\infty} (a_1^n + \cdots + a_p^n)^{\frac{1}{n}} = \max\limits_{1 \leqslant i \leqslant p} \{a_i\}$, 其中 $a_i > 0$.

结构分析 主结构仍是不定和结构, 处理思想仍是 "合" 的简化思想, 通过要证明的结论形式可知, 证明的关键(思想)是如何从左端待求极限的数列表达式中将右端的项分离出来, 此项正是不定和中的特殊项, 具体的分离过程实际很简单.

证明 由于

$$\max_{1 \leqslant i \leqslant p} \{a_i\} \leqslant (a_1^n + \cdots + a_p^n)^{\frac{1}{n}}$$

$$\leqslant \left(p \max_{1 \leqslant i \leqslant p} \{a_i\} \right)^{\frac{1}{n}} = p^{\frac{1}{n}} \max_{1 \leqslant i \leqslant p} \{a_i\},$$

由定理 2.4 即可得到结论.

例 7 设 $0 < a < 1$, 证明: $\lim\limits_{n \to +\infty} [(n+1)^a - n^a] = 0$.

结构分析 仍是不能直接利用运算法则的不定型极限问题; 数列的结构特点: 数列由两个幂结构因子的差组成, 类比已知的结论是 $\lim\limits_{n \to +\infty} \dfrac{1}{n^\alpha} = 0 (\alpha > 0)$; 因此, 证明的思路是如何将 n 的正幂次转化为负幂次, 从而可以将待处理的结构转化为已知的结构. 处理方法: 提出共同的部分, 转化为已知量的形式, 即向标准形式转化的形式统一法.

证明 由于

$$0 < (n+1)^a - n^a = n^a \left[\left(1 + \frac{1}{n} \right)^a - 1 \right]$$

$$\leqslant n^a \left[\left(1 + \frac{1}{n} \right) - 1 \right] = \frac{1}{n^{1-a}} \to 0,$$

由定理 2.4, 结论成立.

上述的例子都用到了以前的结论, 应该记住一些常用的结论.

总结 通过上述例子可知, 运算法则只能处理确定型的数列极限, 不能直接利用运算法则的数列极限通常称为不定型或待定型极限, 两边夹性质给出了处理简单待定型极限的一种方法, 这是初次接触到待定型极限的处理.

当然, 待定型极限的研究处理要比确定型极限的研究难度大, 由于待定型极限涉及两类特殊的量——无穷大量和无穷小量, 我们对这两个量进行简单介绍.

四、无穷大量和无穷小量的性质及其关系

利用极限的运算法则, 很容易得到如下结果.

定理 2.6 若 $\{x_n\}, \{y_n\}$ 收敛于同一极限, 则 $\{x_n - y_n\}$ 为无穷小量. 特别地, 若 $\{x_n\}$ 收敛于 a, 则 $\{x_n - a\}$ 为无穷小量.

定理 2.7 若 $\{x_n\}, \{y_n\}$ 都是无穷小量, 则 $\{x_n \pm y_n\}$ 也是无穷小量.

定理 2.8 设 $\{x_n\}$ 无穷小量, 而 $\{y_n\}$ 有界, 则 $\{x_n \cdot y_n\}$ 是无穷小量; 特别地, 若 $\{x_n\}$ 和 $\{y_n\}$ 都是无穷小量, 则 $\{x_n \cdot y_n\}$ 是无穷小量.

对无穷大量, 成立类似的结论.

定理 2.9 若 $\{x_n\}, \{y_n\}$ 都是正(负)无穷大量, 则 $\{x_n + y_n\}$ 也是正(负)无穷大量.

定理 2.10 设 $\{x_n\}$ 无穷大量, 而 $|y_n| \geqslant \delta > 0$, $n > N_0$, 则 $\{x_n \cdot y_n\}$ 是无穷大量. 特别地, 当 $\{y_n\}$ 是无穷大量时, 则 $\{x_n y_n\}$ 是无穷大量.

对无穷大量和无穷小量, 关于极限的运算法则, 不能推广到除法运算. 如

$$\lim_{n \to +\infty} \frac{a_0 n^k + a_1 n^{k-1} + \cdots + a_{k-1} n + a_k}{b_0 n^l + b_1 n^{l-1} + \cdots + b_l} = \begin{cases} 0, & k < l, \\ \dfrac{a_0}{b_0}, & k = l, \\ \infty, & k > l, \end{cases}$$

其中 $k > 0$, $l > 0$, $a_0 \neq 0, b_0 \neq 0$, 即若 $\{x_n\}$ 和 $\{y_n\}$ 都是无穷大量, $\left\{\dfrac{x_n}{y_n}\right\}$ 不一定是无穷大量; 同样, 若 $\{x_n\}$ 和 $\{y_n\}$ 都是无穷小量, $\left\{\dfrac{x_n}{y_n}\right\}$ 也不一定是无穷小量.

无穷大量和无穷小量的关系体现在下面的定理中.

定理 2.11 设 $x_n \neq 0$, 若 $\{x_n\}$ 是无穷大(小)量, 则 $\left\{\dfrac{1}{x_n}\right\}$ 是无穷小(大)量.

例 8 计算 $\lim\limits_{n \to +\infty}\left[\dfrac{1}{n}\cos n + \dfrac{n^2}{2n^2 - 1}\right]$.

简析 结构中涉及 $\cos x$, 对这类三角函数因子通常用到两个特性: 周期性和有界性; 由此, 很容易确定解题思路.

解　由于 $\left\{\dfrac{1}{n}\right\}$ 是无穷小量，$\{\cos n\}$ 为有界量，故 $\lim\limits_{n\to+\infty}\dfrac{1}{n}\cos n=0$ ，因而，原式 $=\dfrac{1}{2}$.

习　题　2.2

1. 通过分析，先给出结构特点；再类比已知，给出你将利用的结论；最后选择合适的方法计算下列极限.

1) $\lim\limits_{n\to+\infty}\dfrac{4^n+(-3)^n}{4^n-2^n}$ ；

2) $\lim\limits_{n\to+\infty}\left(\dfrac{1}{\sqrt[n]{2}}-1\right)\sin n^2$ ；

3) $\lim\limits_{n\to+\infty}\left(\sqrt[3]{n^2+n}-\sqrt[3]{n^2-n}\right)$ ；

4) $\lim\limits_{n\to+\infty}\left(\sqrt{n+2}-2\sqrt{n+1}+\sqrt{n}\right)\sqrt{n^3}$ ；

5) $\lim\limits_{n\to+\infty}\left(\dfrac{1}{1\times2}+\dfrac{1}{2\times3}+\cdots+\dfrac{1}{n(n+1)}\right)$ ；

6) $\lim\limits_{n\to+\infty}\left(1-\dfrac{1}{2^2}\right)\left(1-\dfrac{1}{3^2}\right)\cdots\left(1-\dfrac{1}{n^2}\right)$.

2. 证明下列极限.

1) $\lim\limits_{n\to+\infty}\dfrac{\ln n}{n}=0$ ；

2) $\lim\limits_{n\to+\infty}\dfrac{n^3}{a^n}=0$ ，$a>1$ ；

3) $\lim\limits_{n\to+\infty}\dfrac{a^n}{n!}=0$ ，a 为任意实数；

4) $\lim\limits_{n\to+\infty}\dfrac{n!}{n^n}=0$.

更进一步，由于各数列中的分子和分母都是无穷大量，通过分析因子结构，上述结论说明了什么？

3. 分析结构特点，用极限的性质证明：

1) $\lim\limits_{n\to+\infty}\left(\dfrac{1}{n^2}+\dfrac{1}{(n+1)^2}+\cdots+\dfrac{1}{(2n)^2}\right)=0$ ；

2) $\lim\limits_{n\to+\infty}\left(\dfrac{1}{n+\sqrt{n^2+1}}+\dfrac{1}{n+\sqrt{n^2+2}}+\cdots+\dfrac{1}{n+\sqrt{n^2+n}}\right)=2$.

4. 设 $x_n>0$ ，证明：

1) 若 $\lim\limits_{n\to+\infty}\sqrt[n]{x_n}=q<1$ ，则 $\lim\limits_{n\to+\infty}x_n=0$ ；

2) 若 $\lim\limits_{n\to+\infty}\dfrac{x_{n+1}}{x_n}=q<1$，则 $\lim\limits_{n\to+\infty}x_n=0$；

3) 若 $\lim\limits_{n\to+\infty}\sqrt[n]{x_n}=q>1$，则 $\lim\limits_{n\to+\infty}\dfrac{1}{x_n}=0$．

要求给出结构分析，说明思路和方法是如何形成的．

5. 1) 分析结构特点，说明思路和方法是如何形成的；并给出计算结果．

i) $\lim\limits_{n\to+\infty}(1^n+2^n+\cdots+k^n)^{\frac{1}{n}}$；　　ii) $\lim\limits_{n\to+\infty}(1^{-n}+2^{-n}+\cdots+k^{-n})^{\frac{1}{n}}$；

2) 将上述结果抽象，给出一般结论．

6. 下列说法正确吗？

1) 若 $x_n\to1,y_n\to0$，则 $x_n>y_n$；

2) $\lim\limits_{n\to\infty}\dfrac{1}{n}\cos n=\lim\limits_{n\to+\infty}\dfrac{1}{n}\lim\limits_{n\to+\infty}\cos n=0$；

3) $\lim\limits_{n\to+\infty}\left(\dfrac{(-1)^n}{n}+n\right)=\lim\limits_{n\to+\infty}\dfrac{(-1)^n}{n}+\lim\limits_{n\to+\infty}n=+\infty$；

4) $\lim\limits_{n\to+\infty}((-1)^n+n)=\lim\limits_{n\to+\infty}(-1)^n+\lim\limits_{n\to+\infty}n=+\infty$．

2.3　Stolz 定理

在 2.2 节中，我们给出了极限的运算法则，对确定型的数列，可以用运算法则计算其极限，但是，在工程技术领域中，我们经常遇到一些特殊的、不定型的数列极限问题，对这类问题，我们需要特殊的方法进行研究．本节，我们研究一类特殊的不定型——$\dfrac{\infty}{\infty}$ 类型的数列的极限问题，给出一个以 Stolz 定理命名的处理这类极限问题的一种有效的方法，这个方法和后面学习的 L'Hospital 法则本质上是相同的，都是用于求解不定型的极限，只是在作用对象上有区别：Stolz 定理用于研究离散型的数列极限问题，L'Hospital 法则用于处理连续变量的函数的极限计算．

定理 3.1 (Stolz 定理)　设 $\{y_n\}$ 是严格单调增加的正无穷大量，

$$\lim_{n\to+\infty}\frac{x_n-x_{n-1}}{y_n-y_{n-1}}=a\ (a\ 可为有限量，\ +\infty\ 或\ -\infty),$$

则 $\lim\limits_{n\to+\infty}\dfrac{x_n}{y_n}=a$．

结构分析　这是一道较难的命题，不失一般性，可设 $\{y_n\}>0$．我们用从简单到复杂，从特殊到一般的常用科研方法分析此定理的证明思路．

1. 先考虑简单情形：$a=0$

此时条件为 $\lim\limits_{n\to+\infty}\dfrac{x_n-x_{n-1}}{y_n-y_{n-1}}=0$，通过这个条件，研究数列间的关系，可以得到结论：对任意 $\varepsilon>0$，存在 N，使得

$$|x_n-x_{n-1}|<\varepsilon(y_n-y_{n-1})，\quad n>N，$$

这是相邻两项差 $|x_n-x_{n-1}|$ 的一个估计. 对相邻两项差的结构，常用的处理思想是利用插项方法，由相邻两项差的估计可得到任意两项差的估计，因而，对任意的 $n>m$，利用 $\{y_n\}$ 单调递增性，得

$$
\begin{aligned}
|x_n-x_m| &\leqslant |x_n-x_{n-1}|+|x_{n-1}-x_{n-2}|+\cdots+|x_{m+1}-x_m| \\
&\leqslant \varepsilon(y_n-y_{n-1})+\cdots+\varepsilon(y_{m+1}-y_m) \\
&= \varepsilon(y_n-y_m)，
\end{aligned}
$$

或

$$\frac{|x_n-x_m|}{y_n-y_m}<\varepsilon，$$

这样，经过初步的转化，将已知相邻两项的差转化为任意两项差，这样形式的变化带来的本质改变是：下标变量由相互关联的相邻两项 n 和 $n-1$ 改变为两个独立的量 n 和 m，当然，这与我们要研究的未知结构独立的通项还有差距，但是，正是由于两个下标变量的相互独立性，使得我们能够保留一个，固定并甩掉另一个，达到分离出独立的通项的目的.

再分析要研究的数列，建立与上述已知形式的联系，利用形式统一法得

$$
\begin{aligned}
\frac{x_n}{y_n} &= \frac{x_n-x_m+x_m}{y_n}=\frac{x_n-x_m}{y_n}+\frac{x_m}{y_n} \\
&= \frac{x_n-x_m}{y_n-y_m}\times\frac{y_n-y_m}{y_n}+\frac{x_m}{y_n} \\
&= \frac{x_n-x_m}{y_n-y_m}\times\left(1-\frac{y_m}{y_n}\right)+\frac{x_m}{y_n}，
\end{aligned}
$$

因而，

$$\left|\frac{x_n}{y_n}\right|<\varepsilon+\left|\frac{x_m}{y_n}\right|，$$

要证明此时的结论，只需证明 $\lim\limits_{n\to+\infty}\dfrac{x_m}{y_n}=0$，只需 x_m 为确定量，只需下标 m 确定，如取 $m=N$，然后利用 $y_n\to\infty$ 即可.

可以总结一下：为何要利用相邻两项的差要转化为任意两项的差？事实上，由于要研究的项一般都是未知的，相邻的两项都是要研究的未知项，转化为任意两项后，后面的项可以选择为已知的确定的项，只保留前面的一项是未知，便于研究这个未知项，这也是化解矛盾的一种方法，体现了化不定为确定的思想.

2. $a \neq 0$ 且为有限数

在将结论由简单情形推广到一般情形时，常用的处理思想方法有两种：其一是将复杂的问题直接转化为已知的简单的情形来处理，我们称之为直接转化法；其二，对更复杂的问题，直接转化法失效，此时，可以借助于原来简单问题的求解思想，进行修改用于较难问题的求解，称之为间接化用法；这也是常用的科研思想. 本题就可以利用直接转化法求解.

由于

$$\lim_{n \to +\infty} \frac{x_n - x_{n-1}}{y_n - y_{n-1}} = a$$

$$\Leftrightarrow \lim_{n \to +\infty} \left[\frac{x_n - x_{n-1}}{y_n - y_{n-1}} - a \right] = 0$$

$$\Leftrightarrow \lim_{n \to +\infty} \frac{x_n - ay_n - (x_{n-1} - ay_{n-1})}{y_n - y_{n-1}} = 0,$$

记 $z_n = x_n - ay_n$（注意到情形 1 对 $\{x_n\}$ 无任何要求），则由情形 1 的结论：$\lim_{n \to +\infty} \frac{z_n}{y_n} = 0$，即 $\lim_{n \to +\infty} \frac{x_n}{y_n} = a$.

3. $a = +\infty$

处理方法仍然是直接转化法，转化为情形 1 或情形 2.

此时条件为 $\lim_{n \to +\infty} \frac{x_n - x_{n-1}}{y_n - y_{n-1}} = +\infty$，由于 $+\infty$ 是个符号，具有不确定性，因此，处理的思想通常是将不确定性转化为具有确定性的量，处理的方法是倒变换，这种处理问题的思想在后续的函数的极限中也经常使用. 因此，利用上述思想，则条件形式转化为

$$\lim_{n \to +\infty} \frac{y_n - y_{n-1}}{x_n - x_{n-1}} = 0,$$

0 是一个确定的量，完成了不定向确定的转化. 若能利用已经证明的情形 1，则 $\lim_{n \to +\infty} \frac{y_n}{x_n} = 0$，因而 $\lim_{n \to +\infty} \frac{x_n}{y_n} = +\infty$.

剩下的问题只需说明对 $\lim\limits_{n\to+\infty}\dfrac{y_n}{x_n}$ 的计算能用情形 1 的结论, 因而, 只需说明 $\{x_n\}$ 单调递增到 $+\infty$. 事实上, 由于

$$x_n - x_{n-1} > y_n - y_{n-1} > 0,$$

得到 $\{x_n\}$ 单调递增且 $x_n - x_N > y_n - y_N > 0$, 因而,

$$x_n > y_n - y_N + x_N > 0,$$

故, $\{x_n\}$ 趋向 $+\infty$, 然后利用情形 1 的结论即可.

4. 当 $a = -\infty$ 时, 令 $z_n = -x_n$ 即可

证明过程是将上述思想具体化. 下面, 我们给出详细的证明.

证明　不失一般性, 可设 $y_n > 0$.

(1) $a=0$.

由于 $\lim\limits_{n\to+\infty}\dfrac{x_n - x_{n-1}}{y_n - y_{n-1}}=0$, 则对任意 $\varepsilon > 0$, 存在 N_1, 使得 $n > N_1$ 时,

$$\left|\frac{x_n - x_{n-1}}{y_n - y_{n-1}}\right| < \varepsilon,$$

因而,

$$\left|x_n - x_{n-1}\right| < \varepsilon(y_n - y_{n-1}), \quad n > N_1,$$

故,

$$\left|x_n - x_{N_1+1}\right| \leqslant \left|x_n - x_{n-1}\right| + \left|x_{n-1} - x_{n-2}\right| + \cdots + \left|x_{N_1+2} - x_{N_1+1}\right|$$
$$\leqslant \varepsilon(y_n - y_{n-1}) + \cdots + \varepsilon(y_{N_1+2} - y_{N_1+1})$$
$$= \varepsilon(y_n - y_{N_1+1}),$$

故, 当 $n > N_1$ 时, 有

$$\left|\frac{x_n}{y_n}\right| = \left|\frac{x_n - x_{N_1+1}}{y_n - y_{N_1+1}} \times \frac{y_n - y_{N_1+1}}{y_n} + \frac{x_{N_1+1}}{y_n}\right|$$
$$= \left|\frac{x_n - x_{N_1+1}}{y_n - y_{N_1+1}} \times \left(1 - \frac{y_{N_1+1}}{y_n}\right) + \frac{x_{N_1+1}}{y_n}\right|,$$

因而,

$$\left|\frac{x_n}{y_n}\right| < \varepsilon + \left|\frac{x_{N_1+1}}{y_n}\right|,$$

又, $\lim\limits_{n\to+\infty}\dfrac{x_{N_1+1}}{y_n}=0$, 故, 存在 N_2, 当 $n>N_2$ 时,

$$\left| \frac{x_{N_1+1}}{y_n} \right| < \varepsilon,$$

取 $N = \max\{N_1, N_2\}$，则 $n > N$ 时，有

$$\left| \frac{x_n}{y_n} \right| < \varepsilon + \left| \frac{x_{N_1+1}}{y_n} \right| < 2\varepsilon,$$

故，$\lim\limits_{n \to +\infty} \dfrac{x_n}{y_n} = 0$.

(2) a 有限且不为 0.

记 $z_n = x_n - ay_n$，由 $\lim\limits_{n \to +\infty} \dfrac{x_n - x_{n-1}}{y_n - y_{n-1}} = a$，得

$$\lim_{n \to +\infty} \frac{z_n - z_{n-1}}{y_n - y_{n-1}} = 0,$$

因而，由情形 1 的结论，则

$$\lim_{n \to +\infty} \frac{z_n}{y_n} = 0,$$

即 $\lim\limits_{n \to +\infty} \dfrac{x_n}{y_n} = a$.

(3) $a = +\infty$.

此时，$\lim\limits_{n \to +\infty} \dfrac{x_n - x_{n-1}}{y_n - y_{n-1}} = +\infty$，故，对 $M > 1$，存在 N，使得 $n > N$ 时，成立

$$\frac{x_n - x_{n-1}}{y_n - y_{n-1}} > M,$$

因而，

$$x_n - x_{n-1} > M(y_n - y_{n-1}) > y_n - y_{n-1} > 0,$$

因此，$\{x_n\}(n > N)$ 单调递增，进一步累加求和，则

$$x_n - x_{N+1} > y_n - y_{N+1},$$

因而，

$$x_n > y_n - y_{N+1} + x_{N+1},$$

故，$\{x_n\}$ 为单调递增的正无穷大量.

由于 $\lim\limits_{n \to +\infty} \dfrac{y_n - y_{n-1}}{x_n - x_{n-1}} = 0$，因而，利用 (1) 的结论得，$\lim\limits_{n \to +\infty} \dfrac{y_n}{x_n} = 0$，故，

$$\lim_{n \to +\infty} \frac{x_n}{y_n} = +\infty.$$

(4) $a = -\infty$.

令 $z_n = -x_n$ 即可. 至此, 定理得证.

抽象总结　1)定理证明中采用了直接转化法, 当 $a = +\infty$ 时也可以利用间接化用法证明.

2) 定理作用对象的结构特征: 定理主要用于形式为 $\dfrac{\bullet}{+\infty}$ 的不定型极限计算, 这是不定型极限计算又一重要工具.

3) 定理的逆不成立: 即若 $\lim\limits_{n \to +\infty} \dfrac{x_n}{y_n} = a$, 由于 $\lim\limits_{n \to +\infty} \dfrac{x_n - x_{n-1}}{y_n - y_{n-1}}$ 不一定存在, 故不一定有 $\lim\limits_{n \to +\infty} \dfrac{x_n - x_{n-1}}{y_n - y_{n-1}} = a$, 当然, 若 $\lim\limits_{n \to +\infty} \dfrac{x_n - x_{n-1}}{y_n - y_{n-1}}$ 存在, 则必有 $\lim\limits_{n \to +\infty} \dfrac{x_n - x_{n-1}}{y_n - y_{n-1}} = a$.

如取 $x_n = (-1)^{n+1} n$, $y_n = n^2$, 则 $\lim\limits_{n \to +\infty} \dfrac{x_n}{y_n} = 0$, 但是 $\lim\limits_{n \to +\infty} \dfrac{x_n - x_{n-1}}{y_n - y_{n-1}}$ 不存在.

4) 当 $\lim\limits_{n \to +\infty} \dfrac{x_n - x_{n-1}}{y_n - y_{n-1}} = \infty$, 结论不一定成立, 如取 $x_n = (-1)^{n+1} n$, $y_n = n$, 则

$\lim\limits_{n \to +\infty} \dfrac{x_n - x_{n-1}}{y_n - y_{n-1}} = \infty$, 但是 $\dfrac{x_n}{y_n} = (-1)^{n+1}$, 极限不存在.

下面, 通过几个例子说明定理的应用.

例 1　设 $\lim\limits_{n \to +\infty} a_n = a$, 证明:

$$\lim_{n \to +\infty} \frac{a_1 + 2a_2 + \cdots + na_n}{n^2} = \frac{a}{2}.$$

结构分析　满足 Stolz 定理作用对象的特征, 使用该定理求解.

解　记 $x_n = a_1 + \cdots + na_n$, $y_n = n^2$, 用 Stolz 定理得

$$\lim_{n \to +\infty} \frac{a_1 + 2a_2 + \cdots + na_n}{n^2} = \lim_{n \to +\infty} \frac{na_n}{2n-1} = \frac{a}{2}.$$

在具体应用 Stolz 定理计算题目, 不必验证条件 $\lim\limits_{n \to +\infty} \dfrac{x_n - x_{n-1}}{y_n - y_{n-1}}$ 的存在性, 只需直接进行计算, 看能否计算出结果.

例 2　设 $0 < \lambda < 1$, $\lim\limits_{n \to +\infty} a_n = a$, 证明:

$$\lim_{n \to +\infty} (a_n + \lambda a_{n-1} + \cdots + \lambda^n a_0) = \frac{a}{1-\lambda}.$$

结构分析　从形式上看, 不具有 Stolz 定理作用对象的特征, 可以用定义证明 $\left(\text{利用结论 } \lim\limits_{n \to +\infty} (1 + \lambda + \cdots + \lambda^n) = \dfrac{1}{1-\lambda} \text{ 和形式统一法即可利用定义给出证明}\right)$.

本题也可以利用 Stolz 定理证明. 为利用此定理, 需转化为定理的形式, 即将所求极限的数列 $a_n + \lambda a_{n-1} + \cdots + \lambda^n a_0$ 转化为分式形式, 必须**构造出分母**, 且分母还应该是单调递增的正无穷大量, 那么, 从所给的形式及其所含的因子中, 是否有这样的量, 是否能分离出来作为分母? 解决了这些问题, 就找到了证明方法. 另一方面, 从要处理的数列结构来看, 涉及的两个数列关于 n 的序正好相反, 从首至尾的每一项都和不定数 n 有关, 即两端都不确定, 这也是难点之一, 因此, 希望转化为一端确定、按序排列的结构形式, 便于处理, 因此, 只需提取因子 λ^n 即可, 由此, 将研究的数列转化为

$$\left(\frac{a_n}{\lambda^n} + \frac{a_{n-1}}{\lambda^{n-1}} + \cdots + a_0\right)\lambda^n = \frac{\dfrac{a_n}{\lambda^n} + \dfrac{a_{n-1}}{\lambda^{n-1}} + \cdots + a_0}{\dfrac{1}{\lambda^n}},$$

至此, 已经将其转化为容易处理的结构.

证明　法一　记 $y_n = \dfrac{1}{\lambda^n}, x_n = \dfrac{a_n}{\lambda^n} + \dfrac{a_{n-1}}{\lambda^{n-1}} + \cdots + a_0$, 则 $\{y_n\}$ 为正的无穷大量, 且

$$\lim_{n\to+\infty} \frac{x_n - x_{n-1}}{y_n - y_{n-1}} = \lim_{n\to+\infty} \frac{a_n}{1-\lambda} = \frac{a}{1-\lambda},$$

利用 Stolz 定理即得.

法二　用极限的定义证明, 利用定义进行分段控制, 从而达到证明目的; 再设计具体方法时, 先研究最简情形, 再处理一般情形.

情形 1　$a=0$ 的情形.

由于 $\lim\limits_{n\to+\infty} a_n = 0$, 则, 存在 $M > 0$, 使得 $|a_n| \leqslant M$; 再由极限定义, 则, 对任意的 $\varepsilon > 0$, 存在正整数 N_1, 使得 $n > N_1$ 时成立 $|a_n| < \varepsilon$, 因而, 当 $n > N_1$ 时,

$$\begin{aligned}
\left| a_n + \lambda a_{n-1} + \cdots + \lambda^n a_0 \right| &\leqslant \varepsilon \sum_{k=0}^{n-N_1} \lambda^k + M \sum_{k=n-N_1+1}^{n} \lambda^k \\
&= \varepsilon \frac{1-\lambda^{n-N_1+1}}{1-\lambda} + M\lambda^{n-N_1+1}\frac{1-\lambda^{N_1}}{1-\lambda} \\
&\leqslant \varepsilon \frac{1}{1-\lambda} + M\lambda^{n-N_1+1}\frac{1}{1-\lambda},
\end{aligned}$$

由于 $\lim\limits_{n\to+\infty} M\lambda^{n-N_1+1}\dfrac{1}{1-\lambda} = 0$, 再次用极限定义, 存在 N_2, 当 $n > N_2$ 时, 成立

$$\left| M\lambda^{n-N_1+1}\frac{1}{1-\lambda} \right| < \varepsilon,$$

因而, 当 $n > \max\{N_1, N_2\}$ 时, 成立

$$| a_n + \lambda a_{n-1} + \cdots + \lambda^n a_0 | \leqslant \left(\frac{1}{1-\lambda} + 1 \right) \varepsilon ,$$

故, $\lim\limits_{n \to +\infty} (a_n + \lambda a_{n-1} + \cdots + \lambda^n a_0) = 0$.

情形 2　$a \neq 0$ 的情形.

采用直接转化法.

令 $b_n = a_n - a$, 则 $\lim\limits_{n \to +\infty} (b_n + \lambda b_{n-1} + \cdots + \lambda^n b_0) = 0$, 由于

$$\lim_{n \to +\infty} (a + \lambda a + \cdots + \lambda^n a) = a \lim_{n \to +\infty} \frac{1 - \lambda^{n+1}}{1 - \lambda} = \frac{a}{1 - \lambda} ,$$

故, $\lim\limits_{n \to +\infty} (a_n + \lambda a_{n-1} + \cdots + \lambda^n a_0) = \frac{a}{1 - \lambda}$.

例 3　设 $\lim\limits_{n \to +\infty} n(A_n - A_{n-1}) = 0$, 若 $\lim\limits_{n \to +\infty} \frac{A_1 + \cdots + A_n}{n} = a$, 证明: $\lim\limits_{n \to +\infty} A_n = a$.

结构分析　类比分析, 题目中与要证明的结论关联最紧密的条件是 $\lim\limits_{n \to +\infty} \frac{A_1 + \cdots + A_n}{n} = a$, 因此, 证明的关键是建立未知数列 $\{A_n\}$ 与已知数列 $\left\{ \dfrac{A_1 + \cdots + A_n}{n} \right\}$ 的联系, 采用形式统一法, 利用插项可以完成此目的.

证明　由于 $A_n = \left(A_n - \dfrac{A_1 + \cdots + A_n}{n} \right) + \dfrac{A_1 + \cdots + A_n}{n}$. 只需证第一项极限为 0.

观察第一项, 化简后具有 Stolz 定理作用对象的特征, 可以用此定理来处理, 因而,

$$\lim_{n \to +\infty} \left(A_n - \frac{A_1 + \cdots + A_n}{n} \right)$$

$$= \lim_{n \to +\infty} \frac{n A_n - (A_1 + \cdots + A_n)}{n}$$

$$= \lim_{n \to +\infty} [(n A_n - (A_1 + \cdots + A_n)) - ((n-1) A_{n-1} - (A_1 + \cdots + A_{n-1}))]$$

$$= \lim_{n \to +\infty} (n-1)(A_n - A_{n-1}) = 0 ,$$

故, $\lim\limits_{n \to +\infty} A_n = a$.

对一些较为复杂的题目, 应考虑对适当的形式使用 Stolz 定理, 做到对结论的灵活应用(具体例子见 2.4 节例 3).

与 $\dfrac{\infty}{\infty}$ 型相对应, 还成立 $\dfrac{0}{0}$ 型 Stolz 定理, 我们略去证明.

定理 3.2　设 $\lim\limits_{n \to +\infty} x_n = 0$, $\{y_n\}$ 单调递减收敛于 0, 若 $\lim\limits_{n \to +\infty} \dfrac{x_n - x_{n-1}}{y_n - y_{n-1}} = l$, 则

$$\lim_{n\to+\infty}\frac{x_n}{y_n}=l,\ \text{其中}\,l\,\text{可为有限},\ +\infty\,\text{或}\,-\infty.$$

习　题　2.3

1. 证明下列极限结论:

1) $\lim\limits_{n\to+\infty}\dfrac{\ln n}{n}=0$;

2) $\lim\limits_{n\to+\infty}\dfrac{n^k}{a^n}=0$,其中 $a>1$, k 为正整数;

3) $\lim\limits_{n\to+\infty}\dfrac{a^n}{n!}=0$;

4) $\lim\limits_{n\to+\infty}\dfrac{n!}{n^n}=0$.

进一步的分析:对正无穷大量 $\{x_n\}$,如果用速度的大小表示其趋向正无穷的快慢,通过上述例子,结合已知的结论可以得到上述涉及的数列的速度有何关系? 3)、4)不必局限于 Stolz 定理

2. 计算 $\lim\limits_{n\to+\infty}\dfrac{1+2^k+\cdots+n^k}{n^{k+1}}$.

3. 设 $\lim\limits_{n\to+\infty}x_n=a$,证明 $\lim\limits_{n\to+\infty}\dfrac{x_1+2x_2+\cdots+nx_n}{n(n+1)}=\dfrac{a}{2}$.

4. 设 $\lim\limits_{n\to+\infty}x_n=1$ 且 $x_n>0$,证明:

1) $\lim\limits_{n\to+\infty}\dfrac{\sum\limits_{i=1}^{n}\ln x_i}{n}=0$;

2) $\lim\limits_{n\to+\infty}(x_1x_2\cdots x_n)^{\frac{1}{n}}=1$.

5. 设 $A_n=\sum\limits_{k=1}^{n}a_k$,$\lim\limits_{n\to+\infty}A_n=a$,$\{p_n\}$ 为单调递增的正无穷大量,作变换 $a_k=A_k-A_{k-1}$,利用 Stolz 定理,证明:

$$\lim_{n\to+\infty}\frac{p_1a_1+p_2a_2+\cdots+p_na_n}{p_n}=0.$$

进一步分析为何要作上述变换.

2.4　收敛准则及实数基本定理

为了研究更复杂的数列收敛性,仅有定义和运算法则还远远不够,还必须有更高级的手段和方法研究数列的收敛性问题,本节,我们给出一系列判别准则,用于通过数列自身结构特点,研究数列的收敛性问题,同时,给出实数系的基本定理.

我们先从确界的性质开始.

一、确界的性质

有了极限理论, 可以建立确界和极限之间的关系.

给定有界非空实数集合 E.

定理 4.1　设 $\beta = \sup E$, $\alpha = \inf E$, 则存在点列 $\{x_n\} \subset E$, $\{y_n\} \subset E$, 使得

$$\lim_{n \to +\infty} x_n = \beta, \quad \lim_{n \to +\infty} y_n = \alpha.$$

结构分析　要证明的结论结构: 必须构造满足要求的两个点列. 所给条件结构: 已知条件是确界, 对确界, 我们仅掌握了它的定义, 定义中包含两条信息, 从属性上来分析, 第二条与要证明的结论具有相同的属性——"存在性", 且此条件中含有任意性条件结构, 任意性条件结构是构造数列的明显的结构特征, 因此, 可以设想, 必须从第二条中, 利用任意性条件构造所需要的数列. 这就确定了证明的思路和方法.

证明　只对上确界证明.

设 $\beta \notin E$, 由确界定义, 则

(1) 对任意 $x \in E$, 都有 $x < \beta$;

(2) 对任意 $\varepsilon > 0$, 存在 $x_\varepsilon \in E$, 使得 $x_\varepsilon > \beta - \varepsilon$;

故, 取 $\varepsilon = 1$, 则存在 $x_1 \in E$, 使得

$$\beta > x_1 > \beta - 1;$$

取 $\varepsilon = \dfrac{1}{2}$, 则存在 $x_2 \in E$, 使得

$$\beta > x_2 > \beta - \frac{1}{2};$$

如此下去, 对任意的正整数 n, 取 $\varepsilon = \dfrac{1}{n}$, 则存在 $x_n \in E$, 使得

$$\beta > x_n > \beta - \frac{1}{n};$$

由此构造的数列 $\{x_n\} \subset E$, 满足 $\lim\limits_{n \to +\infty} x_n = \beta$.

当 $\beta \in E$ 时, 此时可以选择 $\{x_n\}$ 为常数数列, 即 $x_n = \beta$, $n = 1, 2, \cdots$, 显然成立 $\lim\limits_{n \to +\infty} x_n = \beta$. 证毕.

抽象总结　1) 从证明过程中可以总结出: 利用任意性条件构造所需要的点列是常用的方法, 要掌握构造点列的这一思想方法.

2) 定理的应用　从定理 4.1 的结构看, 它将确界转化为数列的极限, 体现了定理的应用思路, 即可以利用极限的运算和性质解决确界问题, 为确界研究提供了极大的方便.

例 1　设 A 是有界的正数集合, 且 $\beta = \sup A > 0$, 令 $B = \left\{ \dfrac{1}{x} : x \in A \right\}$, 证明:

$\inf B = \dfrac{1}{\sup A}$ (见第 1 章课后作业).

证明　记 $\alpha = \inf B$. 由于 $\beta = \sup A$, 由定理 4.1, 存在 $x_n \in A$, 使得 $\lim\limits_{n \to +\infty} x_n = \beta$, 记 $y_n = \dfrac{1}{x_n} \in B$, 由确界定义, 则 $y_n = \dfrac{1}{x_n} \geqslant \alpha$, 利用极限的保序性质, 则 $\dfrac{1}{\beta} \geqslant \alpha$.
另一方面, 存在 $y_n \in B$, 使得 $\lim\limits_{n \to +\infty} y_n = \alpha$, 由集合的定义, 存在 $x_n \in A$, 使得 $y_n = \dfrac{1}{x_n}$, 由确界定义, 则 $x_n = \dfrac{1}{y_n} \leqslant \beta$, 因而, $\dfrac{1}{\beta} \leqslant y_n$ 利用极限的保序性质, 则 $\dfrac{1}{\beta} \leqslant \alpha$, 故, $\alpha = \dfrac{1}{\beta}$.

仔细体会利用定理 4.1 将确界关系化为数列极限关系的处理思想.

二、单调有界收敛定理

定理 4.2　单调有界数列必定收敛.

结构分析　结论分析: 要证明的结论是数列的收敛性; 类比已知: 到目前为止, 能证明数列收敛的, 只有用定义完成证明, 由此确定思路; 方法设计: 要用定义, 必须知道数列的极限是什么, 再证明之. 因此, 本定理证明的关键问题是由条件能否确定一个数(点), 使得这个数就是数列的极限, 这就需要一个"点"定理, 然后验证点定理的条件成立, 得到一个点, 再证明这个点就是数列的极限. 条件分析: 从所给的条件看, 有两个条件——单调性和有界性; 类比已知: 到目前为止, 掌握的点定理只有一个确界定理, 即利用有界性得到确界点的存在性, 由此确定证明的思路和方法: 用确界存在定理得到确界点, 用极限的定义验证确界点就是数列收敛的极限点, 由此得到数列的收敛性.

证明　不妨设 $\{a_n\}$ 单调递增. 由于 $\{a_n\}$ 是有界数列, 由确界存在定理, $\{a_n\}$ (或对应的点集)有唯一的上确界, 记为 a.

由确界定义, 则

1) $\forall n$, $a_n \leqslant a$;
2) 对任意的 $\varepsilon > 0$, 存在元素 a_N, 使得

$$a - \varepsilon < a_N,$$

由数列的单调递增条件, 当 $n > N$ 时, 有

$$a - \varepsilon < a_N \leqslant a_n \leqslant a \leqslant a + \varepsilon,$$

因而, $\lim\limits_{n \to +\infty} a_n = a$.

抽象总结　1) 定理 4.2 的属性是定性的, 即只给出数列收敛性的判断, 不能计算极限.

2) 此定理也首次给出了预先不知道极限的情况下(与定义的区别), 通过数列自身的结构判别其收敛性的结论.

3) 虽然定理是定性的, 但, 仍可以将定理视为"点"定理, 即确定一个点, 使其为数列的极限.

4) 由证明过程可知, 若 $\{a_n\}$ 单调递增收敛于 a, 则必有 $a_n \leqslant a$. 同样, 若 $\{a_n\}$ 单调递减收敛于 a, 则必有 $a_n \geqslant a$.

至此, 研究数列收敛的理论工具有两个: 定义 1.3 和定理 4.2. 下面通过例子说明此定理的运用.

例 2　设 $a > 0$, 记 $y_1 = \sqrt{a}$, 构造 $y_n = \sqrt{a + y_{n-1}}$, 证明: $\{y_n\}$ 收敛, 并计算 $\lim\limits_{n \to +\infty} y_n$.

证明　通过观察可得

$$y_{n+1} = \underbrace{\sqrt{a + \sqrt{a + \cdots + \sqrt{a}}}}_{n+1}$$

$$\geqslant \underbrace{\sqrt{a + \sqrt{a + \cdots + \sqrt{a}}}}_{n} = y_n > 0,$$

因而, $\{y_n\}$ 单调递增(也可以用归纳法证明).

再证有界性(上界). 由单调递增性质, 可知

$$y_n \geqslant y_1 = \sqrt{a}, \quad \forall n > 1,$$

由结构条件得

$$y_n^2 = a + y_{n-1} \leqslant a + y_n,$$

故,

$$y_n \leqslant \frac{a}{y_n} + 1 \leqslant \sqrt{a} + 1,$$

因而, $\{y_n\}$ 有界.

由定理 4.2, $\{y_n\}$ 收敛. 设 $\lim\limits_{n \to +\infty} y_n = b$, 则由

$$y_n = \sqrt{a + y_{n-1}},$$

利用极限的运算性质得 $b = \sqrt{a+b}$，求解并舍去负根解得

$$b = \frac{1+\sqrt{4a+1}}{2}.$$

注 关于界的确定: 将数列利用放大转化为关于通项的不等式后, 也可以通过不等式的求解得到有界, 如例 2, 得到

$$y_n^2 = a + y_{n-1} \leqslant a + y_n,$$

求解不等式可知,

$$y_n \leqslant \frac{1+\sqrt{1+4a}}{2},$$

得到数列的上界.

抽象总结 例 2 的题型结构: 给出了数列构造, 即给出数列的初始项和构造规则, 由此构造出整个数列, 这类数列也称迭代数列.

例 2 的题目要求:证明迭代数列的收敛性并计算极限, 既要进行定性分析, 又要进行定量计算, 这是对迭代数列常见的解题要求.

单调有界收敛定理是研究迭代数列收敛性的有效工具, 换句话说, 对迭代数列, 研究其收敛性时, 首选工具是单调有界收敛定理.

单调有界收敛定理的应用, 此时必须解决两个问题.

1. 单调性

数列的单调性有单调递增和单调递减, 因此, 研究单调性时首先要明确研究方向, 是证明单调递增, 还是证明单调递减. 那么, 如何明确研究方向? 我们引入一种被称为预判的方法——"**预判法**": 即通过前几项的具体的计算和比较, 初步分析并确定单调性; 其次, 在"预判"基础上的严格证明. 通过第一步的预判, 明确了证明的方向, 接下来的工作自然是严格证明预判的结果. 证明的具体方法也有多种, 常见的有:1)观察法——直接通过观察数列的结构给出单调性的证明; 2)差值法——考察任意相邻两项的差, 通过差的符号得到单调性, 即若对任意 n, $x_{n+1} - x_n \geqslant 0$, 则 $\{x_n\}$ 单调递增; 否则, 数列单调递减; 3)比值法——对正数列, 可以通过考察相邻两项的比值得到单调性结论, 即若对任意的 n 满足: $\frac{x_{n+1}}{x_n} \geqslant 1$, 则数列单调递增, 否则, 收敛单调递减. 这样, 基本上解决了单调性问题.

2. 有界性

预判法也是研究有界性的一个有效方法, 即借助于预判的单调性和极限首先预判出要证明的界是什么, 然后再严格证明之. 对这类题目, 由于知道了数列的结构, 因此, 假设数列收敛, 则可以通过数列结构计算极限, 因此, 若数列单调递

增, 则此极限值应该是一个上界; 若数列单调递减, 则此极限值应该是其下界. 这样就确定了数列的界, 明确了界的方向, 因此, 剩下的工作就是证明极限就是数列的上界或下界即可. 证明的方法通常有**归纳法**和**估计方法**, 估计方法是利用一些不等式进行放大或缩小, 要求技巧性强, 也可以利用单调性代入迭代关系式, **得到关于通项的不等式, 通过不等式的求解得到有界性**(见例 2).

注　有些例子需用有界性证明单调性, 这就需要先证明有界性, 再证明单调性; 有些例子需要用单调性证明有界性, 这时, 就需要先证明单调性, 再证明有界性. 要具体题目具体分析.

例 3　设 $x_1 = \sqrt{2}, x_{n+1} = \sqrt{3 + 2x_n}$, $n = 1, 2, 3, \cdots$, 计算 $\lim\limits_{n \to \infty} x_n$.

结构分析　数列结构: 迭代数列; 类比已知: 符合单调有界收敛定理作用对象的特征; 思路确立: 确定用单调有界收敛定理处理.

方法设计　单调性预判: 计算前 3 项, 发现
$$x_1 = \sqrt{2}, \quad x_2 = \sqrt{3 + 2\sqrt{2}} \approx \sqrt{7.8}, \quad x_3 \approx \sqrt{8.6},$$
因而, 预判单调性为单调递增.

有界性预判: 设 $\lim\limits_{n \to +\infty} x_n = a$, 则必有 $a = \sqrt{3 + 2a}$, 得 $a=3$, 因此, 预判数列有上界 3.

因此, 证明过程就是验证预判的结果, 至于先验证有界性还是先验证单调性, 必须具体问题具体分析.

解　1) 先证明有界性.

由于 $0 < x_1 < \sqrt{2} < 3$, 设 $0 < x_k < 3$, 则
$$0 < x_{k+1} = \sqrt{3 + 2x_k} < 3,$$
故, 归纳证明了 $0 < x_n < 3$, $\forall n = 1, 2, \cdots$.

2) 单调性.

由于
$$x_{n+1} - x_n = \sqrt{3 + 2x_n} - x_n = \frac{(3 - x_n)(1 + x_n)}{\sqrt{3 + 2x_n} + x_n} > 0,$$
故, $\{x_n\}$ 单调增加.

3) 由 1), 2) 知 $\lim\limits_{n \to +\infty} x_n$ 存在, 不妨设 $\lim\limits_{n \to +\infty} x_n = a$, 则 $a = \sqrt{3 + 2a}$, 解得 $a=3$.

注　单调性的验证也可用下述方法
$$\frac{x_{n+1}}{x_n} = \sqrt{\frac{3}{x_n^2} + \frac{2}{x_n}} \geqslant \sqrt{\frac{3}{9} + \frac{2}{3}} = 1,$$
由此得到单调增加的性质.

例 4　设 $x_0 = \dfrac{1}{2}$，$x_n = \sqrt{\dfrac{2x_{n-1}^2}{2 + x_{n-1}^2}}$，$n = 1, 2, \cdots$，证明：

1) $\lim\limits_{n \to +\infty} x_n = 0$；　2) $\lim\limits_{n \to +\infty} \sqrt{\dfrac{n}{2}} x_n = 1$.

结构分析　从结构特征看，结论 1)是迭代数列的极限问题，具有"单调有界收敛定理"作用对象的典型特征，只需用此定理验证即可. 对结论 2)，从要证明的结论看，要研究的数列极限为 $0 \cdot \infty$ 型的极限，对数列的这种不定型极限，到目前为止，所能利用的工具只有 Stolz 定理，为利用 Stolz 定理，需将其转化为 $\dfrac{\infty}{\infty}$ 或 $\dfrac{0}{0}$ 型，注意到结构中含有较难处理的无理因子，为便于研究，将无理因子去掉，证明等价的结论 $\lim\limits_{n \to +\infty} n x_n^2 = 2$.

证明　1)显然，$x_n > 0, \forall n$；由于

$$x_{n+1}^2 - x_n^2 = \frac{2x_n^2}{2 + x_n^2} - x_n^2 = -\frac{x_n^4}{2 + x_n^2} < 0,$$

故，$\{x_n\}$ 是单调递减且有下界的数列，因而，$\{x_n\}$ 必收敛.

设 $\lim\limits_{n \to +\infty} x_n = a \geqslant 0$，则利用迭代公式和极限的四则运算法则有 $a^2 = \dfrac{2a^2}{2 + a^2}$，故，$a = 0$.

2) 考察 $\lim\limits_{n \to +\infty} n x_n^2$，利用 Stolz 定理，则

$$\lim_{n \to +\infty} n x_n^2 = \lim_{n \to +\infty} \frac{n}{\dfrac{1}{x_n^2}} = \lim_{n \to +\infty} \frac{1}{\dfrac{1}{x_{n+1}^2} - \dfrac{1}{x_n^2}}$$

$$= \lim_{n \to +\infty} \frac{x_{n+1}^2 x_n^2}{x_n^2 - x_{n+1}^2} = \lim_{n \to +\infty} \frac{x_{n+1}^2}{x_n^2}(2 + x_n^2) = 2,$$

故，$\lim\limits_{n \to +\infty} \sqrt{\dfrac{n}{2}} x_n = 1$.

再利用单调有界定理证明一个重要的极限.

先给出一个已知的结论.

平均不等式：对任意 n 个正数 $a_1, a_2, \cdots, a_n$，成立

$$\frac{a_1 + a_2 + \cdots + a_n}{n} \geqslant \sqrt[n]{a_1 a_2 \cdots a_n}$$

$$\geqslant \frac{n}{\dfrac{1}{a_1} + \dfrac{1}{a_2} + \cdots + \dfrac{1}{a_n}},$$

即, 算术平均 $\geqslant$ 几何平均 $\geqslant$ 调和平均. 当且仅当 $a_1 = a_2 = \cdots = a_n$ 时等号成立.

例 5　证明 $\left\{\left(1+\dfrac{1}{n}\right)^n\right\}$ 和 $\left\{\left(1+\dfrac{1}{n}\right)^{n+1}\right\}$ 都收敛.

思路分析　记 $x_n = \left(1+\dfrac{1}{n}\right)^n$, $y_n = \left(1+\dfrac{1}{n}\right)^{n+1}$, 则

$$x_1 = 2, \quad x_2 = \left(1+\frac{1}{2}\right)^2 = 2.25, \quad x_3 = \left(1+\frac{1}{3}\right)^3 = 2.319, \cdots,$$

$$y_1 = 4, \quad y_2 = 3.375, \cdots.$$

预判: $\{x_n\}$ 单调递增, $\{y_n\}$ 单调递减.

由于 $2 = x_1 < x_n < y_n < y_1 = 4$, 则, 两个数列都有界, 因此, 两个数列收敛. 因此, 主要工作就是验证数列的单调性. 由于这两个数列的特殊性, 其单调性的证明方法也是特殊的, 我们使用平均不等式来证明, 当然, 学习过导数理论后, 可以利用连续化方法, 将其转化为函数的单调性来证明.

证明　记 $x_n = \left(1+\dfrac{1}{n}\right)^n$, $y_n = \left(1+\dfrac{1}{n}\right)^{n+1}$, 利用平均不等式, 则

$$x_n = \left(1+\frac{1}{n}\right)^n \cdot 1 = \underbrace{\left(1+\frac{1}{n}\right)\left(1+\frac{1}{n}\right)\cdots\left(1+\frac{1}{n}\right)}_{n} \cdot 1$$

$$\leqslant \left[\frac{n\left(1+\dfrac{1}{n}\right)+1}{n+1}\right]^{n+1} = x_{n+1},$$

类似地,

$$\frac{1}{y_n} = \frac{1}{\left(1+\dfrac{1}{n}\right)^{n+1}} \cdot 1 = \frac{1}{1+\dfrac{1}{n}} \cdot \frac{1}{1+\dfrac{1}{n}} \cdots \frac{1}{1+\dfrac{1}{n}} \cdot 1$$

$$= \frac{n}{1+n} \cdot \frac{n}{1+n} \cdots \frac{n}{1+n} \cdot 1$$

$$\leqslant \left(\frac{(n+1)\dfrac{n}{n+1}+1}{n+2}\right)^{n+2}$$

$$= \left(\frac{1}{1+\frac{1}{n+1}}\right)^{n+2} = \frac{1}{y_{n+1}},$$

故，$\{x_n\}$ 单调递增，$\{y_n\}$ 单调递减．

又由于 $2 = x_1 < x_n < y_n < y_1 = 4$，因而，$\{x_n\}$，$\{y_n\}$ 有界，故 $\{x_n\}$ 和 $\{y_n\}$ 都收敛．

进一步分析二者的极限关系．由于

$$y_n = \left(1+\frac{1}{n}\right)^{n+1} = x_n \left(1+\frac{1}{n}\right),$$

因而，$\lim\limits_{n\to+\infty} x_n = \lim\limits_{n\to+\infty} y_n$，记这个共同的极限为 e，即

$$\lim_{n\to+\infty} \left(1+\frac{1}{n}\right)^n = e,$$

其中 $e \approx 2.7182818\cdots$，这就是自然对数的底．

由证明过程可知，$\left\{\left(1+\frac{1}{n}\right)^n\right\}$ 单调递增收敛于 e，$\left\{\left(1+\frac{1}{n}\right)^{n+1}\right\}$ 单调递减收敛于 e，因而成立

$$\left(1+\frac{1}{n}\right)^n < e < \left(1+\frac{1}{n}\right)^{n+1},$$

取对数得

$$n\ln\frac{n+1}{n} < 1 < (n+1)\ln\frac{n+1}{n},$$

故，

$$\frac{1}{n+1} < \ln\left(1+\frac{1}{n}\right) < \frac{1}{n},$$

这是一个重要的关系式，给出了对数函数的估计，或将对数函数转化为有理结构，起到化繁为简的作用思想(这个关系式也可以用后续的中值定理来证明)，注意到 $\ln\left(1+\frac{1}{n}\right)$ 为常用的无穷小量，此关系式也给出了关于此无穷小量的收敛速度．利用这个关系式给出一个重要结论．

例 6　若记 $\gamma_n = 1 + \frac{1}{2} + \cdots + \frac{1}{n} - \ln n$，证明 $\{\gamma_n\}$ 收敛．

证明　由上述关系式得

$$\frac{1}{n+1} < \ln(n+1) - \ln n < \frac{1}{n},$$

故，

$$\gamma_{n+1} - \gamma_n = \frac{1}{n+1} - \ln(n+1) + \ln n < 0,$$

故，$\{\gamma_n\}$ 单调递减．

为证明 $\{\gamma_n\}$ 的收敛性，只需证明其有下界，利用 $\ln\frac{n+1}{n} < \frac{1}{n}$，则

$$\begin{aligned}
\gamma_n &= 1 + \frac{1}{2} + \cdots + \frac{1}{n} - \ln n \\
&> \ln\frac{2}{1} + \ln\frac{3}{2} + \cdots + \ln\frac{n+1}{n} - \ln n \\
&= \ln(n+1) - \ln n > 0,
\end{aligned}$$

故 $\{\gamma_n\}$ 有下界，因而其收敛．

记 $\gamma = \lim\limits_{n \to +\infty} \gamma_n \approx 0.57721566490\cdots$，称为 Euler 常数．

进一步分析：由此例我们不仅得到 $1 + \frac{1}{2} + \cdots + \frac{1}{n} \to +\infty$，而且还掌握了其趋于正无穷的速度和 $\ln n$ 趋于无穷的速度是同阶的．这才是这个结论的重点所在，后续内容中，涉及因子 $1 + \frac{1}{2} + \cdots + \frac{1}{n}$ 的相关问题中，要联想到这个结论．

例 7　记 $\alpha_n = \frac{1}{n+1} + \cdots + \frac{1}{2n}$，证明：$\lim\limits_{n \to +\infty} a_n = \ln 2$．

证明　由于

$$\alpha_n = \gamma_{2n} - \gamma_n + \ln(2n) - \ln n = \gamma_{2n} - \gamma_n + \ln 2,$$

故，$\lim\limits_{n \to +\infty} a_n = \ln 2$．

单调有界收敛定理的单调性条件较强，那么，定理 4.2 中的条件是否减弱，减弱后结果会发生怎么样的变化？为了解决这个问题，我们引入实数系的一个定理．

三、闭区间套定理

定义 4.1　若区间列 $\{[a_n, b_n]\}$ 满足：

1) $[a_{n+1}, b_{n+1}] \subset [a_n, b_n]$，$n = 1, 2, \cdots$；

2) $\lim\limits_{n \to +\infty} (b_n - a_n) = 0$，

则称 $\{[a_n, b_n]\}$ 为一个闭区间套．

定理 4.3　假设 $\{[a_n, b_n]\}$ 为一个闭区间套，则存在唯一的 ξ，使对任意的 n，

都有 $\xi \in [a_n, b_n]$，且 $\lim\limits_{n \to +\infty} a_n = \lim\limits_{n \to +\infty} b_n = \xi$.

结构分析　结论分析：从要证明的结论看，要证明数列 $\{a_n\}$ 和数列 $\{b_n\}$ 的收敛性，且确定极限；类比已知：已知工具是定义和单调有界收敛定理；条件分析：从条件(区间套定义)挖掘关于这两个数列的信息，由此得到证明的思路——用单调有界收敛定理证明.

证明　由于 $\{[a_n, b_n]\}$ 为区间套，则

$$a_1 \leqslant a_2 \leqslant \cdots \leqslant a_{n-1} \leqslant a_n < b_n \leqslant b_{n-1} \leqslant \cdots \leqslant b_1,$$

即 $\{a_n\}$ 单调递增，$\{b_n\}$ 单调递减且都有界，因而由单调有界收敛定理可知，$\{a_n\}$ 和 $\{b_n\}$ 都收敛.

设 $\lim\limits_{n \to +\infty} a_n = \xi$，则

$$\lim_{n \to +\infty} b_n = \lim_{n \to +\infty} (b_n - a_n) + \lim_{n \to +\infty} a_n = \xi,$$

由数列的单调性，显然有

$$a_n \leqslant \xi \leqslant b_n, \quad \forall n = 1, 2, \cdots,$$

由极限的唯一性可得 ξ 的唯一性.

抽象总结　1)从属性看，此定理仍是点定理，即通过闭区间套，套住或确定满足某种性质的点. 2)若将闭区间套改为开区间套，仍有 $\lim\limits_{n \to +\infty} a_n = \lim\limits_{n \to +\infty} b_n = \xi$，但不一定有 $\xi \in (a_n, b_n)$，如取 $(a_n, b_n) = \left(0, \dfrac{1}{n}\right)$，则 $\lim\limits_{n \to +\infty} a_n = \lim\limits_{n \to +\infty} b_n = 0 \notin (a_n, b_n)$. 3)从应用角度看，*闭区间套定理的作用就是通过闭区间套，将某一个闭区间上成立的整体性质，通过构造闭区间套，使得这个性质在每个闭区间上都成立，进而使其在被套住的"点" ξ 的附近也成立此性质，从而，将此性质从整体推到局部，这就是此定理的本质和作用原理.*

有了闭区间套定理，我们就可以研究单调有界收敛定理的条件是否能减弱的问题了，我们将借此给出关于数列收敛性的又一重要的定理.

四、Weierstrass 定理

先引入子列的概念.

定义 4.2　设 $\{x_n\}$ 是一个数列，而

$$n_1 < n_2 < \cdots < n_k < n_{k+1} < \cdots$$

是一个严格单调增加的正整数数列，则

$$x_{n_1}, \ x_{n_2}, \ \cdots, \ x_{n_k}, \ \cdots$$

也是一个数列, 称为 $\{x_n\}$ 的子列, 记为 $\left\{x_{n_k}\right\}$.

简单地说, 子列就是从原数列中, 按原顺序挑出一系列无穷多个元素而形成的数列. 一个数列可以有无限个子列; 其中两个重要而特殊的子列是奇子列 $\{x_{2k+1}\}$ 和偶子列 $\{x_{2k}\}$. 显然, 大致可以说, 数列和其子列的关系基本类似于**全体和部分**的关系, 因此, 引入子列的概念, 就是利用部分与全体的关系, 通过子列考察原数列的敛散性.

数列与子列的下标关系: $n_k \geqslant k$; $n_j \geqslant n_k, \forall j \geqslant k$.

下面考察数列及其子列收敛性的关系.

首先, 利用数列极限的几何意义, 很容易了解到**数列收敛和子列收敛的差别**: 若 $\{x_n\}$ 收敛于 a, 则, 从第 N 项以后, $\{x_n\}$ 所有的项都落在 $U(a,\varepsilon)$ 内, 因而, $U(a,\varepsilon)$ 外至多有数列的有限项; 而子列 $\left\{x_{n_k}\right\}$ 收敛于 a, 则原数列 $\{x_n\}$ 中, 必有无穷多项落在 $U(a,\varepsilon)$ 内, 此时, $U(a,\varepsilon)$ 外也可能有数列 $\{x_n\}$ 的无穷多项. 这是数列收敛和子列收敛在几何意义上的差别.

另一方面, 数列和子列又相互联系, 因而, 收敛性也应该有一定的关系, 由于数列和子列有全体和部分的关系, 我们可以利用部分与全体的关系, 讨论二者敛散性的关系.

定理 4.4　设 $\{x_n\}$ 收敛于 a, 则其任何子列 $\left\{x_{n_k}\right\}$ 不仅收敛且都收敛于 a.

证明　由于 $\lim\limits_{n\to+\infty} x_n = a$, 则对 $\forall \varepsilon > 0$, 存在 N, 使当 $n>N$ 时, 有
$$\left|x_n - a\right| < \varepsilon;$$
取 $K > N$, 当 $k > K$ 时, $n_k > K > N$, 故
$$\left|x_{n_k} - a\right| < \varepsilon,$$
因而, $\left\{x_{n_k}\right\}$ 也收敛于 a.

定理 4.4 的逆也成立.

定理 4.5　如果 $\{x_n\}$ 的所有子列都收敛于同一个极限 a, 则必有 $\{x_n\}$ 收敛于 a.

结构分析　题型的结构: 题目中暗含任意性条件 "任意子列都收敛于同一个极限", 对含有任意性条件的题目, 常用的处理方法是反证法: 构造出一个反例"一个不收敛于 a 的子列". 当然, 利用部分与全体的逻辑关系也可以确定用反证法证明的思路.

证明　若 $\{x_n\}$ 不收敛于 a, 则存在 $\varepsilon_0 > 0$, 使得对任意的 N, 都存在 $n > N$, 成立 $|x_n - a| > \varepsilon_0$.

因而, 取 $N = 1$, 存在 $n_1 > 1$, 使

$$\left|x_{n_1} - a\right| > \varepsilon_0 ;$$

取 $N = 2$，存在 $n_2 > 2$，使

$$\left|x_{n_2} - a\right| > \varepsilon_0 ;$$

如此下去，对任意的正整数 k，取 $N = k$，存在 $n_k > k$ 使

$$\left|x_{n_k} - a\right| > \varepsilon_0 ;$$

由此，构造了点列 $\{x_{n_k}\}$ 不收敛于 a，矛盾.

总结　再次强调证明过程中利用任意性条件构造子列的方法.

在所有的子列中有两个特殊的子列：奇子列和偶子列，也决定了二者的具有特殊的性质.

定理 4.6　如果 $\{x_n\}$ 的奇子列 $\{x_{2n+1}\}$ 和偶子列 $\{x_{2n}\}$ 都收敛于同一个极限 a，则必有 $\{x_n\}$ 收敛于 a.

此定理的证明与定理 4.5 类似，我们略去证明.

定理 4.6 的作用常用来证明数列极限的不存在性.

推论 4.1　若存在 $\{x_n\}$ 的两个子列 $\left\{x_{n_k}^{(1)}\right\}$，$\left\{x_{n_k}^{(2)}\right\}$ 分别收敛于不同的极限，则 $\{x_n\}$ 必发散.

例 8　证明 $\{\cos n\pi\}$ 和 $\left\{\sin \dfrac{n\pi}{4}\right\}$ 都不收敛.

证明　记 $x_n = \cos n\pi$，$y_n = \sin \dfrac{n\pi}{4}$，则由于

$$x_{2k} = \cos 2k\pi = 1 ,\quad x_{2k+1} = \cos(2k+1)\pi = -1 ,$$

因而，$\{\cos n\pi\}$ 不收敛.

类似，由于

$$y_{4k} = \sin k\pi = 0 ,\quad y_{8k+2} = \sin\left(2k + \frac{1}{2}\right)\pi = 1 ,$$

因而，$\left\{\sin \dfrac{n\pi}{4}\right\}$ 不收敛.

现在，我们回答前面提出的问题.

定理 4.7 (Weierstrass 定理)　有界数列 $\{x_n\}$ 必有收敛子列.

结构分析　条件分析：定理的条件非常简单，就是数列的有界性，即存在正常数 M，使得 $|x_n| \leqslant M$，或者 $-M \leqslant x_n \leqslant M$．结论分析：从目前掌握的理论来看，要证明一个数列或子列收敛，可以利用的工具有定义、两边夹定理和单调有界收敛

定理, 定义法需要知道极限值, 两个定理的条件也很强, 从所给的条件看, 可以利用的用于证明收敛性的信息很少, 上述工具基本上不能直接用于本定理的证明.

当从条件和结论的分析很难直接形成证明思路时, 可以换一种思考方式, 从研究定理的**必要条件**入手, 先证明一个较弱的结论, 寻找证明的思路, 这也是常用的科研思想. 因此, 我们假设结论成立, 即假设存在收敛的子列, 挖掘一下在此条件下数列的信息, 从此信息入手, 确立证明的思路.

从"存在一个收敛的子列"中可以挖掘出多种形式的信息, 但是, 不管具体到哪个子列收敛, 都意味着：存在一个点, 使得在此点的任意邻域内有该数列的无穷多项, 这是子列收敛的一个**必要条件**, 其结构特征是某点应具有的局部性质; 因此, 我们可以先证明一个较弱的结论—子列收敛的必要条件成立, 显然, 这样的要求比用定义和各种定理证明子列的收敛性要弱, 更容易满足或解决, 因此, 我们先解决低层次的较弱的结论.

从必要条件的证明来看, 是要证明某一点附近的局部性质, 由我们目前所掌握的工具和所给的条件看, 符合闭区间套定理作用对象的特征, 因此, 可以考虑用闭区间套定理来证明, 这就要求构造出闭区间套, 使每个闭区间满足要求——含有数列的无穷多项, 这是构造闭区间套的原则, 因而, 要根据这个原则构造闭区间套.

构造闭区间套的方法常用的有**等分法**, 即先构造满足要求的一个闭区间, 对这个区间进行不同形式的等分, 如二等分、三等分等, 从中选择一个满足要求的区间, 然后再等分, 再选择, 如此下去, 可以构造出闭区间套, 从而将一个在闭区间上成立的性质推广到在闭区间套"套"住的某一点的附近成立, 这个被套住的点就是要寻找的收敛子列的极限.

将上述分析总结形成技术路线：一是要用闭区间套证明此定理; 二是要用等分法构造闭区间套 $[a_n, b_n]$, 使得 $[a_n, b_n]$ 应满足局部性质——含有数列中无穷多项. 我们先构造大区间 $[a_1, b_1]$, 从所给的条件很容易做到这一点.

事实上, 从另外一个角度出发, 也利于思路的确定, 即换一个角度解读结论, 是要确定一个点, 使其为收敛子列的极限点, 因此, 要证明是一个点结论, 类比已知, 属于"点"定理的结论有 Dedekind 分割定理、闭区间套定理和单调有界收敛定理, 与所给条件类比, 可以确定用闭区间套定理证明.

证明 由于 $\{x_n\}$ 有界, 则存在 $[a, b]$, 使

$$a \leqslant x_n \leqslant b, \quad \forall n = 1, 2, \cdots,$$

二等分 $[a, b]$, 则 $\left[a, \dfrac{a+b}{2}\right]$ 和 $\left[\dfrac{a+b}{2}, b\right]$ 必然有一个含 $\{x_n\}$ 的无穷多项, 记为 $[a_1, b_1]$, 二等分 $[a_1, b_1]$, 则其子区间必有一个含 $\{x_n\}$ 无穷多项, 记为 $[a_2, b_2]$, 如

此下去, 构造闭区间列 $\{[a_n, b_n]\}$, 满足条件:

1) $\{[a_n, b_n]\}$ 是闭区间套;

2) 对任意的 n, $[a_n, b_n]$ 都具有共同的性质: 含有 $\{x_n\}$ 中无穷多项.

由闭区间套定理, 存在唯一的点 ξ, 使

$$\lim_{n \to +\infty} a_n = \lim_{n \to +\infty} b_n = \xi.$$

下面证明, ξ 正是某个子列的极限, 这就需要构造相应的子列, 注意到点 ξ 的性质: $\{a_n\}$ 单调递增、$\{b_n\}$ 单调递减收敛于 ξ, 且 $a_n \leqslant \xi \leqslant b_n$, 可以设想, 构造的子列 $\{x_{n_k}\}$ 只需满足 $a_k \leqslant x_{n_k} \leqslant b_k$, 即从区间套的每个区间中取点即可. 而任意性也是构造的出发点之一, 闭区间套所满足的第二条中就隐含有任意性, 从此条件中构造子列, 即在 $[a_1, b_1]$ 中任取一项 x_{n_1}, 由闭区间套构造的性质, 在 $[a_2, b_2]$ 中, 总含有 x_{n_1} 之后的无穷多项, 从中取出一项记为 x_{n_2}, 且 $n_2 > n_1$, 如此下去, 可构造子列 $\{x_{n_k}\}$ 且 $a_k \leqslant x_{n_k} \leqslant b_k$, 使得 $\lim\limits_{n \to +\infty} x_{n_k} = \xi$.

定理的抽象总结 1)从证明中可看出, 收敛子列不唯一.

利用后续课程《泛函分析》中的聚点概念更容易看到 Weierstrass 定理的本质. 为此, 我们引入聚点的定义.

给定数列 $\{x_n\}$ 和实数 a, 若对任意的 $\varepsilon > 0$, $U(a, \varepsilon)$ 中都含有 $\{x_n\}$ 的异于 a 的点, 则称 a 为数列 $\{x_n\}$ 的聚点.

因此, 聚点就是收敛子列的极限点. Weierstrass 定理表明, 有界点列必有聚点, 但聚点不唯一.

2) 构造闭区间套的方法如二等分方法, 以后还有三等分法等, 同时还有掌握构造闭区间套的原则, 即具有共同的性质.

3) Weierstrass 定理又称紧性定理或致密性定理, 它将收敛性的证明转化为有界性条件的验证, 相对来说, 有界性条件更容易验证, 因此, 此定理是现代分析学中非常重要的结论.

当有界条件去掉时, 有较弱的结论.

定理 4.8 若 $\{x_n\}$ 无界, 则存在子列 $\{x_{n_k}\}$, 使 $\lim\limits_{n \to +\infty} x_{n_k} = \infty$.

结构分析 从定理结构看, 要证明的结论, 需要找到满足条件的子列, 需要把子列构造出来, 而条件中就含有任意性结构的条件(隐含在无界的定义中), 利用任意性条件构造子列是常用的思想方法, 由此确立了证明的思路.

证明 由于 $\{x_n\}$ 无界, 则 $\forall M > 0$, 存在 x_N 使

$$|x_N| > M,$$

因而, 取 $M=1$, 存在 x_{n_1}, 使得 $\left|x_{n_1}\right|>1$; 取 $M=2$, 存在 x_{n_2}, 使得 $\left|x_{n_2}\right|>2$; 如此下去, 对任意正整数 k, 取 $M=k$, 存在 x_{n_k}, 使得 $\left|x_{n_k}\right|>k$; 显然, 由此构造的子列 $\left\{x_{n_k}\right\}$, 满足 $\lim\limits_{n\to+\infty} x_{n_k}=\infty$.

例 9　若 $\{x_n\}$ 无界, 但不是无穷大量, 证明: 必存在两个子列 $\left\{x_{n_k}^{(1)}\right\}$ 和 $\left\{x_{n_k}^{(2)}\right\}$, 使得 $\left\{x_{n_k}^{(1)}\right\}$ 是无穷大量, 而 $\left\{x_{n_k}^{(2)}\right\}$ 收敛.

证明　由定理 4.7, 存在子列 $\left\{x_{n_k}^{(1)}\right\}$, 使得

$$\lim_{n\to+\infty} x_{n_k}^{(1)}=\infty .$$

下面, 构造第二个子列. 由于 $\{x_n\}$ 不是无穷大量, 因而, 存在 $M>0$, 对任意的 N, 都存在 $n_N>N$, 使得

$$\left|x_{n_N}\right|\leqslant M ,$$

因此, 取 $N=1$, 则存在 x_{n_1}, 使得 $\left|x_{n_1}\right|\leqslant M$; 取 $N=2$, 则, 存在 x_{n_2}, 使得 $\left|x_{n_2}\right|\leqslant M$; 如此下去, 对任意正整数 k, 取 $N=k$, 存在 x_{n_k}, 使得 $\left|x_{n_k}\right|\leqslant M$; 因而, 存在子列 $\left\{x_{n_k}\right\}$, 满足 $\left\{x_{n_k}\right\}$ 有界, 由 Weierstrass 定理, $\left\{x_{n_k}\right\}$ 存在子列, 也是原数列 $\{x_n\}$ 的子列 $\left\{x_{n_k}^{(2)}\right\}$, 使得 $\left\{x_{n_k}^{(2)}\right\}$ 收敛.

总结　1)通过定理和例题的证明, 掌握利用任意性条件构造子列的思想方法.
2) 准确把握无界和无穷大量的定义, 掌握这两个定义的区别.

五、Cauchy 收敛定理

我们继续研究数列的收敛性, 给出数列收敛性的判别准则.

我们已经掌握的判断数列收敛性的定理只有单调有界收敛定理. 但此定理只给出数列收敛的充分条件, 且单调性条件较强. 事实上, 更多的收敛数列并非单调, 因此, 这个定理虽好, 但是, 使用范围受限, 因此, 寻找判别数列收敛的充分必要条件非常有意义. Cauchy 收敛定理, 也称 Cauchy 收敛准则就是一个判别数列收敛的充分必要条件. 先引入一个基本概念.

定义 4.3　若 $\{x_n\}$ 满足: 对任意的 $\varepsilon>0$, 存在 N, 使得对任意的 $n,m>N$, 都成立

$$\left|x_n-x_m\right|<\varepsilon ,$$

称 $\{x_n\}$ 为基本列.

注　若称 $\left|x_n-x_m\right|$ 为数列 $\{x_n\}$ 的 Cauchy 片段, 其结构特征是具有任意两项差

的结构; 那么, 定义 4.3 中给出了基本列的结构特征, 简单来说就是充分远的 Cauchy 片段能够任意小.我们先揭示基本列的收敛性质.

引理 4.1　设 $\{x_n\}$ 为基本列, 若 $\{x_n\}$ 有一子列 $\{x_{n_k}\}$ 收敛于 a, 则 $\{x_n\}$ 也收敛于 a.

结构分析　题型结构: 抽象数列收敛性证明; 由于知道极限为 a, 类比已知, 可以确定用定义来证明; 具体方法: 已知条件的量化形式为 $|x_n - x_m| < \varepsilon$, $|x_{n_k} - a| < \varepsilon$, 要达到的结论为 $|x_n - a| < \varepsilon$, 比较三者的形式, 建立已知和未知的联系, 用已知控制未知的方法就是插项法.

证明　由于 $\{x_n\}$ 为基本列, 则对任意的 $\varepsilon > 0$, 存在 N_0, 使得对任意的 $n, m > N_0$, 都成立

$$|x_n - x_m| < \varepsilon.$$

又, $\{x_{n_k}\}$ 收敛于 a, 因而, 存在 $k_0 > N_0$, 当 $k > k_0$ 时, 成立

$$|x_{n_k} - a| < \varepsilon.$$

取 $N = \max\{N_0, n_{k_0}\}$, 则当 $n > N$ 时,

$$|x_n - a| < |x_n - x_{n_{k_0+1}}| + |x_{n_{k_0+1}} - a| < 2\varepsilon,$$

故, $\{x_n\}$ 收敛于 a.

抽象总结　1)引理 4.1 表明, 对基本列而言, 数列收敛性等价于子列收敛, 这是一个很好的结论, 因为找一个收敛的子列很容易, 只需说明数列是有界的即可.

2) 此引理也表明基本列是一类很好的数列. 事实上, 基本列就是收敛数列.

定理 4.9 (Cauchy 收敛定理(准则))　$\{x_n\}$ 收敛的充分必要条件是 $\{x_n\}$ 是基本列.

证明　假设 $\{x_n\}$ 收敛于 a, 则对 $\forall \varepsilon > 0$, 存在 N, 使 $n > N$ 时,

$$|x_n - a| < \frac{\varepsilon}{2},$$

故, 对任意的 $n, m > N$, 成立

$$|x_n - x_m| < |x_n - a| + |x_m - a| < \varepsilon,$$

因而, $\{x_n\}$ 是基本列.

反之, 假设 $\{x_n\}$ 是基本列. 先证数列的有界性.

对 $\varepsilon_0 = 1$, 则存在 $N_0 > 0$, 使 $n, m > N_0$ 时, 有

$$|x_n - x_m| < 1,$$

因而, 当 $n > N_0$ 时,

$$\left| x_n \right| \leqslant \left| x_n - x_{N_0+1} \right| + \left| x_{N_0+1} \right| < 1 + \left| x_{N_0+1} \right|,$$

故，取 $M = \max\left\{ \left| x_1 \right|, \cdots, \left| x_{N_0} \right|, \left| x_{N_0+1} \right| \right\} + 1$，则

$$\left| x_n \right| \leqslant M, \quad n = 1, 2, 3, \cdots,$$

因而，$\{x_n\}$ 有界. 由 Weierstrass 定理, 存在收敛子列 $\{x_{n_k}\}$, 设 $\{x_{n_k}\}$ 收敛于 a, 由引理 4.1, $\{x_n\}$ 收敛于 a.

抽象总结　1)此定理通过数列自身结构, 给出了判别数列敛散性的一个充要条件, 即可用于证明收敛性, 也可用于证明发散性, 是一个非常好的结论, 今后可以发现, 凡是有极限的地方都有对应的 Cauchy 收敛定理.

2) Cauchy 收敛定理的不同表达形式:

i) $\{x_n\}$ 收敛的充分必要条件是对任意的 $\varepsilon > 0$, 存在 N, 成立

$$\left| x_n - x_m \right| < \varepsilon, \quad \forall n, m > N.$$

ii) 由于 Cauchy 片段也可以表示为 $\left| x_{n+p} - x_n \right|$, $\forall p$, 此时, **定理形式**为: $\{x_n\}$ 收敛等价于对 $\forall \varepsilon > 0$, 存在 N, 对任意的 $n > N$, 成立

$$\left| x_{n+p} - x_n \right| < \varepsilon, \quad \forall p.$$

注意结论中各个量的前后顺序, 这种顺序表明了各量间的逻辑关系, 还应要特别注意 p 的任意性和独立性.

结构分析　从结构上看, **放大法**同样可以用于 Cauchy 收敛定理以证明数列的收敛性, 此时需要对 Cauchy 片段放大处理, 得到如下形式的界: 当 $m > n$ 时,

$$\left| x_n - x_m \right| < \cdots < G(n),$$

其中 $G(n)$ 满足单调递减收敛于 0.

对第二种形式的 Cauchy 片段, 放大过程为

$$\left| x_{n+p} - x_n \right| < \cdots < G(n), \quad \forall p$$

其中 $G(n)$ 满足同样的条件.

Cauchy 收敛定理的逆否命题在证明数列发散时经常用到.

推论 4.2　$\{x_n\}$ 发散的充分必要条件为存在 $\varepsilon_0 > 0$, 对任意的 N, 存在 $n, m > N$ 满足

$$\left| x_n - x_m \right| > \varepsilon_0.$$

用此推论证明数列不收敛时, **采用与放大法相反的过程**, 即

$$\left| x_n - x_m \right| \geqslant \cdots \geqslant G(n, m),$$

通过选择 n 和 m 的适当的关系, 使得

$$G(n, m) \geqslant \varepsilon_0 > 0.$$

例 10　设 $\{x_n\}$ 满足压缩条件

$$\left|x_{n+1} - x_n\right| < k\left|x_n - x_{n-1}\right|,$$

其中 $0 < k < 1$, 证明 $\{x_n\}$ 收敛.

结构分析　条件分析: 已知条件形式为数列的结构特征, 即相邻两项差的估计, 我们知道, 由相邻两项差可以得到任意两项的差, 而通过任意两项的差证明收敛性的工具就是 Cauchy 收敛准则.

证明　由条件得

$$\left|x_{n+1} - x_n\right| < \cdots < k^{n-1}\left|x_2 - x_1\right|,$$

故, 对任意的 n 和 p, 考察 Cauchy 片段.

记 $M = \dfrac{1}{(1-k)k}\left|x_2 - x_1\right|$, 则

$$\begin{aligned}
\left|x_{n+p} - x_n\right| &\leqslant \left|x_{n+p} - x_{n+p-1}\right| + \left|x_{n+p-1} - x_{n+p-2}\right| + \cdots + \left|x_{n+1} - x_n\right| \\
&\leqslant (k^{n+p-2} + \cdots + k^{n-1})\left|x_2 - x_1\right| \\
&= k^{n-1}\frac{1-k^p}{1-k}\left|x_2 - x_1\right| \leqslant Mk^n,
\end{aligned}$$

故, 对任意 $\varepsilon > 0$, 取 $N > \dfrac{\ln\dfrac{\varepsilon}{M}}{\ln k}$, 则当 $n > N$ 时,

$$\left|x_{n+p} - x_n\right| < \varepsilon, \quad \forall p,$$

故, 数列 $\{x_n\}$ 收敛.

看一个发散的例子.

例 11　证明 $\{x_n\}$ 发散, 其中 $x_n = 1 + \dfrac{1}{2} + \cdots + \dfrac{1}{n}$.

分析　在例 6 中, 我们利用重要极限及其导出的不等式, 对此数列进行了详细的研究, 不仅证明了其发散性, 还得到了其发散的速度, 但是, 如果仅仅研究其发散性, 我们可以利用 Cauchy 收敛准则对其进行研究, 可以得到发散性结论.

证明　取 $\varepsilon_0 = \dfrac{1}{2}$, 则对 $\forall N$, 取 $n = 2m > m > N$,

$$|x_n - x_m| = \frac{1}{m+1} + \cdots + \frac{1}{n} \geqslant \frac{n-m}{n} = \frac{1}{2},$$

故, 数列 $\{x_n\}$ 发散.

通过这两个例子可以看到 Cauchy 收敛定理的重要作用, 但是, 一定要准确运用. 考察例 11 的下述证明.

对 $\forall \varepsilon > 0$, $p \in \mathbf{N}^+$, 取 $N = \left[\dfrac{p}{\varepsilon}\right] + 1$, 则 $n > N$ 时,

$$|x_{n+p} - x_n| = \frac{1}{n+1} + \cdots + \frac{1}{n+p} < \frac{p}{n+1} < \frac{p}{n} < \varepsilon,$$

因而, $\{x_n\}$ 收敛.

上述证明得到的结论与前述的结论矛盾, 应该是一个错误的结论, 表明证明过程有错, 那么, 错在什么地方? 错在量的逻辑关系和相互关系上. Cauchy 收敛定理要求逻辑关系为: 先给定 ε, 再确定 N, N 仅依赖于 ε, 然后说明 $n > N$ 时, 对任意独立的 p, 成立对应的 Cauchy 片段的估计. 但是, 上述证明过程中的逻辑关系是: 先给出 ε 和 p, 由此确定了 $N(\varepsilon, p)$, N 不仅依赖于 ε, 还依赖于 p, 这是不允许的, 是错误的, 因此, 下述的叙述也是错误:

$\{x_n\}$ 收敛等价于对任意的 $p \in \mathbf{N}^+$, $\forall \varepsilon > 0$, $\exists N > 0$ 当 $n > N$ 时, 成立 $|x_{n+p} - x_n| < \varepsilon$.

六、有限开覆盖定理

在数学分析中, 经常要求将局部性质在一定条件下推广成整体性质, 实现这一目标的有力工具就是有限开覆盖定理.

设集合 E 是由实轴上的区间组成的集合, 即 $E = \{I : I$ 为实数区间$\}$, I_0 为给定的区间.

定义 4.4　如果 $I_0 \subseteq \bigcup\limits_{I \in E} I$, 称 E 覆盖 I_0 或 E 是 I_0 的一个覆盖.

如 $E = \left\{\left(\dfrac{n-1}{n}, \dfrac{n}{n+1}\right) : n = 1, 2, \cdots\right\} \bigcup [1, 2]$, 则 E 覆盖 $[0, 2]$, 而

$$E = \left\{\left(\frac{n-1}{n}, \frac{n+1}{n+2}\right) : n = 1, 2, \cdots\right\}$$

覆盖 $(0, 1)$.

定义 4.5　若 $E = \{I : I$ 开区间$\}$, 且 $I_0 \subset \bigcup\limits_{I \in E} I$, 称 E 是 I_0 的一个开覆盖.

定理 4.10 (有限开覆盖定理)　设 E 是闭区间 $[a, b]$ 的一个开覆盖, 则可从 E 中选出有限个开区间 $\{I_1, I_2, \cdots, I_k\}$, 使 $[a, b] \subset \bigcup\limits_{i=1}^{k} I_i$.

结构分析　这是一个非常复杂的定理, 特别是它的证明, 因此, 在给出证明之前, 先分析一下定理的本质, 希望从中找到证明的思路.

从函数性质的成立范围来划分, 我们通常把函数的性质分为两类: 局部性质和整体性质. 可以逐点定义的性质称为局部性质, 因此, 局部性质可以在某一点

处验证是否成立, 如将要学习的函数的连续性和可微性等都是局部性质; 只能在某一区间上成立的性质称为函数在此区间上的整体性质, 如函数在某个区间上的有界性, 将要学习的一致连续性等都是整体性质. 有限开覆盖定理的本质就是在一定条件下, 将局部性质, 即每个开区间 $I \in E$ 上成立的性质, 通过有限覆盖, 推广到在闭区间 $[a, b]$ 成立. 因此, 涉及了局部性质到整体性质的转化. 这是有限开覆盖定理结论中所隐藏的数学思想.

那么, 类比已知, 在我们现已掌握的结论中, 哪一个定理是处理局部和整体关系的? 区间套定理虽然不是严格意义上的从整体到局部的处理工具, 但是, 它大致是一个将闭区间上成立的性质(相当于整体性质), 通过区间套, 使其在"套"住的点的附近成立相应的性质(局部性质), 因此, 可以将区间套定理视为一个粗略地从整体到局部性质的处理工具, 建立了某种程度上的整体与局部的关系, 这就和要证明的有限开覆盖定理关联起来了, 因此, 可以设想, 可以用闭区间套定理证明有限开覆盖定理, 但是, 注意到有限开覆盖定理是从"局部到整体", 而闭区间套定理是从"整体到局部", 因此, 可以考虑反证法, 即假设整体上不成立某个性质(或成立相反的性质), 通过闭区间套定理得到局部不成立某个性质(或成立相反的性质), 与所给的局部性质矛盾, 这就实现了定理的证明.

证明　反证法. 设 $[a,b]$ 不能被 E 有限开覆盖, 二等分 $[a,b]$ 得到两个子区间, 其中必有一个不能被 E 有限开覆盖, 记其为 $[a_1,b_1]$, 再二等分 $[a_1,b_1]$ 得到两个子区间, 其中必有一个不能被 E 有限覆盖, 记为 $[a_2,b_2]$, 如此下去, 得到 $\{[a_n,b_n]\}$, 使得 $\{[a_n,b_n]\}$ 是一个闭区间套, 即满足: $\forall n$, 成立

1) $[a_{n+1},b_{n+1}] \subseteq [a_n,b_n]$;

2) $b_n - a_n = \dfrac{b-a}{2^n}$;

3) 具有性质: $[a_n,b_n]$ 不能被 E 有限覆盖.

由闭区间套定理, 存在唯一的点 ξ 满足: 对任意的 n, $\xi \in [a_n,b_n]$, 且 $\lim\limits_{n\to\infty} a_n = \lim\limits_{n\to\infty} b_n = \xi$.

可以设想, 套住的点 ξ 是矛盾的焦点, 即在此点附近不成立条件——被有限覆盖, 但是, 很显然, 一个点能被一个区间覆盖, 即有限覆盖, 从而产生矛盾. 下面, 我们严格证明这一点.

又, 由于 $\xi \in [a,b]$, 且 $[a,b] \subset \bigcup\limits_{I \in E} I$, 则存在开区间 $I = (\alpha,\beta)$, 使 $\xi \in (\alpha,\beta)$, 故存在 $\varepsilon > 0$, 使 $(\xi-\varepsilon, \xi+\varepsilon) \subset (\alpha,\beta)$.

因为 $\lim\limits_{n\to+\infty} a_n = \lim\limits_{n\to+\infty} b_n = \xi$, 则存在 n, 使

$$\xi - \varepsilon < a_n < b_n < \xi + \varepsilon,$$

故,

$$[a_n, b_n] \subset (\xi - \varepsilon, \xi + \varepsilon) \subset (\alpha, \beta),$$

因而, $I = (\alpha, \beta)$ 覆盖了 $[a_n, b_n]$, 与其不能被 E 有限覆盖矛盾.

抽象总结 1)现在, 关联局部性质和整体性质的结论有两个: 闭区间套定理和有限开覆盖定理, 两者处理问题的方向相反. 2)有限开覆盖定理使用的条件是"每一点都具有某性质(P)", 利用有限开覆盖定理将性质(P)推广到闭区间上也成立. 3)有限开覆盖定理实现了将性质从局部(点)推广到整体(闭区间), 因此, 用有限开覆盖定理证明"点"定理时, 都使用反证法. 从这个意义上说, 有限开覆盖定理都是"点"定理的逆否命题. 4)从有限开覆盖定理应用看,其作用对象的特征是"局部性质到整体性质的推广"; 其处理问题的思想有些类似于归纳法: 把无限的验证转化为有限的验证过程. 我们知道, 在高等数学中, 研究的对象由有限推广到无限, 由此带来了很多不确定性, 如极限的运算法则就不能推广到无限和的运算, 将来还会遇到很多这样的性质, 如何保证这些性质? 有限开覆盖定理给出了解决办法. 事实上, 直观上看, 有限开覆盖定理也可以这样解读, 闭区间由无限多个点构成, 如果在每个点处成立某个性质, 将这些点累加起来得到整个闭区间, 由于无限和的复杂性, 一般来说, 在整个区间上这个性质不一定成立, 但是, 若能利用有限开覆盖定理, 则将无限和转化为有限和, 而性质对有限和总是成立的, 由此, 在整个区间上得到此性质. 5)尽管如此, 并非所有的性质都能由局部推广到整体, 要特别注意此定理成立的条件——有限闭区间; 在学习 Weierstrass 定理时, 特别提到闭区间具有非常好的性质——紧性, 满足对极限运算的封闭性, 此处, 再次体现了这一好的性质, 由此实现了将局部性质通过由无限叠加到有限叠加的思想得到整体性质.6) 此定理在开区间上不成立, 如

$$E = \left\{ \left(0, 1 - \frac{1}{n}\right) : n = 1, 2, \cdots \right\}, \quad I = (0,1),$$

则 E 覆盖 I, 但是, 不能实现有限覆盖.

七、实数系基本定理

前面几个小节, 介绍了一些基本定理,这些定理从不同的方面反映了实数系的性质, 因此, 这些定理统称为实数系基本定理, 这些定理包括: 确界存在定理、单调有界收敛定理、Weierstrass 定理、Cauchy 收敛定理、闭区间套定理和有限开覆盖定理. 从我们所给出的顺序及其证明过程看, 这些定理关系是

确界存在定理 ⇒ 单调有界收敛定理 ⇒ 区间套定理

$$\Rightarrow \begin{cases} \text{有限开覆盖定理,} \\ \text{Weierstrass定理} \Rightarrow \text{Cauchy收敛定理,} \end{cases}$$

进一步分析这些定理, 发现除有限开覆盖定理外, 其他都是"点"定理, 即用于确定满足某些要求的"点".

　　虽然我们给出一种推导的顺序关系, 事实上, 这些定理是相互等价的, 即从任何一个出发都能得到其他定理, 只是证明的难易程度不同, 这也是把它们称为实数系基本定理的原因. 因此, 我们可以从这些定理中任意选择一个作为出发点, 推出其他定理, 因此, 每一个都可以作为实数系的公理. 关于这些定理的本质、应用与它们之间的进一步关系和相互推导, 我们将在 2.5 节给出.

习　题　2.4

1. 设 X 是非负有界的实数集合, 令 $y = \{x^2 : x \in X\}$, 证明 $\sup Y = (\sup X)^2$.

2. 给定有上界的实数集合 X 和 Y, 令 $Z = \{x + y : x \in X, y \in Y\}$, 证明 $\sup Z = \sup X + \sup Y$.

3. 给定有界集合 X 和 Y, 若对任意的 $x \in X$ 和任意的 $y \in Y$, 都成立 $x \leqslant y$, 证明: $\sup X \leqslant \inf Y$.

4. 给定有界数列 $\{x_n\}$ 和 $\{y_n\}$, 证明

1) $\sup\{x_n + y_n\} \leqslant \sup\{x_n\} + \sup\{y_n\}$;

2) $\inf\{x_n + y_n\} \geqslant \inf\{x_n\} + \inf\{y_n\}$.

5. 设 $\{x_n\}$ 满足: $x_0 = 1$, $x_{n+1} = \sqrt{2x_n}$, 证明 $\{x_n\}$ 收敛并求其极限.

6. 设 $\{x_n\}$ 满足: $x_0 = 3$, $x_{n+1} = \dfrac{1}{2}\left(x_n + \dfrac{3}{x_n}\right)$, 1)预判 $\{x_n\}$ 的单调性;2)预判 $\{x_n\}$ 的界;3)证明 $\{x_n\}$ 收敛并计算其极限.

7. 设 $A>0$, $\dfrac{1}{2A} < x_1 < \dfrac{1}{A}$, $x_{n+1} = x_n(2 - Ax_n)$, 1)预判 $\{x_n\}$ 的单调性;2)预判 $\{x_n\}$ 的界;3)证明 $\{x_n\}$ 收敛并计算其极限.

8. 设 $\{x_n\}$ 有界但不收敛, 证明其必有两个收敛子列分别收敛于不同的极限.

9. 利用 Cauchy 收敛定理时, 研究对象是 Cauchy 片段, 其结构为数列的任意两项的差, 一般来说, 得到相邻两项的差相对容易, 由此, 利用相邻两项的差得到任意两项的差(差项方法)是 Cauchy 收敛准则常用的思路. 利用上述分析, 用 Cauchy 收敛定理证明题目 5、题目 6 和题目 7 中数列 $\{x_n\}$ 的收敛性(不必计算极限).

10. 讨论下列数列 $\{x_n\}$ 的收敛性.

1) $x_n = 1 - \dfrac{1}{2} + \dfrac{1}{3} - \dfrac{1}{4} + \cdots + (-1)^{n+1}\dfrac{1}{n}$;

2) $x_n = \begin{cases} 1 + \dfrac{1}{n}, & n = 2k, \\ \dfrac{1}{n^2}, & n = 2k+1 \end{cases}$ 　(提示：考察相邻两项的差);

3) $x_n = \dfrac{1}{\ln 2} + \dfrac{1}{\ln 3} + \cdots + \dfrac{1}{\ln n}$;

4) $x_n = 1 + \dfrac{1}{2^2} + \dfrac{1}{3^2} + \cdots + \dfrac{1}{n^2}$.

11. 证明: 对任意的 b, 方程 $x - a\sin x = b$ $(0 < a < 1)$ 有唯一解.

提示: 1)任取 x_0, 令 $x_n = b + a\sin x_{n-1}$; 2)$|\sin x| \leqslant |x|$.

12. 试用闭区间套定理证明确界存在定理.

13. 试用有限开覆盖定理证明单调有界收敛定理.

2.5　实数基本定理的等价性

在 2.4 中, 我们以确界存在定理为出发点, 给出了实数系的基本定理, 我们也曾经指出, 这些定理是等价的, 从任何一个出发都能得到其他定理, 本节, 我们通过一系列例题给出它们的等价性.

例 1　用 Cauchy 收敛定理证明闭区间套定理.

证明　设 $\big\{[a_n, b_n]\big\}$ 是一个闭区间套, 因而满足

1) $[a_{n+1}, b_{n+1}] \subset [a_n, b_n]$;

2) $\lim\limits_{n\to\infty}(b_n - a_n) = 0$.

由 1)得 $\{a_n\}$ 单调递增, $\{b_n\}$ 单调递减且 $a_n \leqslant b_n$, 因而, $\forall n > m$,

$$0 \leqslant a_n - a_m \leqslant b_n - a_m \leqslant b_m - a_m ,$$

由于 $\lim\limits_{m\to+\infty}(b_m - a_m) = 0$, 因而, $\{a_n\}$ 是基本列(Cauchy 列), 故, $\{a_n\}$ 收敛.

不妨设 $\lim\limits_{n\to\infty} a_n = \xi$. 又, $b_n = b_n - a_n + a_n$, 则 $\{b_n\}$ 也收敛, 且

$$\lim\limits_{n\to+\infty} b_n = \lim\limits_{n\to+\infty}(b_n - a_n) + \lim\limits_{n\to+\infty} a_n = \xi ,$$

再次利用 $\{a_n\}$ 和 $\{b_n\}$ 的单调性, 则 $a_n \leqslant \xi \leqslant b_n$.

例 2　用闭区间套定理证明确界存在定理.

结构分析　由题目的结构可知, 要证明确界存在定理是一个"点"定理, 而闭区间套定理的作用就是"套住"具有某个性质的点, 因而, 证明的思路很直接, 就是要论证用闭区间套所套住的点就应该是确界点, 为此, 构造闭区间套时, 必须要求每个闭区间都应该包含确界点, 这是构造闭区间套的原则. 那么, 如何构造区间包含确界点? 简单分析一下确界点的特性, 确界点实际上是一个分界点, 它将集合内和集合外的点分开, 因此, 包含确界点的闭区间同时应该包含集合内和集合外的点, 这是具体构造原则.

证明　设 S 是非空有上界的集合, 记 M 为 S 的一个严格上界, $\forall x \in S$, 即 $x < M$.

若 S 有最大值 $x_0 \in S$，则 x_0 为其上确界.

现设 S 无最大值，任取 $x_0 \in S$，则 $x_0 < M$，且 $[x_0, M]$ 必有 S 中的点.

因为 S 无最大值，因而必是无限集，满足上述要求的点存在. 我们之所以构造区间 $[x_0, M]$，还是为了满足构造原则：$[x_0, M]$ 既包含集合内的点，又包含集合外的点. 下面，通过对 $[x_0, M]$ 用等分法构造闭区间套，在等分后选择区间时，必须满足闭区间套**构造原则**和**要求**，即要选择组成闭区间套的区间必须满足这样的要求：区间内包含确界点，即右端点是集合的上界，左端点不是集合的上界.

二等分 $[x_0, M]$ 为 $\left[x_0, \dfrac{x_0 + M}{2}\right]$ 和 $\left[\dfrac{x_0 + M}{2}, M\right]$. 若 $\dfrac{x_0 + M}{2}$ 仍是集合的上界，则取 $[a_1, b_1] = \left[x_0, \dfrac{x_0 + M}{2}\right]$，否则，取 $[a_1, b_1] = \left[\dfrac{x_0 + M}{2}, M\right]$，即选择 $[a_1, b_1]$ 时是按如下原则选取的：使得 $[a_1, b_1]$ 满足：a_1 不是 S 的上界，b_1 是 S 的上界. 显然，$[a_1, b_1]$ 还具有性质：

1) $[a_1, b_1] \subset [x_0, M]$；

2) $b_1 - a_1 = \dfrac{M - x_0}{2}$.

这是闭区间套构成的要求. 再等分 $[a_1, b_1]$，仍按上述原则选择区间，如此下去，得到 $\{[a_n, b_n]\}$ 满足

1) $[a_{n+1}, b_{n+1}] \subset [a_n, b_n]$；

2) $b_n - a_n = \dfrac{M - x_0}{2^n} \to 0$；

3) a_n 不是 S 的上界，b_n 是 S 的上界.

前两条是闭区间套的要求，最后一条是本题包含确界的要求.

由 1), 2) 得，$\{[a_n, b_n]\}$ 是区间套，故存在唯一 ξ，使

$$\lim_{n \to +\infty} a_n = \lim_{n \to +\infty} b_n = \xi.$$

下证套住的点 ξ 就是 S 的上确界.

由于 b_n 是上界，因而

$$x \leqslant b_n, \quad \forall x \in S,$$

利用极限的保序性，则 $x \leqslant \xi$，故，ξ 是 S 的上界.

另外，由 3)，对 $\forall n$，存在 $x_n \in S$，使 $a_n < x_n < b_n$，故 $\lim_{n \to +\infty} x_n = \xi$，因此，对 $\forall \varepsilon > 0$，存在 N，使 $n > N$ 时，成立

$$\xi - \varepsilon < x_n < \xi,$$

所以，ξ 是 S 的上确界.

注 确界存在定理实际是实数系的连续定理, 表明实数系是连续的, 没有空隙. Cauchy 收敛定理表明实数系的基本点列必收敛, 这反映了实数系的完备性. 在 2.4 中, 我们由确界存在定理得到了 Cauchy 收敛定理, 表明由连续性得到完备性, 而上述两个例子表明由 Cauchy 收敛定理得到确界存在定理, 即由完备性得到连续性, 由此可得, 实数系的连续性和完备性是等价的.

为说明基本定理的等价性, 只需用有限覆盖定理证明确界存在定理或证明 Cauchy 定理. 二者都可以直接证明, 相对来说, 用有限开覆盖定理证明 Cauchy 收敛定理比较简单, 我们以此为例.

例 3 用有限开覆盖定理证明 Cauchy 收敛定理.

结构分析 从定理的结构看, 有限开覆盖定理常用于由局部性质导出整体性质(即每一点具有的某个局部性质, 利用有限开覆盖定理可以得到在被覆盖的闭区间上, 也具有相应的性质); 而 Cauchy 收敛定理是用于判断数列的收敛性, 将这种收敛性质转化为局部性质, 相当于确定一个点(数列的极限), 使得这个点为数列的极限点, 具有别的点不具备的性质, 显然, 这是一个局部性质, 由于有限开覆盖定理是将局部性质推广得到整体性质, 因此, 要用有限开覆盖定理证明 Cauchy 收敛定理必然要用反证法.

证明 反证法.

设 $\{a_n\}$ 是 Cauchy 列(先寻找被覆盖的区间, 此区间应包含 $\{a_n\}$ 及相应的极限点), 则 $\{a_n\}$ 有界, 设 $c < a_n < d$, 若 $\{a_n\}$ 不收敛, 则 $\forall x \in [c, d]$, x 都不是其极限, 因而, 存在 $\varepsilon_x > 0$, 使对任意的 N, 存在 $n > N$, 使 $|a_n - x| > \varepsilon_x$, 因此, 有无穷多项满足 $|a_n - x| > \varepsilon_x$.

记 $I_x = \left(x - \dfrac{\varepsilon_x}{4}, x + \dfrac{\varepsilon_x}{4} \right)$, 则 I_x 具性质: I_x 外有 $\{a_n\}$ 的无穷多项——这将是矛盾焦点.

令 $I = \{I_x : x \in [c, d]\}$, 则 I 是区间 $[c, d]$ 的开覆盖, 由有限开覆盖定理, 存在有限个开区间 $I_i, i = 1, 2, \cdots, k_0$, 使得

$$[c, d] \subset \bigcup_{i=1}^{k_0} I_{x_i},$$

取 $\varepsilon = \min\{\varepsilon_{x_1}, \cdots, \varepsilon_{x_{k_0}}\}$, 由于 $\{a_n\}$ 是 Cauchy 列, 因而, 存在 N, 使 $n > m > N$ 时,

$$|a_n - a_m| < \frac{\varepsilon}{4},$$

由于 $a_{N+1} \in [c, d] \subset \bigcup_{i=1}^{k_0} I_{x_i}$, 则存在 j_0, 使 $a_{N+1} \in I_{x_{j_0}}$, 即

$$\left| a_{N+1} - x_{j_0} \right| < \frac{\varepsilon_{x_{j_0}}}{4},$$

故, 当 $n > N+1 > N$ 时,

$$\left| a_n - x_{j_0} \right| < \left| a_n - a_{N+1} \right| + \left| a_{N+1} - x_{j_0} \right|$$

$$< \frac{\varepsilon}{4} + \frac{\varepsilon_{x_{j_0}}}{4} < \frac{\varepsilon_{x_{j_0}}}{2} < \varepsilon_{x_{j_0}},$$

这与有无穷多项满足 $\left| a_n - x_{j_0} \right| > \varepsilon_{x_{j_0}}$ 矛盾. 这就证明了结论.

　　有限开覆盖定理的应用是一个难点, 这个定理在后续的分析学中还会以其他结论的形式出现, 是分析学一个非常重要的结论, 要仔细分析和提炼这个定理的应用思想和方法.

　　由上述例 1~例 3, 结合 2.4 中定理之关系, 我们已经得到了基本定理的等价性, 由任何一个定理都可以证明其他定理, 如

　　有限开覆盖定理 $\Rightarrow$ Cauchy 定理 $\Rightarrow$ 闭区间套定理 $\Rightarrow$ 确界存在定理 $\Rightarrow$ 单调有界收敛定理;

　　闭区间套定理 $\Rightarrow$ Weierstrass 定理 $\Rightarrow$ Cauchy 定理.

　　由此得到基本定理的等价性.

习　题　2.5

1. 用有限开覆盖定理证明 Weierstrass 定理.
2. 用有限开覆盖定理证明 Cauchy 收敛定理.
3. 利用 Weierstrass 定理证明单调有界收敛定理.

第3章 函数的极限和连续性

函数是数学分析的主要研究对象, 函数的分析性质是研究的主要内容, 从本章开始, 我们以刚刚建立的极限理论为工具, 逐次展开对函数分析性质的研究. 本章, 我们研究函数最基本且最简单的性质——连续性.

3.1 函数的极限

为了将数列极限的定义推广至函数, 形成函数的极限定义, 我们首先对数列和函数进行对比分析, 对数列的极限进行结构分析.

从结构看, 数列也是一种函数, 是定义域为离散点集——正整数集的离散变量的函数; 我们从本章开始研究的函数, 通常是指定义域为实数点集——区间上的连续变量的函数; 其联系是, 二者都是函数; 区别是, 数列的定义域是离散点集, 函数的定义域是区间. 在实数轴上, 区间是连续充满了实数轴上的一段, 当然, 区间可以是有限的, 也可以是无限的, 可以是开的, 也可以是闭的或半开半闭的.

我们再分析一下极限. 从数列极限的定义中, 我们知道:极限是研究变量的变化趋势, 或更准确地说, 极限 $\lim\limits_{n \to +\infty} x_n = a$ 是研究当变量(自变量)趋向于某个位置, 即当 $n \to +\infty$ 时, 对应的因变量 x_n 的变化趋势; 从极限的表示形式 $\lim\limits_{n \to +\infty} x_n = a$ 中也可以看出, 极限由两部分构成, 刻画自变量变化过程的 $n \to +\infty$, 刻画因变量变化趋势的 $x_n \to a$. 用函数的语言对数列极限进行抽象, 极限就是研究自变量给定某个变化趋势时, 对应的函数的变化趋势; 当然, 两个变量的变化趋势都是一个无限接近但不可达的过程. 因此, 极限反映了两个变量变化过程中的联系, 自变量的变化过程为因, 因变量的变化趋势为果.

根据对数列极限的上述分析, 对数列 $x_n = f(n)$ 而言, 在任何有限的正整数上, 自变量 n 经过一个有限的过程就可达到, 不会产生一个无限趋近的过程, 因此, 自变量的离散性质使得自变量的无限趋近的过程只有一个, 即 $n \to +\infty$, 故, 对数列而言, 只能研究 $n \to \infty$ 时, $x_n = f(n)$ 的变化趋势, 即数列的极限只有一种形式. 对函数 $y = f(x)$ 而言, 自变量 x 通常取自一个连续的点集——区间, 由于实数具有连续性和稠密性, 对任何一个点, 不管是有限的点, 还是无限的 "点", 都可以有一个无限接近的过程, 而且, 可以以不同的方式趋近, 或从其中的一侧逼近, 或从两侧逼近, 当然, 自变量还可以趋向无穷远, 因而, 自变量的无限变化的过程有多种形式, 表示为: $x \to x_0$, $x \to x_0^+$, $x \to x_0^-$, $x \to +\infty$, $x \to -\infty$, $x \to \infty$ 的变化过程等, 在这些变化过程中, 都可以研究相应的函数的变化的趋势, 构成相应的极限, 即 $\lim\limits_{x \to x_0} f(x)$, $\lim\limits_{x \to x_0^+} f(x)$, $\lim\limits_{x \to x_0^-} f(x)$, $\lim\limits_{x \to +\infty} f(x)$, $\lim\limits_{x \to -\infty} f(x)$, $\lim\limits_{x \to \infty} f(x)$. 因此, 我们需要将数列极限的定义推广到上述各种函数的极限形式上.

为了将极限概念进行推广, 我们进一步分析数列极限定义的"ε-N"语言结构, 定义中的核心语言可以分为两部分: 1)存在正整数 N, 对任意的 $n > N$; 2)成立 $|x_n - a| < \varepsilon$. 正是这两部分分别刻画了两个变量的变化过程, 即 $n \to +\infty$ 和 $x_n \to a$, 把这种语言移植到函数, 就得到函数极限的定义, 当然, 还有一个细节需要注意到: 正如数列取不到 $n = +\infty$ 处的值一样, 在讨论函数极限时, 在自变量的极限点处, 不要求函数在此点有定义.

利用上述分析, 就可以把数列的极限定义推广到函数, 形成各种形式的函数极限.

一、函数极限的各种定义

1. 正常极限

1) 函数在有限点处的极限——形如 $\lim\limits_{x \to x_0} f(x) = A$ 的极限.

给定函数 $y = f(x)$, 设 $y = f(x)$ 在 x_0 的某个去心邻域 $x \in \overset{\circ}{U}(x_0, r)$ 内有定义, A 是给定的实数.

类比数列的极限定义, 要定义极限 $\lim\limits_{x \to x_0} f(x) = A$ 需要刻画两个变化过程: $x \to x_0$ 和 $f(x) \to A$ 及二者的逻辑关系, 因此, 将数列极限的定义进行类比修改即可给出此函数极限的定义.

定义 1.1 若对任意的 $\varepsilon > 0$, 存在 $\delta: r > \delta > 0$, 使得对任意满足 $0 < |x - x_0| < \delta$ 的 x, 都成立

$$|f(x) - A| < \varepsilon,$$

则称当 x 趋近于 x_0 时, $f(x)$ 在 x_0 点存在极限, A 称为 $f(x)$ 在点 x_0 处的极限, 也称当 x 趋近于 x_0 时, $f(x)$ 收敛于 A, 记为 $\lim\limits_{x \to x_0} f(x) = A$, 或 $f(x) \to A(x \to x_0)$.

函数极限是数列极限的平行推广, 定义中各个量的含义和数列极限定义中的含义相同.

由定义知, 考察 $f(x)$ 在 x_0 点的极限时, $f(x)$ 在 x_0 点不一定有定义.

函数极限的**几何意义**：$\lim\limits_{x \to x_0} f(x) = A$ 等价

于 $x \in \overset{\circ}{U}(x_0, \delta)$ 时，$f(x) \in U(A, \varepsilon)$ (图 3-1).

有了上述定义，很容易将其推广到其他
函数极限形式.

2) 函数有限点处的单侧极限——形如

$\lim\limits_{x \to x_0^+} f(x) = A$ 的函数极限.

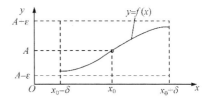

图 3-1　函数极限的几何意义

考察变量 x 从 x_0 的某一侧趋于 x_0 时函数的极限行为.

定义 1.2　设函数 $f(x)$ 在 $(x_0, x_0 + r)$ 内有定义，A 是给定的实数，若对任意的 $\varepsilon > 0$，存在 $\delta : r > \delta > 0$，使得对任意的 $x: 0 < x - x_0 < \delta$，都成立

$$\left| f(x) - A \right| < \varepsilon,$$

称 A 为 $f(x)$ 在 x_0 点的右极限，记为 $\lim\limits_{x \to x_0^+} f(x) = A$ ($f(x_0 + 0) = A$ 或 $f(x_0+) = A$ 或 $f(x) \to A (x \to x_0^+)$)，此时也称 $f(x)$ 在 x_0 点的右极限存在.

类似可以定义左极限 $\lim\limits_{x \to x_0^-} f(x) = A$ ($f(x_0 - 0) = A$ 或 $f(x_0-) = A$ 或 $f(x) \to A (x \to x_0^-)$). 函数的左、右极限统称为单侧极限.

3) 函数在无穷远处的极限.

若函数的定义域是一个无限的区间，还可以定义函数在无穷远处的极限，先给出函数在正无穷远处的极限.

定义 1.3　设函数 $f(x)$ 在 $(a, +\infty)$ 内有定义，A 为给定的实数，若对任意的 $\varepsilon > 0$，存在 $G > 0$，当 $x > G$ 时，成立

$$\left| f(x) - A \right| < \varepsilon,$$

称 A 为 $f(x)$ 在正无穷远处的极限，记为 $\lim\limits_{x \to +\infty} f(x) = A$，或 $f(x) \to A (x \to +\infty)$，此时也称 $f(x)$ 在正无穷远处的极限存在.

类似地，可以定义 $\lim\limits_{x \to -\infty} f(x) = A$.

除了上述两种形式的无穷远处的极限定义外，还有一种无穷远处的极限定义，即函数 $f(x)$ 的定义域为 $|x| \geqslant a > 0$，此时可以考虑 $|x| \to +\infty$ 时函数的极限行为.

定义 1.4　设函数 $f(x)$ 在 $|x| \geqslant a$ 内有定义，A 为给定的实数，若对任意的 $\varepsilon > 0$，存在 $G > 0$，对任意的 $|x| > G$ 都成立

$$\left| f(x) - A \right| < \varepsilon,$$

称 A 为 $f(x)$ 在无穷远处的极限，也称 $f(x)$ 在无穷远处的极限存在，记为 $\lim\limits_{x \to \infty} f(x) = A$，或 $f(x) \to A (x \to \infty)$.

由定义 1.4，$\lim\limits_{x \to \infty} f(x) = A$ 等价于 $\lim\limits_{|x| \to +\infty} f(x) = A$．

2．非正常极限——极限为无穷的情况

除了上述函数极限为有限值 A 的情形外，类似于数列的无穷大量，还可以引入极限为无穷的函数极限形式，即函数的无穷大量．我们只以 $\lim\limits_{x \to x_0} f(x) = +\infty$ 为例给出具体的定义．

定义 1.5　若对 $\forall G > 0$，存在 $\delta: r > \delta > 0$，使得对任意满足 $0 < |x - x_0| < \delta$ 的 x，成立

$$f(x) > G,$$

则称 $f(x)$ 在 x_0 点发散至正无穷，借用极限符号记为 $\lim\limits_{x \to x_0} f(x) = +\infty$，也称当 x 趋近于 x_0 时，$f(x)$ 趋向于(发散至) $+\infty$，简记为 $f(x) \to +\infty$ ($x \to x_0$)．

特别注意，定义 1.5 给出的情形实际是函数极限不存在的一种特殊情况，也是极限理论研究的内容之一，因此，借用极限定义和符号给出了特别的定义和记号．发散到 $-\infty$ 和 ∞ 的情形可以类似定义，我们就不再一一给出．

有了函数极限的上述定义，可以引入无穷小量和无穷大量．

定义 1.6　若 $\lim\limits_{x \to x_0} f(x) = 0$，称 $f(x)$ 为 $x \to x_0$ 时的无穷小量．

定义 1.7　若 $\lim\limits_{x \to x_0} f(x) = +\infty$，称 $f(x)$ 为 $x \to x_0$ 时的正无穷大量．

类似地，可以引入负无穷大量和无穷大量．

上述各种极限的定义表明：由于函数结构的特性，函数极限有多种形式，但是，就极限定义的结构而言，都是用数学语言刻画两个过程，将这两个过程总结如下．

函数极限过程的定义表述为

$f(x) \to A$(有限)：$\forall \varepsilon > 0$，成立 $|f(x) - A| < \varepsilon$；

$f(x) \to +\infty$：$\forall G > 0$，成立 $f(x) > G$；

$f(x) \to -\infty$：$\forall G > 0$，成立 $f(x) < -G$；

$f(x) \to \infty$：$\forall G > 0$，成立 $|f(x)| > G$．

变量的变化过程定义表述为

$x \to x_0$：存在 $\delta > 0$，对任意满足 $0 < |x - x_0| < \delta$ 的 x；

$x \to x_0^+$：存在 $\delta > 0$，对任意满足当 $0 < x - x_0 < \delta$ 的 x；

$x \to x_0^-$：存在 $\delta > 0$，对任意满足 $0 < x_0 - x < \delta$ 的 x；

$x \to +\infty$：存在 $G > 0$，对任意满足 $x > G$ 的 x；

$x \to -\infty$：存在 $G > 0$，对任意满足 $x < -G$ 的 x；

$x \to \infty$($|x| \to +\infty$)：存在 $G > 0$，对任意满足 $|x| > G$ 的 x；

任意一个自变量的变化过程和函数的极限过程结合, 都可组成一类函数的极限形式, 如定义下列极限:

$\lim\limits_{x \to \infty} f(x) = +\infty$: $\forall G > 0, \exists N$, 当 $|x| > N$ 时, 成立 $|f(x)| > G$;

$\lim\limits_{x \to \infty} f(x) = -\infty$: $\forall G > 0, \exists N$, 当 $|x| > N$ 时, 成立 $|f(x)| < -G$;

$\lim\limits_{x \to +\infty} f(x) = \infty$ (等价于 $\lim\limits_{x \to +\infty} |f(x)| = +\infty$);

$\lim\limits_{x \to -\infty} f(x) = \infty$ (等价于 $\lim\limits_{x \to -\infty} |f(x)| = +\infty$);

$\lim\limits_{x \to \infty} f(x) = \infty$ (等价于 $\lim\limits_{|x| \to +\infty} |f(x)| = +\infty$).

由此看出, 函数极限的多样性和复杂性. 同样, 由定义可知, 函数极限仍是局部性定义.

二、极限定义的应用

引入函数极限, 首要的目标仍是函数极限的计算. 按照数学理论的构建规律, 定义只能用于研究最简单结构的对象. 因此, 我们首先利用定义计算简单函数的极限, 为计算更一般的函数极限做准备.

从结构看, 由于类似数列极限, 因此, 用定义证明极限结论时, 通常用放大法 (用以证明正常极限的情形)和缩小法(用于处理非正常极限的情形), 使用这种方法时, **关键的步骤是从刻画函数极限的控制项中分离出刻画自变量变化过程的量**, 以 $\lim\limits_{x \to x_0} f(x) = A$ 为例, 描述函数极限的控制项为 $|f(x) - A|$, 刻画自变量变化过程的量为 $|x - x_0|$, 此时, 放大法的主要目的是通过对 $|f(x) - A|$ 的放大, 从中分离出 $|x - x_0|$, 放大过程和思想体现在如下表达式中:

$$|f(x) - A| \leqslant \cdots \leqslant G(|x - x_0|) \leqslant G(\delta) \to 0 \quad (x \to x_0),$$

其中, $G(t)$ 应满足两条原则:

1) 它是非负的单调递增函数, 因而, 保证了 "当 $|x - x_0| < \delta$ 时, 成立 $G(|x - x_0|) \leqslant G(\delta)$", 实现了控制变量由 x 向 δ 的转变;

2) $G(\delta) \to 0(\delta \to 0)$, 因而, 才可能实现最终的控制 $G(\delta) < \varepsilon$; 在满足上述两条必须的性质外, 一般来说, 还要求 $G(t)$ 的形式最简, 通常其形式为

$$G(t) = M \cdot t^{\alpha}, \quad \alpha > 0.$$

和数列的放大法相比, 放大思想是相同的, 这是二者的共性; 但是, 由于函数极限形式的多样性, 也有形式上的区别, 因而, 放大过程中分离出的因子形式也不同, 这是二者的相异性. 对数列而言, 自变量的变化过程是 $n \to +\infty$, 刻画形式是 $n > N$, 因而, 放大过程中分离出的因子是 n, 对函数极限 $\lim\limits_{x \to x_0} f(x) = A$ 而言,

自变量的变化过程是 $x \to x_0$, 刻画形式是 $|x-x_0| < \delta$, 因而, 放大过程中分离出的因子是 $|x-x_0|$, 用于揭示自变量的变化过程对函数变化趋势的影响. 同样, 对函数极限 $\lim\limits_{x \to \infty} f(x) = A$, 自变量的变化过程是 $x \to \infty$ 或 $|x| \to +\infty$, 因此, 放大过程中分离的量应该是 $|x|$, 所以, 对不同形式的函数极限, 自变量变化过程的量的形式也不相同, 放大或缩小过程中分离出的量的形式也不同, 要注意不同形式的区别.

例 1　证明 $\lim\limits_{x \to 1} \dfrac{x(x-1)}{x^2-1} = \dfrac{1}{2}$.

结构分析　题型为函数的正常极限结论的验证; 类比已知, 只有定义可用; 确定思路, 用定义验证; 具体方法应该用放大法. 放大对象为刻画函数极限的量 $|f(x)-A| = \left| \dfrac{x(x-1)}{x^2-1} - \dfrac{1}{2} \right|$; 从中要分离的项为刻画变量变化的量 $|x-x_0| = |x-1|$; 放大过程中, 要注意去掉绝对值号, 化简等要求, 要注意利用预控制技术甩掉无关因子等; 具体过程中, 由于 $\left| \dfrac{x(x-1)}{x^2-1} - \dfrac{1}{2} \right| = \dfrac{|x-1|}{2|x+1|}$, 因此, 要从右端分离因子 $|x-1|$, 必须处理分母, 即要求 $|x+1|$ 有严格正下界. 为达到此目的, 用到和数列理论中相同的预先控制技术, 需预先控制变量 x, 如可以预控制 $0 < |x-1| < 1$, 相当于定义中取 $r=1$, 此时, $|x+1| > 1$, 因而 $\dfrac{1}{2|x+1|} < \dfrac{1}{2}$, 则

$$\left| \frac{x(x-1)}{x^2-1} - \frac{1}{2} \right| = \frac{|x-1|}{2|x+1|} \leqslant \frac{1}{2}|x-1| < |x-1|,$$

达到分离因子的目的, 从过程中可以看出取 $\delta = \min\{1, \ \varepsilon\}$ 的原因.

证明　对 $\forall \varepsilon > 0$, 取 $\delta = \min\{1, \ \varepsilon\}$, 则当 x 满足 $0 < |x-1| < \delta$ 时, 有

$$\left| \frac{x(x-1)}{x^2-1} - \frac{1}{2} \right| = \frac{|x-1|}{2|x+1|} \leqslant \frac{1}{2}|x-1| < |x-1| < \varepsilon,$$

故, $\lim\limits_{x \to 1} \dfrac{x(x-1)}{x^2-1} = \dfrac{1}{2}$.

在证明过程中, 对 x 的限制要保证 x 落在函数的定义域内.

例 2　用定义证明 $\lim\limits_{x \to \infty} \dfrac{2x+1}{3x+1} = \dfrac{2}{3}$.

结构分析　题型为无穷远处的正常极限验证, 仍用放大法, 由于自变量的变化趋势为 $x \to \infty$, 类比定义, 放大过程中分离的变量因子形式为 $|x|$.

证明　对 $\forall \varepsilon > 0$, 取 $G = \dfrac{1}{6\varepsilon}$, 则当 $|x| > G$ 时,

$$\left|\frac{2x+1}{3x+1}-\frac{2}{3}\right|=\frac{1}{3}\cdot\frac{1}{|3x+1|}\leqslant\frac{1}{3}\cdot\frac{1}{3|x|-1}$$

$$\leqslant\frac{1}{3}\cdot\frac{1}{2|x|}=\frac{1}{6|x|}<\varepsilon,$$

故，$\lim\limits_{x\to\infty}\dfrac{2x+1}{3x+1}=\dfrac{2}{3}$.

例 3　证明 1)$\lim\limits_{x\to 0}\mathrm{e}^x=1$;　　2)$\lim\limits_{x\to 1}\ln x=0$.

结构分析　1)题型结构是正常极限，应该用放大法，由于控制对象$\left|\mathrm{e}^x-1\right|$已经是最简单结构了，不能再放大了，只能直接转化为等价的不等式进行求解，即，对$\forall\varepsilon>0$，要使$0<|x-0|<\delta$时，有

$$\left|\mathrm{e}^x-1\right|<\varepsilon,$$

等价于

$$1-\varepsilon<\mathrm{e}^x<1+\varepsilon,$$

为从上述不等式中计算出 x，利用 $\ln x$ 关于 $x>0$ 单调递增性，上式等价于

$$\ln(1-\varepsilon)<x<\ln(1+\varepsilon),$$

要使上式成立，只需

$$|x|<\min\{|\ln(1-\varepsilon)|,\ \ln(1+\varepsilon)\}.$$

由此确定了 δ 只需满足的条件：

$$\delta<\min\{-\ln(1-\varepsilon),\ln(1+\varepsilon)\}.$$

2) 的结构分析类似.

证明　1)对$\forall\varepsilon>0$，取$\delta=\dfrac{1}{2}\min\{-\ln(1-\varepsilon),\ln(1+\varepsilon)\}>0$，则

$$\delta<\frac{1}{2}\ln(1+\varepsilon)<\ln(1+\varepsilon),$$

且

$$\delta<\frac{1}{2}\left|\ln(1-\varepsilon)\right|<\left|\ln(1-\varepsilon)\right|=-\ln(1-\varepsilon),$$

即$-\delta>\ln(1-\varepsilon)$，因而，当 x 满足 $0<|x|<\delta$ 时，成立

$$1-\varepsilon=\mathrm{e}^{-\ln(1-\varepsilon)}<\mathrm{e}^{-\delta}<\mathrm{e}^x<\mathrm{e}^\delta<\mathrm{e}^{\ln(1+\varepsilon)}=1+\varepsilon,$$

故

$$\left|\mathrm{e}^x-1\right|<\varepsilon,$$

因此，$\lim\limits_{x\to 0}e^x = 1$.

2) 对任意的 $\varepsilon > 0$，取 $\delta = \min\{e^\varepsilon - 1,\ 1 - e^{-\varepsilon}\}$，则当 x 满足 $0 < |x-1| < \delta$ 时，有

$$e^{-\varepsilon} = 1 - (1 - e^{-\varepsilon}) < 1 - \delta < x < 1 + \delta < 1 + e^\varepsilon - 1 = e^\varepsilon,$$

因而，$-\varepsilon < \ln x < \varepsilon$，即 $|\ln x| < \varepsilon$，故，$\lim\limits_{x\to 1}\ln x = 0$.

注　类似可以证明 $\lim\limits_{x\to 0}a^x = 1, \forall a > 0$.

总结　在例 3 的证明中，由于放大对象已经是最简形式，不能再放大处理，只能将其转化为不等式求解.

例 4　证明 1) $\lim\limits_{x\to 0}\sin x = 0$；　　2) $\lim\limits_{x\to 0}\arcsin x = 0$.

证明　1) 对任意的 $\varepsilon > 0$，取 $\delta = \dfrac{1}{2}\arcsin\varepsilon$，则当 x 满足 $0 < |x| < \delta$ 时，有

$$-\arcsin\varepsilon < -\delta < x < \delta < \arcsin\varepsilon,$$

因而，$-\varepsilon < \sin x < \varepsilon$，即 $|\sin x| < \varepsilon$，故，$\lim\limits_{x\to 0}\sin x = 0$.

2) 对任意的 $\varepsilon > 0$，取 $\delta = \dfrac{1}{2}\sin\varepsilon$，则当 x 满足 $0 < |x| < \delta$ 时，有

$$-\sin\varepsilon < -\delta < x < \delta < \sin\varepsilon,$$

因而，$|\arcsin x| < \varepsilon$，故，$\lim\limits_{x\to 0}\arcsin x = 0$.

类似还可以证明 $\lim\limits_{x\to 0}\cos x = 1$，$\lim\limits_{x\to 0}\tan x = 0$，$\lim\limits_{x\to 0}\arctan x = 0$，$\lim\limits_{x\to 0}\arccos x = \dfrac{\pi}{2}$ 和

$\lim\limits_{x\to 0}\mathrm{arccot}\, x = \dfrac{\pi}{2}$，至此，得到了基本初等函数在特定点处的极限.

例 5　用定义证明 $\lim\limits_{x\to \frac{\pi}{2}}\tan x = \infty$.

结构分析　从结构看，这是非正常极限，应该用缩小法. 由于控制对象为 $|\tan x|$，具备最简结构，因此，将缩小法转化为不等式求解. 由定义，要证明结论，对任意 $G > 0$，分析使 $|\tan x| > G$ 成立的 $x = \dfrac{\pi}{2}$ 的邻域. 由于 $|\tan x| > G$ 等价于

$$\tan x > G \quad 或 \quad \tan x < -G;$$

对应的 $x = \dfrac{\pi}{2}$ 附近, x 应满足

$$\frac{\pi}{2} > x > \arctan G \quad 或 \quad \pi - \arctan G > x > \frac{\pi}{2},$$

注意到分离的量形式为 $\left|x - \dfrac{\pi}{2}\right|$，从上述不等式中进行分离, 则

$$0 > x - \frac{\pi}{2} > -\left(\frac{\pi}{2} - \arctan G\right) \quad \text{或} \quad \frac{\pi}{2} - \arctan G > x - \frac{\pi}{2} > 0 \,,$$

因此, 若对满足 $0 < \left| x - \frac{\pi}{2} \right| < \delta \left(x \neq \frac{\pi}{2} \right)$ 的 x 成立上式, 只需要求 δ 满足: $\frac{\pi}{2} -$ $\arctan G > \delta$, 这就确定了 δ .

证明　对任意 $G > 0$, 取 $\delta = \frac{1}{2}\left(\frac{\pi}{2} - \arctan G\right)$, 则当 x 满足 $0 < \left| x - \frac{\pi}{2} \right| < \delta$ 时,

$$|\tan x| > G \,,$$

故, $\lim\limits_{x \to \frac{\pi}{2}} \tan x = \infty$.

上述几个例子给出了基本初等函数在给定点的极限结论, 要记住这些结论,它们是后续内容中计算一般函数极限的基础.

三、极限定义的否定式

我们给出了函数极限的各种定义, 为建立更全面的函数极限理论, 还需要研究极限的不存在性, 我们以有限点 x_0 处函数的极限行为为例, 引入函数极限的否定式定义.

假设 $f(x)$ 在 $\overset{\circ}{U}(x_0, r)$ 有定义.

定义 1.8　若存在 $\varepsilon_0 > 0$, 使得对 $\forall \delta: r > \delta > 0$, 都存在 $x' \in \overset{\circ}{U}(x_0, \delta)$ 满足

$$\left| f(x') - A \right| > \varepsilon_0 \,,$$

则称 A 不是 $f(x)$ 在 x_0 点的极限, 或 $x \to x_0$ 时 $f(x)$ 不收敛于 A.

定义 1.9　若对任意实数 A, A 都不是 $f(x)$ 在点 x_0 的极限, 则称当 $x \to x_0$ 时, $f(x)$ 在 x_0 点不存在极限或不收敛.

信息挖掘　对比定义 1.8 和定义 1.9, 定义 1.8 中 $f(x)$ 不收敛于 A 包含两种情况: 1) $f(x)$ 在 x_0 的极限存在但不等于 A; 2) $f(x)$ 在 x_0 的极限不存在, 即定义 1.9 所指的情况. 无穷大量属于定义 1.9 指定的情形, 但是, 由于这种情况的特殊性, 我们给出了定义 1.5, 并用极限的符号进行表示. 其他形式的否定式定义可以参照定义 1.8 给出, 我们在此略去.

四、各种极限的联系

现在, 我们已经给出了数列极限和各种形式的函数极限的定义, 研究这些极限间的关系也是极限理论的重要内容. 下面, 我们以部分与全体的关系为基础, 建立一些极限间的关系.

1. 函数极限和数列极限的关系

定理 1.1 (Heine 定理)　$\lim\limits_{x \to x_0} f(x) = A$ 的充要条件为对任意收敛于 x_0 且 $x_n \neq x_0$ 的数列 $\{x_n\}$, 都有 $\lim\limits_{n \to +\infty} f(x_n) = A$.

结构分析　对充分性的证明, 此时条件中含有任意性条件结构, 可以考虑用反证法, 通过反证假设, 利用否定定义中的任意性构造能够造成矛盾的数列. 要注意, 反证假设不能写为 "设 $\lim\limits_{x \to x_0} f(x) \neq A$", 因为此式的含义是 "$f(x)$ 在 x_0 的极限存在但不等于 A", 没有包含极限不存在的情形. 因此, "$\lim\limits_{x \to x_0} f(x) = A$" 的否定形式是 "$x \to x_0$ 时 $f(x)$ 不收敛于 A".

而必要性的证明是显然的. 整体的证明思想体现出部分与整体逻辑关系的验证.

证明　必要性是显然的.

充分性　注意到任意性条件, 采用反证法.

设 $x \to x_0$ 时 $f(x)$ 不收敛于 A, 则, 存在 ε_0, 使得对 $\forall \delta > 0$, 存在 x_δ, 满足

$$0 < |x_\delta - x_0| < \delta, \quad 且 \quad |f(x_\delta) - A| > \varepsilon_0.$$

反证的目的是构造 $\{x_n\}: x_n \to x_0$, 而 $\lim\limits_{x \to x_0} f(x) \neq A$. 下面, 我们利用 δ 的任意性, 构造上述数列.

取 $\delta_1 = 1$, 则存在 x_1 满足

$$0 < |x_1 - x_0| < \delta_1, \quad |f(x_1) - A| > \varepsilon_0;$$

取 $\delta_2 = \min\left\{\dfrac{1}{2}, |x_0 - x_1|\right\}$, 则存在 x_2, 满足

$$0 < |x_2 - x_0| < \delta_2, \quad |f(x_2) - A| > \varepsilon_0;$$

如此下去, 对任意的 n, 取 $\delta_n = \min\left\{\dfrac{1}{n}, |x_0 - x_{n-1}|\right\}$, 则存在 x_n 满足

$$0 < |x_n - x_0| < \delta_n, \quad |f(x_n) - A| > \varepsilon_0;$$

如此构造 $\{x_n\}$ 满足 $x_n \to x_0$, 但是, 由于对任意 n, 都有

$$|f(x_n) - A| > \varepsilon_0,$$

因而, $\{f(x_n)\}$ 不收敛于 A, 与条件矛盾, 故, $\lim\limits_{x \to x_0} f(x) = A$.

抽象总结　1) 再次注意结构中任意性条件的应用思想和方法.

2) 从定理结构中所体现的思想看, 由于 $x_n \to x_0$ 只是 $x \to x_0$ 的特殊情况, 因

此, 定理揭示的是全体和部分的逻辑关系. 即全体所满足的性质, 其中的个体肯定满足, 但是, 一旦某个个体不满足某性质, 则全体肯定也不满足此性质, 从而达到否定个体进一步否定全体的目的, 这正揭示了此定理的作用, 即此定理的作用并不是通过对每一个满足 $x_n \to x_0$ 的数列 $\{x_n\}$ 去验证 $f(x_n) \to A$, 从而得到 $\lim\limits_{x \to x_0} f(x) = A$; 而是通过对某一个满足 $x_n \to x_0$ 的数列 $\{x_n\}$ 得到否定的结论 "$\{f(x_n)\}$ 不收敛于 A", 进而否定结论 $\lim\limits_{x \to x_0} f(x) = A$, 即如下推论:

推论 1.1　若存在 $x_n \to x_0$, 但 $\{f(x_n)\}$ 不收敛于 A, 则 $x \to x_0$ 时, $f(x)$ 也不收敛于 A.

推论 1.2　若存在 $x_n^{(1)} \to x_0$, $x_n^{(2)} \to x_0$, 使 $\lim\limits_{n \to +\infty} f(x_n^{(1)}) \neq \lim\limits_{n \to +\infty} f(x_n^{(2)})$, 则 $\lim\limits_{x \to x_0} f(x)$ 不存在.

推论 1.3　若存在 $x_n \to x_0$, 但 $\{f(x_n)\}$ 不收敛, 则 $x \to x_0$ 时, $f(x)$ 的极限也不存在.

由此可知, 上述定理和推论在具体函数极限中的作用主要是用来证明函数极限的不存在性. 当然, 此定理还可以用于理论研究.

3) 定理的条件可以减弱, 事实上, 成立如下结论.

定理 1.2　$\lim\limits_{x \to x_0} f(x)$ 存在的充分必要条件是对任意以 x_0 为极限的点列 $\{x_n\}$, 都有 $\{f(x_n)\}$ 收敛.

我们只需说明如下事实, 即: 若任意以 x_0 为极限的点列 $\{x_n\}$, 都有 $\{f(x_n)\}$ 收敛, 则 $\{f(x_n)\}$ 必收敛于同一极限 A.

事实上, 若存在 $x_n^{(1)} \to x_0$, $x_n^{(2)} \to x_0$, 使

$$\lim\limits_{n \to +\infty} f(x_n^{(1)}) = A \neq \lim\limits_{n \to +\infty} f(x_n^{(2)}) = B,$$

构造数列

$$x_n = \begin{cases} x_{2k}^{(1)}, & n = 2k, \\ x_{2k+1}^{(2)}, & n = 2k+1. \end{cases}$$

则 $x_n \to x_0$.

考察 $\{f(x_n)\}$, 其偶子列 $\{f(x_{2k}^{(1)})\}$ 收敛于 A, 奇子列 $\{f(x_{2k+1}^{(2)})\}$ 收敛于 B, $A \neq B$, 故 $\{f(x_n)\}$ 不收敛, 矛盾.

例 6　证明 $\lim\limits_{x \to 0} \sin\dfrac{1}{x}$ 不存在.

结构分析　题型结构: 函数极限不存在性的证明; 理论工具: 定理 1.2 及其推论; 具体方法: 只需构造一个点列 $x_n \to x_0$, 而 $\{f(x_n)\}$ 不存在极限; 或者构造两

个点列 $x_n^{(i)} \to x_0$, $i = 1, 2$, 而 $\{f(x_n^{(1)})\}$ 和 $\{f(x_n^{(2)})\}$ 收敛于不同的极限, 这也是解决问题的难点与重点; 难点的解决: 充分考虑具体的函数特性, 由于涉及的函数是周期函数, 在构造点列时必须考虑利用函数的周期性来构造.

证明　记 $f(x) = \sin\dfrac{1}{x}$, 分别取点列 $x_n^{(1)} = \dfrac{1}{2n\pi}$, $x_n^{(2)} = \dfrac{1}{2n\pi + \dfrac{\pi}{2}}$, 则 $x_n^{(i)} \to 0$, $i =$

$1, 2$, 而 $f(x_n^{(1)}) = 0 \to 0$, $f(x_n^{(2)}) = 1 \to 1$, 故, $\lim\limits_{x \to 0}\sin\dfrac{1}{x}$ 不存在.

抽象总结　$\lim\limits_{x \to 0}\sin\dfrac{1}{x}$ 不存在的原因在于函数 $\sin\dfrac{1}{x}$ 在 $x = 0$ 点附近的振荡特性 (图 3-2).

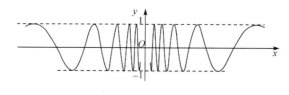

图 3-2　$\sin\dfrac{1}{x}$ 的图像

例 7　证明 Dirichlet 函数

$$D(x) = \begin{cases} 1, & x\text{为有理数}, \\ 0, & x\text{为无理数} \end{cases}$$

在任何点 x_0 的极限都不存在.

结构分析　题型结构与上题相同; 本题涉及的具体函数是"分段函数", 在构造点列时必须充分利用分段特征, 需在不同的定义段上构造点列.

证明　对 $\forall x_0 \in \mathbf{R}$, 由实数的稠密性定理, 存在有理点列 $\{x_n^{(1)}\}$ 和无理点列 $\{x_n^{(2)}\}$, 使 $x_n^{(i)} \to x_0$, $i = 1, 2$, 但是,

$$D(x_n^{(1)}) \equiv 1 \to 1, \quad D(x_n^{(2)}) \equiv 0 \to 0, \quad n \to \infty,$$

由 Heine 定理, $D(x)$ 在 x_0 点极限不存在.

Heine 定理也给出了数列极限计算的又一种计算方法——连续化方法, 即将数列的离散变量 n 用一个适当的连续变量代替, 因而, 将数列极限转化为函数极限, 通过求解函数极限, 利用 Heine 定理, 得到相应的数列极限. 实现这样转化的优点是能充分利用函数的各种高级的研究工具, 如阶的代换、导数等. 在学习微分理论之后, 我们将在后面给出这样的应用举例.

利用 Heine 定理和数列极限的 Cauchy 收敛定理, 我们给出函数形式的 Cauchy

收敛定理.

设 $f(x)$ 在 $\overset{\circ}{U}(x_0)$ 有定义.

定理 1.3 (函数极限存在的 Cauchy 收敛准则)　$\lim\limits_{x \to x_0} f(x)$ 存在的充分必要条件是对任意的 $\varepsilon > 0$, 存在 $\delta > 0$, 对任意满足 $0 < |x' - x_0| < \delta$, $0 < |x'' - x_0| < \delta$ 的 x', x'', 成立

$$|f(x') - f(x'')| < \varepsilon.$$

结构分析　从题型结构, 类比已知, 前面我们学习过的与此联系最紧密的结论是——数列的 Cauchy 收敛准则, 因此, 更直接的处理方法是将本命题的证明转化为已知的数列对应的情形处理, 即借用数列的 Cauchy 收敛准则证明函数极限的 Cauchy 收敛准则, 这是这类题目处理的思想. 当然, 也可以利用数列的 Cauchy 收敛准则的证明思想和方法类比推广到此处, 这也是证明此定理的思路之一.

证明　必要性是显然的.

充 分 性　由 条 件 得, 对 任 意 的 $\varepsilon > 0$, 存 在 $\delta > 0$, 当 $0 < |x' - x_0| < \delta$, $0 < |x'' - x_0| < \delta$ 时, 成立

$$|f(x') - f(x'')| < \varepsilon.$$

任取 $x_n \to x_0$, 则存在 N, 使得 $n > N$ 时,

$$|x_n - x_0| < \delta,$$

故, 当 $n, m > N$ 时,

$$|f(x_n) - f(x_m)| < \varepsilon,$$

由数列的 Cauchy 收敛定理得, $\{f(x_n)\}$ 收敛, 因而, 由 Heine 定理得, $\lim\limits_{x \to x_0} f(x)$ 存在.

对其他形式的函数极限, 可以得到类似结论, 如下面的定理.

定理 1.4　$\lim\limits_{x \to \infty} f(x)$ 存在的充分必要条件是对任意的 $\varepsilon > 0$, 存在 $M > 0$, 当 $|x'| > M$, $|x''| > M$ 时, 成立

$$|f(x') - f(x'')| < \varepsilon.$$

利用函数极限 Cauchy 收敛定理的否定形式可以给出极限不存在的充分必要条件.

定理 1.5　$\lim\limits_{x \to x_0} f(x)$ 不存在的充分必要条件是存在 $\varepsilon_0 > 0$, 对任意的 $\delta > 0$, 存在 x', x'': $0 < |x' - x_0| < \delta$, $0 < |x'' - x_0| < \delta$ 使得

$$|f(x') - f(x'')| > \varepsilon_0.$$

其他形式类似. 这些结论在处理函数的一致连续性时很有用.

2. 函数在有限点处的极限与单侧极限的关系

利用定义, 很容易得到三种极限存在下列关系.

定理 1.6　$\lim\limits_{x \to x_0} f(x) = A$ 等价于 $\lim\limits_{x \to x_0^+} f(x) = \lim\limits_{x \to x_0^-} f(x) = A$.

推论 1.4　若 $\lim\limits_{x \to x_0^+} f(x) = A \neq \lim\limits_{x \to x_0^-} f(x) = B$, 则 $\lim\limits_{x \to x_0} f(x)$ 不存在.

类似于函数极限和单侧极限的关系, 成立如下结论:

$$\lim_{x \to \infty} f(x) = A \text{ 等价于 } \lim_{x \to +\infty} f(x) = \lim_{x \to -\infty} f(x) = A.$$

例 8　计算 $\lim\limits_{x \to x_0^+} f(x)$ 和 $\lim\limits_{x \to x_0^-} f(x)$, 并判断 $\lim\limits_{x \to x_0} f(x)$ 是否存在.

其中, 1) $f(x) = \dfrac{1}{x} - \left[\dfrac{1}{x}\right]$, $x_0 = \dfrac{1}{n}$, $n \in \mathbf{N}^+$, $n > 2$;

2) $f(x) = \begin{cases} \ln(1+x), & x > 0, \\ 2x^2, & x \leqslant 0, \end{cases}$ $x_0 = 0$.

解　1)先计算 $\lim\limits_{x \to x_0^+} f(x)$. 从结构看, 关键在于确定 $\left[\dfrac{1}{x}\right]$, 为此, 可以利用极限

的局部性和预控制技术化不定为确定来解决. 不妨设 $\dfrac{1}{n} < x < \dfrac{1}{n-1}$, 因而,

$n - 1 < \dfrac{1}{x} < n$, 故, $\left[\dfrac{1}{x}\right] = n - 1$, 所以

$$\lim_{x \to x_0^+} f(x) = \lim_{x \to x_0^+} \left(\frac{1}{x} - \left[\frac{1}{x}\right]\right) = \lim_{x \to x_0^+} \left(\frac{1}{x} - n + 1\right) = 1.$$

其次计算 $\lim\limits_{x \to x_0^-} f(x)$. 此时不妨设 $\dfrac{1}{n+1} < x < \dfrac{1}{n}$, 因而, $n < \dfrac{1}{x} < n+1$, 故 $\left[\dfrac{1}{n}\right] = n$,

所以,

$$\lim_{x \to x_0^-} f(x) = \lim_{x \to x_0^-} \left(\frac{1}{x} - \left[\frac{1}{x}\right]\right) = \lim_{x \to x_0^-} \left(\frac{1}{x} - n\right) = 0;$$

由于 $\lim\limits_{x \to x_0^+} f(x) \neq \lim\limits_{x \to x_0^-} f(x)$, 故 $\lim\limits_{x \to x_0} f(x)$ 不存在.

注　也可以用变量代换方法, 令 $\dfrac{1}{x} = t$, 可以类似求解.

2) 由于

$$\lim_{x \to x_0^+} f(x) = \lim_{x \to 0^+} \ln(1+x) = 0,$$

$$\lim_{x \to x_0^-} f(x) = \lim_{x \to 0^-} 2x^2 = 0,$$

故, $\lim\limits_{x \to x_0} f(x)=0$.

五、函数极限的性质和运算法则

类似数列极限性质, 函数极限也成立下述性质, 我们略去证明.

定理 1.7 (唯一性)　若 $f(x)$ 在 x_0 点的极限存在, 则极限必唯一.

定理 1.8 (局部保序性)　设 $\lim\limits_{x \to x_0} f(x) = A$, $\lim\limits_{x \to x_0} g(x) = B$, $A > B$, 则存在 $\delta > 0$, 使 $0 < |x - x_0| < \delta$ 时, $f(x) > g(x)$.

推论 1.5　若 $\lim\limits_{x \to x_0} f(x) = A > B$, 则存在 $\delta > 0$, 使 $0 < |x - x_0| < \delta$ 时, $f(x) > B$.

推论 1.6　若 $\lim\limits_{x \to x_0} f(x) = A > 0$, 则存在 $\delta > 0$, 对任意满足条件 $0 < |x - x_0| < \delta$ 的 x, 成立

$$f(x) > \frac{A}{2} > 0.$$

定理 1.9　设 $\lim\limits_{x \to x_0} f(x) = A$, $\lim\limits_{x \to x_0} g(x) = B$, 且 $\exists \rho > 0$, 当 $x \in \overset{\circ}{U}(x_0, \rho)$ 时, 成立 $f(x) > g(x)$, 则 $A \geqslant B$.

定理 1.10 (局部有界性)　若 $f(x) \to A(x \to x_0)$, 则存在 $\delta > 0$, 使 $f(x)$ 在 $\overset{\circ}{U}(x_0, \delta)$ 中有界.

注　定理只给出了局部有界性, 不能保证函数在整个定义域上的有界性.

定理 1.11 (夹逼性定理)　若 $f(x) \leqslant g(x) \leqslant h(x)$, $\forall x \in \overset{\circ}{U}(x_0, \rho)$, 且 $\lim\limits_{x \to x_0} f(x) = A$, $\lim\limits_{x \to x_0} h(x) = A$, 则 $\lim\limits_{x \to x_0} g(x) = A$.

定理 1.12　若 $\lim\limits_{x \to x_0} f(x) = 0$, $g(x)$ 在 $\overset{\circ}{U}(x_0, \rho)(\rho > 0)$ 内有界, 则 $\lim\limits_{x \to x_0} f(x)g(x) = 0$.

关于函数极限的四则运算法则及无穷大量和无穷小量的性质与数列极限对应的性质完全相同, 可自行进行推广, 此处略去.

运用函数极限的性质和运算法则可以给出一些简单的具体函数的极限, 主要的方法就是在有意义条件下的代入法——代入计算相应的函数值.

例 9　计算 $\lim\limits_{x \to 1} \dfrac{x^2 - 1}{2x - 1}$.

解　利用极限的运算法则, 则

$$\lim_{x \to 1} \frac{x^2 - 1}{2x - 1} = \frac{\lim\limits_{x \to 1}(x^2 - 1)}{\lim\limits_{x \to 1}(2x - 1)} = 0.$$

　　相当于直接将 $x=1$ 代入函数得到的函数值, 而不必用定义再证明. 但是, 代入法使用的前提条件是函数在此点有定义, 否则, 需先对函数变形再用代入法.

例 10　计算 $\lim\limits_{x\to 1}\dfrac{\sqrt{x}-1}{x-1}$.

解　利用极限运算法则, 则

$$\lim_{x\to 1}\frac{\sqrt{x}-1}{x-1}=\lim_{x\to 1}\frac{x-1}{(x-1)(\sqrt{x}+1)}=\lim_{x\to 1}\frac{1}{\sqrt{x}+1}=\frac{1}{2}.$$

　　此例不能直接代入, 因为函数在 $x=1$ 点没有定义, 所以, 我们先用有理化方法对函数进行变形后再代入.

例 11　计算 $\lim\limits_{x\to 0}x\sin\dfrac{1}{x^2}$.

解　由于当 $x\to 0$ 时, $f(x)=x$ 为无穷小量, $\sin\dfrac{1}{x^2}$ 为 $x=0$ 去心邻域上的有界函数, 因而, $\lim\limits_{x\to 0}x\sin\dfrac{1}{x^2}=0$.

　　由于函数的运算还有复合运算, 我们增加一个函数极限的复合运算法则.

定理 1.13　设 $\lim\limits_{t\to a}f(t)=A$, $\lim\limits_{x\to x_0}g(x)=a$, 函数的复合运算能够进行, 则 $\lim\limits_{x\to x_0}f(g(x))=\lim\limits_{t\to a}f(t)=A$.

证明　由于 $\lim\limits_{t\to a}f(t)=A$, 则对任意的 $\varepsilon>0$, 存在 $\delta_1>0$, 使得

$$|f(t)-A|<\varepsilon, \ \forall t, 0<|t-a|<\delta_1;$$

又由于 $\lim\limits_{x\to x_0}g(x)=a$, 对上述 δ_1, 存在 $\delta>0$, 使得

$$|g(x)-a|<\delta_1, \ \forall x, 0<|x-x_0|<\delta;$$

因而, 对 $\forall x, 0<|x-x_0|<\delta$, 有 $|g(x)-a|<\delta_1$, 故,

$$|f(g(x))-A|<\varepsilon,$$

因而, $\lim\limits_{x\to x_0}f(g(x))=A.$

　　函数极限计算中还有一个重要的方法——变量代换法, 其理论基础是函数极限运算的复合法则, 即若 $\lim\limits_{x\to x_0}g(x)=a$, 则

$$\lim_{x\to x_0}f(g(x))\xlongequal{t=g(x)}\lim_{t\to a}f(t)=A.$$

　　因此, 利用上述法则和前面建立的函数在特定点的极限, 可以得到更一般的函数极限结论.

例 12　证明 1) $\lim\limits_{x\to a}\ln x=\ln a$, 其中 $a>0$;

2) $\lim\limits_{x \to a} e^x = e^a$.

证明　1)利用极限的运算法则, 定理 1.13 和例 3, 得

$$\lim\limits_{x \to a}(\ln x - \ln a) = \lim\limits_{x \to a}\ln\frac{x}{a} = \lim\limits_{t \to 1}\ln t = 0,$$

故, $\lim\limits_{x \to a}\ln x = \ln a$.

2) 同样地,

$$\lim\limits_{x \to a}(e^x - e^a) = \lim\limits_{x \to a}e^a(e^{x-a} - 1)$$

$$\overset{t=x-a}{=\!=\!=\!=} e^a\lim\limits_{t \to 0}(e^t - 1) = 0,$$

故, $\lim\limits_{x \to a}e^x = e^a$.

上述计算中, 形式上用到了极限中的变量代换, 这也是极限计算中常用的方法.

在函数极限的计算中, 还涉及一类结构更复杂的函数——幂指函数, 解决这类函数极限的方法通常是利用对数函数的性质或以此形成的对数方法, 我们以定理 1.13 为基础, 给出相应的计算理论.

推论 1.7　设 $a>0$, $f(x)$ 在 $\overset{\circ}{U}(x_0)$ 有定义, $\lim\limits_{x \to x_0}f(x) = A$,则

1) $\lim\limits_{x \to x_0}a^{f(x)} = a^A$;

2) $A>0$ 时, $\lim\limits_{x \to x_0}\ln f(x) = \ln A$.

推论 1.8　设 $f(x)$ 在 $\overset{\circ}{U}(x_0)$ 有定义, 且 $f(x)>0$, $A>0$, 若 $\lim\limits_{x \to x_0}\ln f(x) = \ln A$, 则 $\lim\limits_{x \to x_0}f(x) = A$.

证明　由推论 1.7 和对数函数的性质, 则

$$\lim\limits_{x \to x_0}f(x) = \lim\limits_{x \to x_0}e^{\ln f(x)} = e^{\ln A} = A.$$

有了上述两个结论, 就可以处理幂指结构的函数极限了.

例 13　设 $f(x)$, $g(x)$ 在 $\overset{\circ}{U}(x_0)$ 有定义, 且 $f(x)>0$, $g(x)>0$, $A>0$, $B>0$.

1) 若 $\lim\limits_{x \to x_0}f(x) = A$, $\lim\limits_{x \to x_0}g(x) = B$, 则 $\lim\limits_{x \to x_0}(f(x))^{g(x)} = A^B$;

2) 若 $\lim\limits_{x \to x_0}g(x)\ln f(x) = C$, 则 $\lim\limits_{x \to x_0}(f(x))^{g(x)} = e^C$.

证明　1)由条件和推论 1.7, 则 $\lim\limits_{x \to x_0}\ln f(x) = \ln A$, 利用运算法则, 有 $\lim\limits_{x \to x_0}g(x)\ln f(x) = B\ln A$, 再次利用推论 1.6, 则

$$\lim\limits_{x \to x_0}(f(x))^{g(x)} = \lim\limits_{x \to x_0}e^{g(x)\ln f(x)} = e^{B\ln A} = A^B.$$

2) 若 $\lim\limits_{x\to x_0} g(x)\ln f(x)=C$，则 $\lim\limits_{x\to x_0}\ln(f(x))^{g(x)}=C$，因而，$\lim\limits_{x\to x_0}(f(x))^{g(x)}=\mathrm{e}^C$．

至此，我们将函数极限的运算法则推广到指数函数，对数函数和幂指函数，不仅如此，上述结论还隐藏着幂指函数的对数法处理思想．事实上，记 $h(x)=(f(x))^{g(x)}$，则

$$\ln h(x)=g(x)\ln f(x),$$

若计算得到 $\lim\limits_{x\to x_0}\ln h(x)=\lim\limits_{x\to x_0}g(x)\ln f(x)=C$，则

$$\lim_{x\to x_0}h(x)=\lim_{x\to x_0}(f(x))^{g(x)}=\mathrm{e}^C,$$

或

$$\lim_{x\to x_0}h(x)=\lim_{x\to x_0}\mathrm{e}^{g(x)\ln f(x)}=\mathrm{e}^C,$$

由此，将幂指函数 $(f(x))^{g(x)}$ 的极限通过对数法转化为乘积函数 $g(x)\ln f(x)$ 的极限进行计算，体现了化繁为简的计算思想，这种方法称为幂指函数的对数方法，这种计算方法是处理幂指函数的有效的方法，要熟练掌握．上述例题的结果都可以作结论使用．

六、两个重要极限

定理 1.14　成立极限结论 $\lim\limits_{x\to 0}\dfrac{\sin x}{x}=1$．

结构分析　这是一个看似简单的结论，但是，证明这个结论并不是容易的事．从结构看，要证明结论，需要建立两类不同因子 $\sin x$(三角函数)和 x(幂函数)的联系，这是困难的事情，这也是本教材第一次遇到这样的问题，掌握了更多的工具以后，再处理这类问题就相对简单了．本处先采用常规的证明，利用三角形和扇形的面积关系(因为这些面积建立了我们需要的关系)，建立两类因子间的联系，在后面的注中，指出这个证明的缺陷，再给出新证明方法．

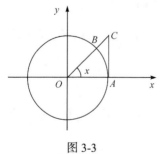

图 3-3

证明　先证明不等式 $\sin x<x<\tan x$，$0<x<\dfrac{\pi}{2}$．

如图 3-3 所示，作单位圆，原点为点 O，作水平射线 OA，A 为射线与单位圆的交点；从 O 点再作一条射线，与射线 OA 的夹角为 x，交单位圆于点 B，从 A 点作 OA 的垂线交 OB 于点 C，并由此作 $\triangle AOB$、扇形 $\overset{\frown}{AOB}$ 和 $\mathrm{Rt}AOC$．

由面积计算公式，三者面积分别为

$$S_{\triangle AOB}=\frac{1}{2}\sin x,\quad S_{\overset{\frown}{AOB}}=\frac{1}{2}x,\quad S_{\text{Rt}\triangle OC}=\frac{1}{2}\tan x,$$

由于

$$S_{\triangle AOB}<S_{\text{扇}OAB}<S_{\triangle OBC},$$

故

$$\sin x<x<\tan x,\quad 0<x<\frac{\pi}{2},$$

因而，

$$\cos x<\frac{\sin x}{x}<1,\quad 0<x<\frac{\pi}{2}.$$

当 $-\frac{\pi}{2}<x<0$ 时，则 $0<-x<\frac{\pi}{2}$ 成立，

$$\cos(-x)<\frac{\sin(-x)}{-x}<1,$$

因此，

$$\cos x<\frac{\sin x}{x}<1,\quad -\frac{\pi}{2}<x<0,$$

故

$$\cos x<\frac{\sin x}{x}<1,\quad 0<|x|<\frac{\pi}{2},$$

而 $|\cos x-1|=2\sin^2\frac{x}{2}\to0$，故，$\lim_{x\to0}\cos x=1$，因此，$\lim_{x\to0}\frac{\sin x}{x}=1$.

注　(1) 上述证明过程有缺陷，原因是圆扇形面积的公式推导要用到上述重要极限结论，因此，上述证明是循环论证.

(2) 关于圆扇形面积的推导：作圆心角为 x 的圆扇形，圆半径为 1，将圆扇形 n 等分，每一个用等腰三角形近似，等腰三角形的面积为 $\frac{1}{2}\sin\frac{x}{n}$，因而，圆扇形面积近似为 $n\frac{1}{2}\sin\frac{x}{n}$，取极限，则圆扇形面积为 $\frac{x}{2}$，此时用到了重要极限 $\lim_{x\to0}\frac{\sin x}{x}=1$，因此，利用圆扇形面积公式推导重要极限 $\lim_{x\to0}\frac{\sin x}{x}=1$，是不合适的循环论证.

(3) 关于定理 1.13 的证明，关键在于不等式 $\sin x<x<\tan x$ 的推导，下面，给出一个修改证明.

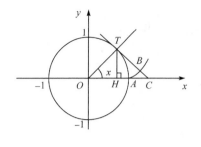

图 3-4

如图 3-4 所示, 作单位圆, 角度为 x 的射线与圆的交点为 T, 过交点 T 作垂线与 x 轴交于 H 点, 单位圆与 x 轴交点为 A, 过 T 点作切线交 x 轴于 C 点, 以 A 点作渐开线, 交切线于 B 点, 则

$$\sin x = TH < \overset{\frown}{AT} = x = TB < TC = \tan x,$$

由此得到 $\sin x < x < \tan x$.

上述证明仅用到弧长的计算公式, 本质是圆的周长的计算公式, 而圆的周长计算公式可以利用勾股定理来完成.

抽象总结　定理1.14的结构特点是在于建立了两种不同结构的因子——三角函数和最简单的幂函数——之间的极限关系, 这是一个极其重要的结论, 更重要的是, 这个结论中蕴含了化繁(三角函数 $\sin x$)为简(幂函数 x)的处理问题的思想, 在以后的应用中要仔细体会这一点. 当然, 其重要性还体现在导数理论中, 正是这个极限建立了三角函数的导数.

从上述证明过程中, 得到不等式

$$|\sin x| \leqslant |x|, \quad x \in \mathbf{R}^1.$$

例 14　计算 $\lim\limits_{x \to 0} \dfrac{1 - \cos x}{x^2}$.

结构分析　不能直接用代入法, 分子和分母又是不同结构的因子, 不能削去相关因子, 注意到所求极限的函数结构涉及两类因子——三角函数因子和幂因子, 这个结构特点是定理1.14所处理的对象特点, 因而, 可以考虑用定理1.14来处理, 而利用此定理的关键就是将所求极限的函数转化为定理中的形式, 即利用形式统一法将分子 $1 - \cos x$ 统一到 $\sin x$ 的形式, 这就需要利用三角函数关系式建立二者间的关系.

解　利用极限的运算法则, 则

$$\text{原式} = \lim_{x \to 0} \frac{2\sin^2 \dfrac{x}{2}}{x^2} = \lim_{x \to 0} \frac{2\sin^2 \dfrac{x}{2}}{4\left(\dfrac{x}{2}\right)^2} = \frac{1}{2}.$$

例 15　计算 $\lim\limits_{x \to \frac{\pi}{3}} \dfrac{\sin\left(x - \dfrac{\pi}{3}\right)}{1 - 2\cos x}$.

结构分析　结构特点: 函数为三角函数的分式结构, 分子和分母是不同的三角函数, 三角函数是一类复杂的函数, 虽然各类三角函数间有各种关系式, 但本例中, 分子和分母不能消去在点 $x_0 = \dfrac{\pi}{3}$ 处使分式无意义的共同因子, 这和有理函数不同, 如

$$\lim_{x\to 1}\frac{x-1}{x^2-1}=\lim_{x\to 1}\frac{1}{x+1}=\frac{1}{2},$$

在同类因子间消去使分式无意义的因子就达到了计算的目的.本例, 由于函数在 $x = \dfrac{\pi}{3}$ 处无定义, 不能直接用代入法; 虽然分子和分母都是三角函数, 由于不能同时消去使函数无意义的因子, 这就能需要一种工具建立分子和分母间的联系, 这个工具就是定理 1.14, 应用思想是借助幂函数, 利用定理 1.14 建立不同三角函数间的联系, 同时, 注意到定理 1.14 的变量极限形式是 $x \to 0$, 本题是 $x \to \dfrac{\pi}{3}$, 因此, 可以用变量代换将形式统一到定理 1.14 的形式, 利用定理 1.14 求解.

解　原式 $= \lim\limits_{x\to\frac{\pi}{3}}\dfrac{\sin\left(x-\frac{\pi}{3}\right)}{1-2\cos\left(x-\frac{\pi}{3}+\frac{\pi}{3}\right)}$

$= \lim\limits_{x\to\frac{\pi}{3}}\dfrac{\sin\left(x-\frac{\pi}{3}\right)}{1-\cos\left(x-\frac{\pi}{3}\right)+\sqrt{3}\sin\left(x-\frac{\pi}{3}\right)}$

$= \lim\limits_{x\to\frac{\pi}{3}}\dfrac{\dfrac{\sin\left(x-\frac{\pi}{3}\right)}{\left(x-\frac{\pi}{3}\right)}}{\dfrac{1-\cos\left(x-\frac{\pi}{3}\right)}{\left(x-\frac{\pi}{3}\right)}+\sqrt{3}\dfrac{\sin\left(x-\frac{\pi}{3}\right)}{\left(x-\frac{\pi}{3}\right)}},$

由 $\lim\limits_{x\to\frac{\pi}{3}}\dfrac{1-\cos\left(x-\frac{\pi}{3}\right)}{\left(x-\frac{\pi}{3}\right)}=\lim\limits_{t\to 0}\dfrac{1-\cos t}{t}=0$, 利用定理 1.14,

$$原式=\frac{1}{\sqrt{3}}=\frac{\sqrt{3}}{3}.$$

下面引入第二个重要极限.

定理 1.15　成立结论

$$\lim_{x\to+\infty}\left(1+\frac{1}{x}\right)^x=\mathrm{e},\quad \lim_{x\to-\infty}\left(1+\frac{1}{x}\right)^x=\mathrm{e},$$

因而, 成立 $\lim\limits_{x\to\infty}\left(1+\dfrac{1}{x}\right)^x=\mathrm{e}$.

思路分析　类比已知, 与此相关的已知结论为 $\lim\limits_{n\to+\infty}\left(1+\dfrac{1}{n}\right)^n=\mathrm{e}$, 这是一个离散变量的极限形式, 因此, 解决的思路是如何在对应的离散变量结构和连续变量结构间建立联系, 所用工具就是取整函数.

证明　先证明 $\lim\limits_{x\to+\infty}\left(1+\dfrac{1}{x}\right)^x=\mathrm{e}$.

由于对 $x>0$, 则 $[x]\leqslant x<[x]+1$, 故

$$1+\frac{1}{[x]+1}<1+\frac{1}{x}\leqslant 1+\frac{1}{[x]},$$

进而有

$$\left(1+\frac{1}{[x]+1}\right)^{[x]}<\left(1+\frac{1}{x}\right)^x\leqslant\left(1+\frac{1}{[x]}\right)^{[x]+1},$$

利用两边夹定理和已知的结论, 得

$$\lim_{x\to+\infty}\left(1+\frac{1}{x}\right)^x=\mathrm{e}.$$

其次证明 $\lim\limits_{x\to-\infty}\left(1+\dfrac{1}{x}\right)^x=\mathrm{e}$.

在证明关联性结论时, 最直接的证明思路是借助已经证明过的结论, 将要证明的结论形式转化为已知的形式, 类比两者的结构, 可以采取变换 $x=-t$, 则

$$\lim_{x\to-\infty}\left(1+\frac{1}{x}\right)^x=\lim_{t\to+\infty}\left(1-\frac{1}{t}\right)^{-t}=\lim_{t\to+\infty}\left(\frac{t}{t-1}\right)^t$$

$$=\lim_{t\to+\infty}\left(1+\frac{1}{t-1}\right)^t=\mathrm{e},$$

因而, 还有 $\lim\limits_{x\to\infty}\left(1+\dfrac{1}{x}\right)^x=\mathrm{e}$.

推论 1.9　1) $\lim\limits_{x\to\infty}\left(1-\dfrac{1}{x}\right)^x=\mathrm{e}^{-1}$;　　2) $\lim\limits_{x\to 0}\left(1+x\right)^{\frac{1}{x}}=\mathrm{e}$.

抽象总结　1) 从 $\left(1+\dfrac{1}{x}\right)^x$ 的结构看, 这是幂指结构, 因此, 定理 1.15 给出了幂指结构的函数极限; 2) 从极限过程看, $x\to+\infty$ 时, $1+\dfrac{1}{x}\to 1$, $x\to\infty$, 故, 定理 1.15 的结构特点还可以抽象为结构为 $(1+0)^\infty$ 或 1^∞ 形式的极限. 上述两个特点是定理 1.15 作用对象的特点, 当研究的极限结构具有上述特点时, 要想到用此定理来处理, 用到的具体技术方法就是形式统一法——化为标准形即可, 定理 1.15 的证明过程已经用到了这种方法.

例 16　计算 $\displaystyle\lim_{x\to\infty}\left(\dfrac{x^2-1}{x^2+1}\right)^{x^2+2}$.

结构分析　从结构看, 函数具有幂指结构, 且当 $x\to\infty$ 时, $\dfrac{x^2-1}{x^2+1}\to 1$, $x^2+2\to\infty$, 因此, 函数还具有 1^∞ 结构, 因此, 可以利用定理 1.15, 通过变量代换进行形式统一, 将所求极限统一为标准的 $(1+0)^\infty$ 来完成.

解　利用定理 1.15, 则

$$\text{原式}=\lim_{x\to\infty}\left(1-\frac{2}{x^2+1}\right)^{-\frac{x^2+1}{2}\left(-\frac{2}{x^2+1}\right)\cdot(x^2+1+1)}$$

$$=\lim_{x\to\infty}\left[\left(1-\frac{2}{x^2+1}\right)^{-\frac{x^2+1}{2}}\right]^{-2}\cdot\left(1-\frac{2}{x^2+1}\right)=\mathrm{e}^{-2}.$$

注　(1) 具体形式统一的方法并不唯一, 如此题可以如下求解:

$$\text{原式}=\lim_{x\to\infty}\left(1-\frac{2}{x^2+1}\right)^{x^2+1+1}$$

$$=\lim_{x\to\infty}\left[\left(1-\frac{2}{x^2+1}\right)^{-\frac{x^2+1}{2}}\right]^{-2}\cdot\left(1-\frac{2}{x^2+1}\right)=\mathrm{e}^{-2}.$$

(2) 计算过程中用到了极限的运算法则和变量代换.

利用此定理可以得到一些重要的结论, 这些结论非常重要, 将来可以作为已知结论使用.

例 17　计算 1) $\displaystyle\lim_{x\to 0}\dfrac{\ln(1+x)}{x}$;　　2) $\displaystyle\lim_{x\to 0}\dfrac{\mathrm{e}^x-1}{x}$.

结构分析　从结构看, 题目都不具备 1^∞ 结构, 可以利用对数函数的性质转化为此结构, 从而可以用定理 1.15 来处理.

解 1) 由定理 1.15 的推论得

$$原式 = \lim_{x \to 0} \ln(1+x)^{\frac{1}{x}} = 1.$$

2) 令 $t = e^x - 1$，则 $x = \ln(1+t)$，故

$$原式 = \lim_{t \to 0} \frac{t}{\ln(1+t)} = 1.$$

抽象总结 例 17 是一个非常好的结论，它和定理 1.14 一样，给出了两类不同结构因子之间的极限关系，也蕴含了化繁(复杂函数 $\ln(1+x)$, $e^x - 1$)为简(简单函数 x)的思想，这是非常重要的处理问题的思想. 我们知道，本课程研究的对象就是初等函数，初等函数又是由基本初等函数经过有限次的运算(四则运算、复合、反函数运算等)得到，而在基本初等函数中，又以幂函数最简单，因此，对其他函数，能够建立与幂函数的关系实现化繁为简，是研究其他函数性质的重要研究思想.而定理 1.14、定理 1.15 和例 17 给出了基本初等函数的化繁为简，建立了几种复杂结构与最简单的幂结构的联系，是非常重要的基础性结论，一定要牢牢掌握.

习 题 3.1

1. 下列的关于极限 $\lim_{x \to a} f(x) = A$ 定义是否正确?

1) 对任意 $n > 0$, 存在 $\delta > 0$, 使得对任意 $x \in \mathring{U}(a, \delta)$, 成立

$$|f(x) - A| \leqslant \frac{1}{n}.$$

2) 对任意 $\varepsilon > 0$, 存在 $n \in \mathbf{N}^+$ 使得对任意 $x \in \mathring{U}\left(a, \frac{1}{n}\right)$, 成立 $|f(x) - A| \leqslant \varepsilon$.

3) 存在 $\delta > 0$, 对任意 $\varepsilon > 0$, 使得对任意 $x \in \mathring{U}(a, \delta)$, 成立

$$|f(x) - A| \leqslant \varepsilon.$$

2. 用 "ε-δ" 或 "ε-G" 定义, 给出下面极限的定义.

1) $\lim_{x \to x_0^+} f(x) = A$;   2) $\lim_{x \to -\infty} f(x) = A$;

3) $\lim_{x \to x_0^-} f(x) = \infty$;   4) $\lim_{x \to +\infty} f(x) = -\infty$;

5) $\lim_{x \to +\infty} f(x) \neq A$;   6) $\lim_{x \to a^+} f(x) \neq A$;

7) $\lim_{x \to \infty} f(x) \neq A$;   8) $\lim_{x \to a} f(x) \neq A$.

3. 用极限定义证明下述结论.

1) $\lim_{x \to 2} \frac{x^2 - 4}{x^2 - x - 2} = \frac{4}{3}$;   2) $\lim_{x \to 1} \frac{x^2 + x - 2}{x(x^2 - 3x + 2)} = -3$;

3) $\lim_{x \to 0} \tan x = 0$;   4) $\lim_{x \to 0} \cos x = 1$.

5) $\lim\limits_{x\to 0}\arctan x = 0$;

6) $\lim\limits_{x\to 0}\arccos x = \dfrac{\pi}{2}$;

7) $\lim\limits_{x\to 0}\dfrac{\sqrt{x+2}-\sqrt{x+1}}{x} = \infty$;

8) $\lim\limits_{x\to +\infty}\dfrac{x^2+x+10}{2x^2-x-100} = \dfrac{1}{2}$;

9) $\lim\limits_{x\to\infty}\dfrac{x+\sqrt{|x|+1}}{2x-10} = \dfrac{1}{2}$;

10) $\lim\limits_{x\to -\infty}\dfrac{x^2+\sin x}{x+10} = -\infty$;

11) $\lim\limits_{x\to 1}\dfrac{x^2}{x+1} \neq 1$;

12) $\lim\limits_{x\to\infty}\dfrac{x^2}{x+1} \neq 1$.

4. 用极限性质和运算法则计算下列极限. 要求：首先分析结构, 类比已知, 给出要用到的结论, 然后再给出计算.

1) $\lim\limits_{x\to 1}\dfrac{\sqrt{x+3}-\sqrt{x}}{x}$;

2) $\lim\limits_{x\to 3}\dfrac{\sqrt{1+x}-2}{3-\sqrt{3x}}$;

3) $\lim\limits_{x\to +\infty}\dfrac{\sqrt{x+\sqrt{x+\sqrt{x}}}}{\sqrt{x+1}}$;

4) $\lim\limits_{x\to 0}\dfrac{(1+2x)^{\frac{1}{4}}-1}{x}$;

5) $\lim\limits_{x\to a}\dfrac{\sqrt{x}-\sqrt{a}-\sqrt{x-a}}{\sqrt{x^2-a^2}}$ $(a>0)$;

6) $\lim\limits_{x\to 0}\dfrac{\sqrt{(a+bx)(c+dx)}-\sqrt{ac}}{x}$ $(ac>0)$;

7) $\lim\limits_{x\to 0}\dfrac{(1+2x)^{\frac{1}{3}}-(1+x)^{\frac{1}{4}}}{1-\sqrt{1-x}}$;

8) $\lim\limits_{x\to 0}\dfrac{(1+x)^{\frac{1}{3}}(1+2x)^{\frac{1}{4}}-1}{x}$;

9) $\lim\limits_{x\to +\infty}\dfrac{\sqrt{1+x^4}}{\sqrt{x+x^4}+x}$;

10) $\lim\limits_{x\to +\infty}\left(\sqrt{x+\sqrt{x+\sqrt{x}}}-\sqrt{x}\right)$.

5. 证明下列极限.

1) $\lim\limits_{x\to +\infty} x^{\frac{1}{x}} = 1$;

2) $\lim\limits_{x\to 2}\ln x = \ln 2$;

3) 若 $\lim\limits_{x\to a} f(x) = A > 0$, 则 $\lim\limits_{x\to a}\ln f(x) = \ln A$;

4) $\lim\limits_{x\to +\infty}\dfrac{\ln(1+x^2)}{x^2} = 0$.

6. 利用两个重要极限结论计算下列极限.

1) $\lim\limits_{x\to 0}\dfrac{\sin x-\sin a}{x-a}$;

2) $\lim\limits_{x\to 0}\dfrac{\arctan x}{x}$;

3) $\lim\limits_{x\to 0}\dfrac{\arctan 2x}{\sqrt{1+x}-1}$;

4) $\lim\limits_{x\to 0}\dfrac{\sin x-\tan x}{x^3}$;

5) $\lim\limits_{x \to 0} \dfrac{\cos x - \cos 3x}{x^2}$;

6) $\lim\limits_{x \to 0} \dfrac{\ln(1+x)}{x}$;

7) $\lim\limits_{x \to \infty} \left(\dfrac{x^3-2}{x^3+3} \right)^{x^3}$;

8) $\lim\limits_{x \to +\infty} x(\ln(x+1) - \ln x)$;

9) $\lim\limits_{x \to \infty} \left(\sin\dfrac{1}{x} + \cos\dfrac{1}{x} \right)^x$;

10) $\lim\limits_{x \to 0} \dfrac{a^x - 1}{x}$.

7. 讨论下列函数在给定点处的左右极限, 并判断在此点的极限的存在性.

1) $f(x) = \begin{cases} \dfrac{\sin(e^x - 1)}{x}, & x > 0, \\ 2x, & x \leqslant 0, \end{cases}$　　$x_0 = 0$;

2) $f(x) = \dfrac{2^{\frac{1}{x}} + 1}{(1+x)^{\frac{1}{x}}}$,　$x_0 = 0$;

3) $f(x) = \dfrac{3^{\frac{1}{x}} + 1}{3^{\frac{1}{x}} - 1}$,　$x_0 = 0$;

4) $f(x) = x - [x]$,　$x_0 = 0,\ 2$;

5) $f(x) = (2 + [x])^{\frac{1}{x}}$,　$x_0 = 0$;

6) $f(x) = \left(1 + \dfrac{\pi}{2} - x \right)^{\tan x}$,　$x_0 = \dfrac{\pi}{2}$.

8. 设 $\lim\limits_{x \to b} f(x) = a > 0$, 证明: 对任意的 $\alpha \in (0, a)$, 存在 $\delta > 0$, 使得 $f(x) > \alpha$, $x \in \overset{\circ}{U}(b, \delta)$.

9. 给出命题: 若 $f(x)$ 在 (a, b) 单调递增有界, 则 $\lim\limits_{x \to a^+} f(x)$ 与 $\lim\limits_{x \to b^-} f(x)$ 都存在.

回答问题:

1) 对命题进行结构分析.

2) 如果要证明命题, 思路是如何形成的? 具体的技术路线如何设计? 证明过程中的重点和难点是什么? 如何解决?

3) 完成证明.

10. 给出命题: 设 $f(x)$ 在 $x > 0$ 上满足: $f(x^2) = f(x)$, 且 $\lim\limits_{x \to 0} f(x) = \lim\limits_{x \to +\infty} f(x) = f(1)$, 则成立 $f(x) \equiv f(1)$.

回答问题:

1) 对命题进行结构分析.

2) 如果要证明命题, 思路是如何形成的? 具体的技术路线如何设计? 证明过程中的重点和难点是什么? 如何解决?

3) 完成证明.

11. 证明: $\lim\limits_{x \to +\infty} f(x) = A$ 的充要条件是对任意满足 $x_n \to +\infty$ 的点列 $\{x_n\}$, 都有 $\lim\limits_{n \to +\infty} f(x_n) = A$.

12. 用 Heine 定理讨论极限的存在性.

1) $\lim\limits_{x\to 0}\cos\dfrac{1}{x}$;

2) $\lim\limits_{x\to\frac{\pi}{2}}\tan x$;

3) $\lim\limits_{x\to\infty}\sin x$;

4) $\lim\limits_{x\to 0}f(x)$, 其中 $f(x)=\begin{cases}x+\sin x, & x\text{为有理数},\\ e^{x}, & x\text{为无理数}.\end{cases}$

13. 用 Cauchy 收敛准则证明 $\lim\limits_{x\to 0}\cos\dfrac{1}{x}$ 和 $\lim\limits_{x\to\infty}\sin x$ 不存在. 并对证明过程进行总结, 即重点和难点是什么? 如何解决?

14. 设 $f(x)$ 在 $[a,b]$ 上满足

$$|f(x)-f(y)|\leqslant|x-y|, \quad \forall x,y\in[a,b],$$

证明: 对任意的 $x_0\in[a,b]$, $\lim\limits_{x\to x_0}f(x)$ 存在. 并说明你的思路是如何形成的.

3.2　无穷小量和无穷大量的阶

在研究函数性质或某些量时, 若能用简单的函数或量代替复杂的函数或量, 能使相应的研究变得简单, 本节所引入的阶的概念, 正是这种研究和解决问题的数学思想的一种体现.

一、无穷小量的阶

我们知道, 所谓的无穷小量是在某一个自变量的极限过程中, 以零为极限的函数, 这是一类特殊的函数, 在函数各种性质的研究中, 经常遇到这类函数, 特别在函数极限的计算中, 经常需要处理两个无穷小量的比值的极限问题, 即 $\dfrac{0}{0}$ 型极限, 这是重要的不定型极限, 解决这类极限问题, 实际上是比较两个无穷小量趋于 0 的速度关系, 体现这一速度关系的量就是我们本节引入的阶的概念.

设 $f(x)$ 和 $g(x)$ 都是 $x\to x_0$ 时的无穷小量.

定义 2.1　1) 若 $\lim\limits_{x\to x_0}\dfrac{f(x)}{g(x)}=0$, 则称 $f(x)$ 是 $x\to x_0$ 时比 $g(x)$ 高阶的无穷小量, 或称 $g(x)$ 是 $x\to x_0$ 时比 $f(x)$ 低阶的无穷小量, 记为 $f(x)=o(g(x))\ (x\to x_0)$;

2) 若 $\lim\limits_{x\to x_0}\dfrac{f(x)}{g(x)}=a\neq 0$, 则称 $f(x)$ 和 $g(x)$ 是 $x\to x_0$ 时的同阶无穷小量, 记为 $f(x)=O(g(x))(x\to x_0)$. 特别地, 当 $a=1$ 时, 二者称为等价无穷小量, 记为 $f(x)\sim g(x)\ (x\to x_0)$.

注　有些教材中, 如下定义同阶无穷小量: 若存在某个邻域 $\overset{\circ}{U}(x_0)$ 和正数 A

和 B, 使得

$$A \leqslant \left| \frac{f(x)}{g(x)} \right| \leqslant B, \ x \in \mathring{U}(x_0),$$

则称 $f(x)$ 和 $g(x)$ 是 $x \to x_0$ 时的同阶无穷小量.

由定义, 若 $f(x)$ 是 $x \to x_0$ 时比 $g(x)$ 高阶的无穷小量, 则 $f(x)$ 趋于 0 的速度比 $g(x)$ 趋于 0 的速度快; 而同阶无穷小量表示二者趋于 0 的速度是同一量级, 等价无穷小量表示二者趋于 0 的速度相同.

利用无穷小量阶的关系, 可以在一些量的计算中进行一些代换, 即用简单的量代替复杂的量, 从而简化计算, 这一思想体现在下面的定理中.

定理 2.1 设 $f(x)$, $g(x)$, $h(x)$ 都是 $x \to x_0$ 时的无穷小量, 且 $f(x) \sim g(x)$ ($x \to x_0$), 若 $\lim\limits_{x \to x_0} \dfrac{h(x)}{f(x)} = a$, 则 $\lim\limits_{x \to x_0} \dfrac{h(x)}{g(x)} = a$.

定理 2.2 设 $\alpha(x)$, $\beta(x)$, $\tilde{\alpha}(x)$, $\tilde{\beta}(x)$ 都是 $x \to x_0$ 的无穷小量, 且 $\alpha(x) \sim \tilde{\alpha}(x) \beta(x) \sim \tilde{\beta}(x)$ ($x \to x_0$), 若 $\lim\limits_{x \to x_0} \dfrac{\tilde{\alpha}(x)}{\tilde{\beta}(x)}$ 存在, 则 $\lim\limits_{x \to x_0} \dfrac{\alpha(x)}{\beta(x)}$ 也存在, 且 $\lim\limits_{x \to x_0} \dfrac{\alpha(x)}{\beta(x)} = \lim\limits_{x \to x_0} \dfrac{\tilde{\alpha}(x)}{\tilde{\beta}(x)}$.

定理的证明很简单, 此处略去, 但是, 此定理所体现的思想非常深刻, 即将复杂的研究对象 $\alpha(x)$, $\beta(x)$ 用简单的对象 $\tilde{\alpha}(x)$, $\tilde{\beta}(x)$ 替代, 体现了**化繁为简的思想**.

为了利用上述定理解决一些极限问题, 需要寻找无穷小量的等价量, 为此, 先给出一个简化函数结构的结论, 称之为函数极限的局部表达定理.

定理 2.3 $\lim\limits_{x \to x_0} f(x) = a$ 的充分必要条件是在 x_0 附近成立 $f(x) = a + \alpha(x)$, 其中 $\alpha(x)$ 是 $x \to x_0$ 时的无穷小量.

证明 必要性 若 $\lim\limits_{x \to x_0} f(x) = a$, 记 $\alpha(x) = f(x) - a$ 即可.

充分性 设 $f(x) = a + \alpha(x)$, 显然, $\lim\limits_{x \to x_0} f(x) = a$.

总结 上述定理将抽象函数 $f(x)$ 在 x_0 点附近进行了分解, 给出了抽象函数确定的表达式, **起到了化不定(抽象函数 $f(x)$)为确定(确定的表达式)的目的**. 在研究函数在此点附近的局部性质时, 这种表示非常有用, 特别是对复杂结构的函数.

定义 2.2 设 $\alpha(x)$ 为 $x \to x_0$ 时的无穷小量, 若 $\lim\limits_{x \to x_0} \dfrac{\alpha(x)}{(x-x_0)^k} = c \neq 0$, 称 $c(x-x_0)^k$ 为 $\alpha(x)$ 的主部, k 为 $x \to x_0$ 时 $\alpha(x)$ 的阶数, 此时,

$$\alpha(x) = c(x-x_0)^k + o((x-x_0)^k),$$

称 $\alpha(x)$ 是 $x \to x_0$ 时的 k 阶无穷小量.

注　我们也用 k 表示 $x \to x_0$ 时 $\alpha(x)$ 趋于 0 的速度，即是 k 阶速度.

例 1　证明：$\arcsin x \sim x$，$\arctan x \sim x(x \to 0)$.

结构分析　题型为无穷小量间等价关系的讨论，本质是极限的讨论.

证明　利用变换 $t = \arcsin x$，则

$$\lim_{x \to 0} \frac{\arcsin x}{x} = \lim_{t \to 0} \frac{t}{\sin t} = 1,$$

故，$\arcsin x \sim x \ (x \to 0)$.

类似可证　$\arctan x \sim x \ (x \to 0)$.

例 2　证明：当 $x \to 0$ 时，$(1+x)^\alpha - 1 \sim \ln(1+x)^\alpha$，因而还有 $(1+x)^\alpha - 1 \sim \alpha x$.

证明　作变换 $(1+x)^\alpha - 1 = t$，则

$$\lim_{x \to 0} \frac{(1+x)^\alpha - 1}{\ln(x+1)^\alpha} = \lim_{t \to 0} \frac{t}{\ln(1+t)} = 1,$$

故

$$
\begin{aligned}
\lim_{x \to 0} \frac{(1+x)^\alpha - 1}{\alpha x} &= \lim_{x \to 0} \frac{(1+x)^\alpha - 1}{\alpha \ln(x+1)} \cdot \frac{\ln(1+x)}{x} \\
&= \lim_{x \to 0} \frac{(1+x)^\alpha - 1}{\ln(x+1)^\alpha} \cdot \frac{\ln(1+x)}{x} \\
&= \lim_{x \to 0} \frac{(1+x)^\alpha - 1}{\ln(x+1)^\alpha} \cdot \lim_{x \to 0} \frac{\ln(1+x)}{x} = 1.
\end{aligned}
$$

将前面的极限结论用"阶"表示，可以得到一些常用的 $x \to 0$ 时的等价无穷小量

$$\sin x \sim x;$$

$$\tan x \sim x;$$

$$\arcsin x \sim x\ ;$$

$$\arctan x \sim x;$$

$$1 - \cos x \sim \frac{1}{2} x^2;$$

$$\ln(1+x) \sim x;$$

$$e^x - 1 \sim x;$$

$$a^x - 1 \sim x \ln a (a > 0);$$

$$(1+x)^\alpha - 1 \sim \alpha x.$$

上述等价关系表明：**基本初等函数的其他类型都可以和最简单的幂函数等价，因而，在相应的问题研究中，都可以将其他的函数转化为最简单的幂函数，体现**

化繁为简的思想. 同时, 利用上述等价代换, 通过幂函数, 建立各种不同的复杂函数间的联系, 可以得到更多的复杂极限结论. 下面几个例子, 都体现了这种化繁为简的思想.

例3　计算 $\lim\limits_{x \to 0} \dfrac{e^{\frac{x}{3}} - 1}{\ln(1 + 2x)}$.

解　原式 $= \lim\limits_{x \to 0} \dfrac{\frac{x}{3} + o(x)}{2x} = \dfrac{1}{6}$.

例4　计算 $\lim\limits_{x \to 0} \dfrac{\sqrt{1 + 2x^2} - 1}{\arcsin \frac{x}{2} \cdot \arctan \frac{x}{3}}$.

解　由于 $x \to 0$ 时, $\sin x \sim x$, $\tan x \sim x$, 则

$$\arcsin x \sim x, \quad \arctan x \sim x \quad (x \to 0),$$

故

$$\lim_{x \to 0} \frac{\sqrt{1 + 2x^2} - 1}{\arcsin \frac{x}{2} \cdot \arctan \frac{x}{3}} = \lim_{x \to 0} \frac{\frac{1}{2} \cdot 2x^2}{\frac{x}{2} \cdot \frac{x}{3}} = 6.$$

例5　计算 $\lim\limits_{x \to 0} \dfrac{\tan x - \sin x}{x^3}$.

解　原式 $= \lim\limits_{x \to 0} \dfrac{\sin x \dfrac{1 - \cos x}{\cos x}}{x^3}$

$= \lim\limits_{x \to 0} \dfrac{x}{\sin x} \lim\limits_{x \to 0} \dfrac{1}{\cos x} \lim\limits_{x \to 0} \dfrac{1 - \cos x}{x^2} = \dfrac{1}{2}$.

注　代换仅对乘除能进行, 不一定适用于加减, 因而, 例5 的下述计算是错误的,

$$原式 = \lim_{x \to 0} \frac{x - x}{x^3} = 0.$$

原因　$\sin x$ 和 $\tan x$ 有相同的主部, 二者相减, 主部抵消, 因此, 起作用的是主部后面的更高阶的无穷小量, 而使用等价代换时, 只保留了主项, 起作用的、主项后面的高阶无穷小量也省略了, 造成了错误. 因此, 在遇到主部能相互抵消的量的运算中, 要谨慎运用等价代换, 或者说, 对加减运算的因子间, 尽量不要用等价代换.

利用函数极限理论, 可以将数列极限转换为函数极限处理.

例 6 计算 $\lim\limits_{n\to\infty}\left(\dfrac{2^{\frac{1}{n}}+3^{\frac{1}{n}}}{2}\right)^n$.

结构分析 这是一个 1^∞ 形式的数列极限, 可以考虑用重要极限 e 的公式来处理, 为了利用阶的理论简化极限运算, 我们将数列极限转换为函数极限.

解 考虑对应的函数极限 $\lim\limits_{x\to 0}\left(\dfrac{2^x+3^x}{2}\right)^{\frac{1}{x}}$. 记

$$h(x)=\frac{1}{2}(2^x+3^x)-1,$$

则 $h(x)$ 是 $x\to 0$ 时的无穷小量, 且 $h(x)\sim\dfrac{1}{2}x\ln 6$, 利用 3.1 节例 13 的结论, 则

$$\lim_{x\to 0}\left(\frac{2^x+3^x}{2}\right)^{\frac{1}{x}}=\lim_{x\to 0}((1+h(x))^{\frac{1}{h(x)}})^{\frac{h(x)}{x}}$$
$$=\mathrm{e}^{\frac{\ln 6}{2}}=\sqrt{6},$$

利用 Heine 定理, 则

$$\lim_{n\to\infty}\left(\frac{2^{\frac{1}{n}}+3^{\frac{1}{n}}}{2}\right)^n=\lim_{x\to 0}\left(\frac{2^x+3^x}{2}\right)^{\frac{1}{x}}=\sqrt{6}.$$

在涉及研究 $x\to\infty$ 时函数的极限时, 由于 ∞ 不是确定的量, 只是一个符号, 因此, 利用变量代换 $t=\dfrac{1}{x}$, 将 $x\to\infty$ 转换为另一变量 $t\to 0$ 的过程, 可以利用 $t\to 0$ 时的一些无穷小量的阶的关系简化计算, 体现了化不定为确定的思想.

例 7 计算 $\lim\limits_{x\to+\infty}x\left(\dfrac{2}{\pi}\arctan x-1\right)$.

解 令 $x=\dfrac{1}{s}$, 则

$$原式=\lim_{s\to 0}\frac{\dfrac{2}{\pi}\arctan\dfrac{1}{s}-1}{s},$$

再令 $\arctan\dfrac{1}{s}-\dfrac{\pi}{2}=t$, 则

$$原式 = \lim_{t \to 0} \frac{2}{\pi} t \cdot \tan\left(t + \frac{\pi}{2}\right)$$

$$= \frac{2}{\pi} \lim_{t \to 0} \frac{t \sin\left(t + \dfrac{\pi}{2}\right)}{\cos\left(t + \dfrac{\pi}{2}\right)}$$

$$= \frac{2}{\pi} \lim_{t \to 0} \frac{t \cos t}{-\sin t} = -\frac{2}{\pi}.$$

二、无穷大量的阶

类似无穷小量的阶, 可以引入无穷大量的阶.

设 $f(x)$, $g(x)$ 为 $x \to x_0$ 时的无穷大量.

定义 2.3 1) 若 $\lim\limits_{x \to x_0} \dfrac{f(x)}{g(x)} = 0$, 则称 $f(x)$ 是 $x \to x_0$ 时 $g(x)$ 的低阶无穷大量, 记为 $f(x) = o(g(x))(x \to x_0)$;

2) 若 $\lim\limits_{x \to x_0} \dfrac{f(x)}{g(x)} = c \neq 0$, 则称 $f(x)$ 是 $x \to x_0$ 时 $g(x)$ 的同阶无穷大, 记为 $f(x) = O(g(x))(x \to x_0)$; 特别地, 当 $c = 1$ 时, 称 $f(x)$ 是 $g(x)$ 的等价无穷大量, 记为 $f(x) \sim g(x)$ $(x \to x_0)$.

我们知道, 若 $f(x)$ 为无穷小量, $f(x) \not\equiv 0$, 则 $\dfrac{1}{f(x)}$ 为无穷大量; 反之, 若 $f(x)$ 为无穷大量, 则 $\dfrac{1}{f(x)}$ 为无穷小量; 即无穷大量和无穷小量可以相互转化, 因此, 关于无穷大量的代换定理及其相关的其他应用和无穷小量完全相同, 此处略去.

习 题 3.2

1. 求下列无穷小量($x \to 0$)的阶和主部.

1) $f(x) = x^2 + \sin x^3$;

2) $f(x) = e^{\sin x^2} - 1$;

3) $f(x) = (1 + 2\ln(1 + x))^3 - 1$;

4) $f(x) = \sqrt{x^2 + x^5}$;

5) $f(x) = x\ln(1 + x) + x - x^2$;

6) $f(x) = 2^x + x^2 - 1$.

2. 求下列无穷大量($x \to +\infty$)的阶和主部.

1) $f(x) = x^2 + x^3 + x^4$;

2) $f(x) = \sqrt{x + \sqrt{x + \sqrt{x}}}$;

3) $f(x) = x^5 \sin \dfrac{1}{x^2}$;

4) $f(x) = x^2 \sin x + x^3$;

5) $f(x) = 1 + \dfrac{x^2 + 1}{x - 1}$.

3. 计算下列极限并完成下列要求：分析结构, 给出结构特点; 类比已知, 给出相应的用于计算的已知定理或结论.

1) $\lim\limits_{x \to 0} \dfrac{\sqrt{1 + x^2} - \cos 2x}{\ln(1 + x^2)}$;

2) $\lim\limits_{x \to 0} \dfrac{3^{x^2} - 2^{x^2}}{x^2}$;

3) $\lim\limits_{x \to +\infty} \left(\dfrac{2}{\pi} \arctan x \right)^x$;

4) $\lim\limits_{x \to 0} \dfrac{\ln(\sin x^2 + \cos x)}{\ln(x^2 + \mathrm{e}^{2x}) - 2x}$;

5) $\lim\limits_{x \to 0} \dfrac{\sqrt{1 + x} - \sqrt[6]{1 + x}}{\sqrt[4]{1 + x} - 1}$;

6) $\lim\limits_{x \to 0} \dfrac{\sqrt[m]{1 + ax} \sqrt[n]{1 + bx} - 1}{x}$, $m > 0$, $n > 0$;

7) $\lim\limits_{n \to \infty} \left(\mathrm{e}^{\frac{1}{n}} + \sin \dfrac{1}{n} \right)^n$;

8) $\lim\limits_{n \to \infty} \dfrac{\sqrt[3]{1 + \dfrac{1}{3n}} - \sqrt[4]{1 + \dfrac{1}{4n}}}{1 - \sqrt{1 - \dfrac{1}{2n}}}$.

3.3　连 续 函 数

本节, 研究函数最基本的分析性质——函数的连续性, 并建立初等函数的连续性.

一、连续性的定义

我们知道, 函数是平面曲线的代数表示, 在平面坐标系内, 函数的几何图形是一条曲线, 对曲线而言, 光滑性是曲线的重要特性, 而最简单、最基本的光滑性就是连续性——用于刻画曲线是 "断" 的还是连续不断的. 本节, 我们以极限为工具, 从代数结构上研究函数的连续性, 给出函数连续性的代数特征(即用函数表达式刻画的特征).

几何上, 曲线的连续性特征很容易刻画, 就是曲线是连续不断.要从代数上刻画函数的连续性, 可以利用的工具只有函数的极限, 因此, 通过考察函数在每一点的极限存在性和对应函数值的关系来刻画函数的连续性.

设 $f(x)$ 在 $U(x_0,\rho)$ 内有定义.

定义 3.1　若 $\lim\limits_{x\to x_0} f(x) = f(x_0)$, 则称 $f(x)$ 在 x_0 点连续.

信息挖掘　1)上述定义有三层含义：①函数在此点有定义；②函数在此点不仅有定义, 而且在此点存在极限；③函数在此点不仅存在极限, 而且极限等于此点的函数值.

2) 借助极限的概念, 我们定义了函数在一点的连续性, 由于极限是局部概念, 因而, 函数在一点的连续性也是**局部性质**.

3) 定义中给出了函数在一点处的连续性, 也称函数的点连续性.

4) 利用极限的定义, 也可以用 ε-δ 语言定义函数在一点的连续性, 从中也可以看出点连续性的局部特征.

5) 定义中用定量的关系式给出了函数的定性性质, 从这个意义上说, 定义既是定量的又是定性的.

与左右极限对应, 我们也可以引入左、右连续性.

定义 3.2　若 $f(x_0+) = f(x_0)$ (即 $\lim\limits_{x\to x_0^+} f(x) = f(x_0)$), 则称 $f(x)$ 在 x_0 点为右连续;　若 $f(x_0-) = f(x_0)$ (即 $\lim\limits_{x\to x_0^-} f(x) = f(x_0)$), 则称 $f(x)$ 在 x_0 点为左连续.

利用函数极限和其左右极限的关系, 自然可以得到：

由于 $f(x_0+) = f(x_0-) = f(x_0)$ 等价于 $\lim\limits_{x\to x_0} f(x) = f(x_0)$, 因而, $f(x)$ 在 x_0 点连续的充分必要条件是 $f(x)$ 在 x_0 点既是左连续, 又是右连续.

下面, 进一步将函数的点连续推广到区间连续.

定义 3.3　若 $f(x)$ 在 (a,b) 内的每一点都连续, 称 $f(x)$ 在 (a,b) 内连续. 若 $f(x)$ 在 $[a,b]$ 内的每一点都连续, 在 $x=a$ 点右连续, 在 $x=b$ 左连续, 称 $f(x)$ 在 $[a,b]$ 上连续.

通过定义 3.3, 我们将连续性推广到区间, 形成函数的区间连续性, 由于连续性是局部概念, 函数在区间上的连续性等价于在区间上每一点的连续性, 因此, 验证函数的区间连续性时, 只需验证点点连续即可. 为以后运用方便, 引入记号：$f(x)$ 在区间 I 连续, 简记为 $f(x) \in C(I)$.

例 1　证明 $f(x) = \sqrt{x(1-x)}$ 在$[0,1]$上连续.

证明　对 $\forall x_0 \in (0,1)$，容易计算

$$\lim_{x \to x_0} f(x) = f(x_0),$$

且 $\lim\limits_{x \to 0^+} f(x) = f(0) = 0$，$\lim\limits_{x \to 1^-} f(x) = f(1) = 0$，故，$f(x) \in C[0,1]$.

考察几个基本初等函数的连续性.

例 2　证明 $\sin x \in C(\mathbf{R}^1)$.

证明　由直接代入法，对 $\forall x_0 \in \mathbf{R}^1$，则

$$\lim_{x \to x_0} \sin x = \sin x_0,$$

因而，$\sin x$ 在 x_0 点连续，由点 x_0 的任意性可知，$\sin x$ 在 $\mathbf{R}^1$ 上连续.

例 3　证明 $e^x \in C(\mathbf{R}^1)$.

证明　由 3.1 节的例 2 可知 $\lim\limits_{x \to 0} e^x = 1$. 对任意实数非零 x_0，则

$$\lim_{x \to x_0} (e^x - e^{x_0}) = \lim_{x \to x_0} e^{x_0} (e^{x-x_0} - 1) = 0,$$

故，$\lim\limits_{x \to x_0} e^x = e^{x_0}$，由 x_0 点的任意性，则 e^x 在 $\mathbf{R}^1$ 连续.

有了例 2 和例 3 的结论，利用下面的连续性的运算性质就可以建立初等函数的连续性.

二、运算性质

由于函数连续性的定量性定义本质是极限，因此，将极限的运算性质进行推广就得到函数连续的运算性质.

设 $f(x)$，$g(x)$ 在 $U(x_0, \rho)$ 内有定义.

定理 3.1　若 $f(x)$，$g(x)$ 都在 x_0 点连续，则 $f(x) \pm g(x)$，$f(x)\, g(x)$ 在 x_0 点连续；如果还有 $g(x_0) \neq 0$，则 $\dfrac{f(x)}{g(x)}$ 在 x_0 点连续.

利用函数极限的复合运算法则可以得到复合函数的连续性.

定理 3.2　（复合函数的连续性）　若 $u = g(x)$ 在 x_0 点连续，$y = f(u)$ 在 $u_0 = g(x_0)$ 点连续，则复合函数 $y = f(g(x))$ 在 x_0 点连续.

抽象总结　1）从定性角度看，给出了复合函数的连续性；

2）从定量角度看，定理 3.2 给出了两种运算的可换序性质：

$$\lim_{x \to x_0} f(g(x)) = f(g(x_0)) = f(\lim_{x \to x_0} g(x)),$$

即极限和复合运算可以交换运算次序.

下面定理给出了反函数连续性.

定理 3.3　设 $y = f(x)$ 在 $[a,b]$ 上连续且严格单调增，且 $f(a) = \alpha, f(b) = \beta$，则

反函数 $x = f^{-1}(y)$ 在 $[\alpha, \beta]$ 上连续且严格单调增.

证明　由反函数存在性定理, $x = f^{-1}(y)$ 在 $[\alpha, \beta]$ 上是严格单调增的, 我们下面仅证明其连续性.

(1) 首先证明 $R(f) = [\alpha, \beta]$.

因为 $f(a) = \alpha, f(b) = \beta$, 故 $\alpha, \beta \in R(f)$.

下证: $(\alpha, \beta) \subset R(f)$, 即对 $\forall \gamma \in (\alpha, \beta)$, $\exists x_0 \in (a, b)$, 使 $f(x_0) = \gamma$.

对 $\forall \gamma \in (\alpha, \beta)$, 记 $s = \{x : x \in [a, b], f(x) < \gamma\}$, 由于 $a \in s$, 因而 s 是非空有上界 b 的集合, 故 s 有上确界, 记 $x_0 = \sup s$, 则 $x_0 \in (a, b)$ 且 $\exists x_n \in s$, 使得 $x_n \to x_0$.

由于 $f(x_n) < \gamma$, 故 $f(x_0) \leqslant \gamma$. 由于 $f(x)$ 单调增, 则 $x < x_0$ 时, $f(x) < f(x_0) \leqslant \gamma$, 故, $f(x_0-) \leqslant \gamma$. 而 $x > x_0$ 时, $x \notin s, f(x) \geqslant \gamma$, 则 $f(x_0+) \geqslant \gamma$.

由连续性, 则 $f(x_0+) = f(x_0-) = f(x_0)$, 因而, $\gamma = f(x_0)$, 故 $(\alpha, \beta) \subset R(f) \subset [\alpha, \beta]$, 因此 $[\alpha, \beta] = R(f)$.

(2) 证明 $x = f^{-1}(y)$ 在 $[\alpha, \beta]$ 上连续.

任取 $y_0 \in (\alpha, \beta)$, 记 $x_0 = f^{-1}(y_0)$, 则 $y_0 = f(x_0)$. $\forall \varepsilon > 0$, 取 $\delta = \min\{-f(x_0 - \varepsilon) + y_0, f(x_0 + \varepsilon) - y_0\} > 0$, 则当 $|y - y_0| < \delta$ 时,

$$f(x_0 - \varepsilon) - y_0 < -\delta < y - y_0 < \delta < f(x_0 + \varepsilon) - y_0,$$

因而,

$$f(x_0 - \varepsilon) < y < f(x_0 + \varepsilon),$$

利用函数的严格单调性, 则

$$x_0 - \varepsilon < f^{-1}(y) < x_0 + \varepsilon,$$

因而,

$$\left| f^{-1}(y) - f^{-1}(y_0) \right| = \left| f^{-1}(y) - x_0 \right| < \varepsilon,$$

故, $x = f^{-1}(y)$ 在 y_0 连续.

由 y_0 的任意性, 则 $x = f^{-1}(y)$ 在 (α, β) 内连续.

类似可以证明: $x = f^{-1}(y)$ 在 $y = \alpha$ 处的右连续性和在 $y = \beta$ 处的左连续性, 因而, $x = f^{-1}(y)$ 在 $[\alpha, \beta]$ 上连续.

由定理 3.1—定理 3.3 和例 2 与例 3 可得, 初等函数在其定义域内都是连续的. 为此, 只需说明基本初等函数的连续性. 事实上, 由于 $\ln x$ 是 e^x 的反函数, 由定理 3.3 得到 $\ln x$ 的连续性; 幂函数可以通过指数函数和对数函数的复合运算而得到, 如 $x^a = \mathrm{e}^{a \ln x} (x > 0)$, 因而, 利用定理 3.2 和定理 3.3, 幂函数是连续的; 利用幂函数和正弦函数的连续性, 可以得到余弦函数的连续性, 进一步利用运算法则得到其他三角函数的连续性, 最后, 利用定理 3.3 得到反三角函数的连续性; 因此, 基本

初等函数在定义域内是连续的.

定理 3.4　基本初等函数在其定义域内都是连续的; 初等函数在其定义域内是连续的.

三、不连续点及其类型

连续性是函数最基本的性质, 但是, 并不是所有的函数都具有连续性, 因此, 讨论函数的不连续性同样有意义. 那么, 如何定义不连续性? 我们从分析连续性的条件入手, 引入各种间断点的概念.

我们知道, $f(x)$ 在 x_0 点连续必须同时满足

1) $f(x)$ 在 x_0 点有定义;

2) $\lim\limits_{x \to x_0} f(x) = f(x_0)$, 此条件还可以进一步分解为

$$f(x_0+) = f(x_0-) = f(x_0).$$

因此, 否定上述任一条, 都将破坏连续性.

定义 3.4　1) 若 $f(x_0+)$, $f(x_0-)$ 存在但不相等, 称 x_0 为 $f(x)$ 的第一类不连续点, 也称 x_0 为 $f(x)$ 的跳跃不连续点(图 3-5).

2) 若 $f(x_0+)$, $f(x_0-)$ 至少有一个不存在, 称 x_0 为 $f(x)$ 的第二类不连续点(图 3-6).

3) 若 $f(x_0+) = f(x_0-)$, 但是 $\lim\limits_{x \to x_0} f(x) \neq f(x_0)$, 或 $f(x)$ 在 x_0 没有定义, 称 x_0 为 $f(x)$ 的可去不连续点(图 3-7).

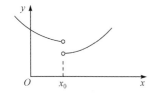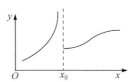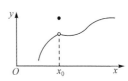

图 3-5　跳跃不连续点　　　　图 3-6　第二类不连续点　　　　图 3-7　可去不连续点

注　不连续点也称间断点, 也有课本将可去不连续点归为第一类不连续点.

对跳跃不连续点, 在间断点处, 函数发生跳跃, 跳度为 $f(x_0+) - f(x_0-)$, 如 $\lim\limits_{x \to N^-}[x] = N-1$, $\lim\limits_{x \to N^+}[x] = N$, 跳度为 1, 其中 N 为大于 1 的正整数.

对可去不连续点, 可以重新定义或补充定义函数在此点的函数值, 使其在此点连续, 这也是把此类不连续点称为可去不连续点的原因. 如 $f(x) = \dfrac{\sin x}{x}$ 在其定义域 $\mathbf{R} \backslash \{0\}$ 内连续, 但是, 补充定义 $f(0) = 1$ 后, 就得到在整个实数系 $\mathbf{R}$ 都连续的

函数 $\widetilde{f}(x) = \begin{cases} \dfrac{\sin x}{x}, & x \neq 0, \\ 1, & x = 0, \end{cases}$ 因而, $x = 0$ 为 $f(x)$ 的可去不连续点.

例 4 对定义在 $(0, 1)$ 区间上的 Riemann 函数

$$R(x) = \begin{cases} \dfrac{1}{p}, & x = \dfrac{q}{p}(p, q \in \mathbf{Z}_+, p, q \text{互质}), \\ 0, & x \text{ 为无理数}, \end{cases}$$

证明: 对 $\forall x_0 \in (0,1)$, $\lim\limits_{x \to x_0} R(x) = 0$, 因此, $(0, 1)$ 内的一切无理点都是 $R(x)$ 的连续点; $(0, 1)$ 内的一切有理点都是 $R(x)$ 的可去不连续点.

结构分析 证明结论的关键是对 $\forall \varepsilon > 0$, 确定 $\delta > 0$, 使得 $|x - x_0| < \delta$ 时, 成立

$$| R(x) - 0 | = | R(x) | < \varepsilon.$$

显然, 只需考虑 x 为有理点的情形, 此时应该成立

$$| R(x) - 0 | = | R(x) | = \frac{1}{p} < \varepsilon,$$

与以往确定 δ 的方法不同, 我们采用反向思维方法, 即先确定不满足上述要求的点 x, 通过排除这些点来确定 $\delta > 0$. 即先确定使得

$$R(x) = \frac{1}{p} > \varepsilon$$

的有理点, 这是解决问题的出发点. 排除法是处理 Riemann 函数的重要方法, 后面还会遇到此函数的排除法的运用.

证明 对 $\forall \varepsilon > 0$, 满足 $p < \dfrac{1}{\varepsilon}$ 的正整数至多有有限个, 因而, $[0,1]$ 中至多有有限个有理数 $\dfrac{q}{p}$ 使 $p < \dfrac{1}{\varepsilon}$, 记这些有理点为 $x_1, \cdots, x_k$, 取 $\delta = \min\{|x_i - x_0|\} > 0$, 则 $0 < |x - x_0| < \delta$ 时,

$$\left| R(x) - 0 \right| < \frac{1}{p} < \varepsilon,$$

故, $\lim\limits_{x \to x_0} R(x) = 0$, 由此结论得证.

抽象总结 要注意证明此结论的**排除法**, 即为寻找满足条件的点, 等价于把不满足此条件的点排除掉, 因而, 只需寻找对应的不满足条件的点即可.

例 5 (a,b) 上单调函数 $f(x)$ 的不连续点必为第一类不连续点.

结构分析 根据定义, 要证明结论只需证明 $f(x)$ 在不连续点处的左、右极限

都存在, 所给的条件是单调性, 将单调性和极限存在性联系在一起的结论就是单调有界收敛定理, 这就确立了证明的思路. 当然, 也可用下述确界性质证明.

证明　不妨设 $f(x)$ 在 (a,b) 上单调增加, 任取 $x_0 \in (a,b)$, 构造集合

$$S = \{f(x) : x \in (a, x_0)\},$$

由于 $f(x) \leqslant f(x_0)$, $x \in (a, x_0)$, 故 S 有上界, 显然 $S \neq \varnothing$, 因而 S 有上确界, 记为 $\alpha = \sup S$, 则对任意 $x \in (a, x_0)$, $f(x) \leqslant \alpha$.

又, 对 $\forall \varepsilon > 0$, 由确界性质: 存在 $x' \in (a, x_0)$, 使

$$f(x') > \alpha - \varepsilon,$$

故, 取 $\delta = x_0 - x'$, 则当 x 满足 $0 < x_0 - x < \delta$ 时,

$$\alpha > f(x) > \alpha - \varepsilon,$$

因此, $\lim\limits_{x \to x_0^-} f(x) = \alpha$.

类似地, 记 $S' = \{f(x) : x \in (x_0, b)\}$, $\beta = \inf S'$, 则 $\lim\limits_{x \to x_0^+} f(x) = \beta$, 因此, x_0 至多为第一类不连续点.

习　题　3.3

1. 用连续性的 "ε-δ" 定义证明下述函数在给定区间上的连续性.

1) $f(x) = \dfrac{1}{\sqrt{x}}$, $x \in (0,1)$;

2) $f(x) = x^2$, $x \in [1, +\infty)$;

3) $f(x) = \ln x$, $x > 0$.

2. 设 $f(x)$ 连续, 证明 $|f(x)|$ 和 $f^2(x)$ 也连续. 反之成立吗?

3. 设 $f(x)$ 和 $g(x)$ 连续, 证明 $\min\{f(x), g(x)\}$ 和 $\max\{f(x), g(x)\}$ 都连续.

4. 设 $f(x)$ 连续, 实数 $c > 0$, 构造函数

$$g(x) = \begin{cases} -c, & f(x) < -c, \\ f(x), & |f(x)| \leqslant c, \\ c, & f(x) > c, \end{cases}$$

研究函数间的关系, 证明 $g(x)$ 连续.

5. 设函数 $f(x)$ 在 $[a, b]$ 上连续, 对 $x \in [a, b]$, 记

$$M(x) = \sup_{a \leqslant t \leqslant x} f(t),$$

证明 $M(x)$ 在 $[a, b]$ 上连续.

6. 若对任意的 $\varepsilon > 0$, $f(x)$ 在 $[a + \varepsilon, b - \varepsilon]$ 上连续, 证明 $f(x)$ 在 (a, b) 连续. 进一步问, $f(x)$ 在 $[a, b]$ 上连续吗? 从结论中你能得到哪些信息?

7. 设 $f(x)$ 在 x_0 点连续, 且 $f(x_0) > 0$, 证明: 存在 $A > 0$ 和 $\delta > 0$, 使得

$$\frac{A}{2} < f(x) < \frac{3}{2}A, \quad x \in U(x_0, \delta).$$

8. 设函数连续且在有理点处取值为 0, 证明此函数恒为 0.

9. 设函数 $f(x)$ 在 $x = 0$ 点连续, 且对任意的 x, y, 成立

$$f(x+y) = f(x) + f(y),$$

证明: 1) $f(x)$ 是连续函数; 2) $f(x) = f(1)x$.

并给出结构分析, 说明思路是如何形成的? 具体的技术路线是如何设计的? 过程中的重点和难点是什么? 如何解决?

10. 设 $f(x)$ 对任意的 $x>0$ 都连续, 且成立 $f(x^2) = f(x)$, 证明: $f(x)$ 为常数函数.

并给出结构分析, 说明思路是如何形成的? 具体的技术路线是如何设计的? 过程中的重点和难点是什么? 如何解决?

11. 设 $f(x)$ 在 $x=0$ 的某个邻域内有界, 且满足:

$$f(\alpha x) = \beta f(x),$$

其中 $\alpha > 1$, $\beta > 1$, 证明 $f(x)$ 在 $x=0$ 点连续.

并给出结构分析, 说明思路是如何形成的? 具体的技术路线是如何设计的? 过程中的重点和难点是什么? 如何解决?

12. 讨论下列函数间断点的类型.

1) $f(x) = \dfrac{x+1}{x^2 - x - 2}$;

2) $f(x) = x - [x]$;

3) $f(x) = e^{\frac{1}{x}}$;

4) $f(x) = \sin \dfrac{1}{x}$.

3.4 闭区间上连续函数的性质

闭区间上的 Weierstrass 定理是闭区间上特有的性质, 与此相对应, 定义在闭区间上的连续函数有一系列很好的性质, 这正是本节的研究内容.

一、有界性定理

定理 4.1　若 $f(x) \in C[a,b]$, 则 $f(x)$ 在 $[a,b]$ 上有界.

结构分析　条件分析:已知条件是函数的连续性, 连续性是局部性概念, 可以得到与要证明的结论相关的是"局部有界性"; 结论分析: 要证明的结论是 $f(x)$ 在 $[a,b]$ 上有界, 即存在 $M>0$,使得 $|f(x)| \leqslant M, x \in [a,b]$, 是在整个区间都成立的性

质, 是整体性质, 因此, 要证明结论, 需要由局部性条件得到整体性结论, 所利用的工具就是有限开覆盖定理.

这就决定了证明问题的思路——利用有限开覆盖证明定理; 此时, 难点是构造开覆盖, 常规的构造方法是: 任取一点 x_0, 找到 $U(x_0, \delta)$, 成立某性质(P), 这个性质就是要由局部推广到整体成立的性质, 然后, 让 x_0 跑遍 $[a, b]$, 得开覆盖, 利用有限开覆盖定理将性质(P)推广至整体.

证明 将函数连续延拓至闭区间 $[a-1, b+1]$, 使得

$$F(x) = \begin{cases} f(a), & a-1 \leqslant x < a, \\ f(x), & a \leqslant x \leqslant b, \\ f(b), & b < x \leqslant b+1, \end{cases}$$

则 $F(x)$ 在 $[a-1, b+1]$ 上连续.

任取 $x_0 \in [a, b]$, 由连续性条件, $\lim\limits_{x \to x_0} F(x) = F(x_0)$, 因而, $F(x)$ 在 x_0 点局部有界, 即存在 $M_{x_0} > 0$ 和 $\delta_{x_0} \in (0, 1)$, 使得

$$|F(x)| \leqslant M_{x_0}, \quad \forall x \in U(x_0, \delta_{x_0}),$$

构造开区间集 $I = \{U(x_0, \delta_{x_0}) : x_0 \in [a, b]\}$, 则 $[a, b] \subseteq \bigcup\limits_{x_0 \in [a, b]} U(x_0, \delta_{x_0})$, 因而, I 是闭区间 $[a, b]$ 的开覆盖, 由有限开覆盖定理, 存在有限个开区间, 记为 $U(x_1, \delta_{x_1})$, $U(x_2, \delta_{x_2})$, $\cdots$, $U(x_k, \delta_{x_k})$, 使得 $[a, b] \subseteq \bigcup\limits_{i=1}^{k} U(x_i, \delta_{x_i})$, 由于

$$|F(x)| \leqslant M_i, \quad x \in U(x_i, \delta_{x_i}),$$

因此, 取 $M = \max\{M_i : i = 1, 2, \cdots, k\}$, 则

$$|f(x)| = |F(x)| \leqslant M, \quad x \in [a, b],$$

因此, $f(x)$ 在 $[a, b]$ 上有界.

抽象总结 1)关于有限开覆盖定理应用,可以归结为如下主要步骤:延拓——任意取点——挖掘此点的局部性质——让点跑遍闭区间构造开覆盖——利用有限开覆盖定理得到结论;

2) 作延拓的目的是,当点跑到端点时,使端点处对应的开区间不致跑到闭区间的外面.

还可用 Weierstrass 定理证明此定理, 此时, 要用反证法证明.

定理的结论在开区间上不成立, 如 $f(x) = \dfrac{1}{x}$ 在 $(0, 1)$ 内连续但无界, 这反映了连续函数在闭区间上具有好的性质.

例 1 设 $f(x) \in C[0, +\infty)$, 且 $\lim\limits_{x \to +\infty} f(x) = a$ (有限), 证明: $f(x)$ 在 $[0, +\infty)$ 有界.

结构分析　题型是证明连续函数在无限区间上的有界性; 类比已知的相关结论是: 有限闭区间上的连续函数有界, 由此确立了证明思路; 注意到条件有两个: 连续性和无限远处的极限存在性, 由此确定具体的处理方法是**分段处理方法**, 从一个充分远的点将整个无限区间分成**充分远的部分和剩下有限的闭区间部分**, 在充分远的部分, 用无穷远处函数的极限控制函数的界, 在有限的闭区间上用连续有界性定理. 当然, 由无穷远处的极限决定分段的方法(确定分段点的位置).

证明　由于 $\lim\limits_{x\to+\infty} f(x)=a$, 对 $\varepsilon=1$, 存在 $M>0$, 当 $x>M$ 时, 有

$$|f(x)-a|<1,$$

因而,

$$|f(x)|\leqslant|f(x)-a|+|a|<1+|a|,\quad \forall x>M,$$

故, $f(x)$ 在 $[M+1,+\infty)$ 上有界, 记 $M_1=1+|a|$, 则

$$|f(x)|\leqslant M_1,\quad x\in[M+1,+\infty).$$

由于 $f(x)\in C[0,M+1]$, 则由定理 4.1, 存在 M_2 使得

$$|f(x)|\leqslant M_2,\quad x\in[0,M+1],$$

故, $|f(x)|\leqslant M_1+M_2,\quad x\in[0,+\infty)$.

总结　将性质由有限区间推导到无限区间时, 通常需要利用分段的方法处理, 可以通过上述证明过程总结分段的思想和方法.

二、最值定理

我们曾经对实数集合引入过最值的定义, 由此知道最值是刻画集合的界的一个非常精确的量, 但是, 遗憾的是最值不一定存在. 在研究函数性质时, 我们同样可以引入最值的概念, 并且发现, 闭区间上的连续函数的最值是可达的, 这是闭区间上连续函数的又一个好性质.

定义 4.1　设 $f(x)$ 在 I 上有定义, 若存在 $x_0\in I$, 使

$$f(x)\leqslant f(x_0),\quad \forall x\in I,$$

称 $f(x_0)$ 为 $f(x)$ 在 I 上的最大值, x_0 为最大值点, 也称 $f(x)$ 在 x_0 点达到最大值.

根据定义, 最大值若存在, 则必唯一; 但最大值点不一定唯一. 如 $y=\sin x$, 其中 $x\in[-2\pi,2\pi]$, 则函数有多个最大值点.

类似地, 可引入最小值(点).

我们以最大值和上确界为例, 简单讨论最值和确界的关系.

记 $S=\{f(x):x\in I\}$, 设 $\beta=\sup S<+\infty$, 若 β 是可达到的, 即存在 $x_0\in I$, 使 $f(x_0)=\beta$, 显然, $f(x_0)$ 是 $f(x)$ 在 I 上的最大值, x_0 为最大值点; 若 β 不是可达到的, 则 $f(x)$ 在 I 上的最大值不存在. 事实上, 若存在最大值, 则最大值必是上

确界. 如 $f(x)=x, x \in (0,1)$ ，记 $S=\{x: x \in (0,1)\}$ ，则 $\beta = \sup S = 1$ 不可达，故，$f(x)$ 在 $(0,1)$ 上无最大值.

有的课本上是以确界的可达性定义最值. 最值，在理论研究中可以用以刻画函数的性质，如有界性，在实际应用中更具有强烈的实际应用背景. 因此，最值研究非常有意义. 问题是最值是否存在. 前例表明：连续函数在开区间上不一定有最值. 但是，闭区间上的连续函数却具有肯定的答案.

定理 4.2 (最值可达性)　设 $f(x) \in C[a,b]$，则 $f(x)$ 在 $[a,b]$ 上一定达到最大值和最小值.

结构分析　分析定理的结构，要证明的是最值可达性，已知条件是连续性；类比已知，与此关联最紧密的已知结论是，闭区间上连续函数的有界性，注意到最值是可达的确界，由此确立证明的思路：界 $\Rightarrow$ 确界 $\Rightarrow$ 确界可达=最值，这就是证明的思路，即用确界定理，通过研究确界性质，找到可达确界的点.

证明　只证明上确界的存在性. 由于 $f(x) \in C[a,b]$，因而，$f(x)$ 在 $[a,b]$ 有界，进而存在上确界和下确界，记 $\beta = \sup\{f(x): x \in [a,b]\}$.

下证，上确界是可达的.

由确界性质，存在 $x_n \in [a,b]$，使得 $\beta = \lim\limits_{n \to \infty} f(x_n)$，又由 Weierstrass 定理，$\{x_n\}$ 有收敛子列 $\{x_{n_k}\}$，记 $\{x_{n_k}\}$ 收敛于 x_0，则 $x_0 \in [a,b]$，由 $f(x)$ 的连续性得，则

$$\beta = \lim_{n \to \infty} f(x_n) = \lim_{k \to \infty} f(x_{n_k}) = f(x_0),$$

即 $f(x_0) = \beta$，因而，$f(x)$ 在 x_0 点达到最大值.

总结　证明过程中，充分体现了将确界用极限表示的好处，要掌握并学会利用这个性质.

闭区间上不满足连续性的函数不一定有最值.

例 2　设 $f(x) \in C[a,+\infty)$，且 $\lim\limits_{x \to +\infty} f(x) = A$，证明：$f(x)$ 在 $[a,+\infty)$ 内取得最大值或最小值.

结构分析　例 2 的结构和例 1 相同，都是将相应的结论由有限的闭区间推广到无限区间，处理的思想也相同，采用分段处理的方法，由于最值的唯一性，需要在两段之间进行比较以确定最值. 因此，与例 1 的分段法不同，需借助于有限点处和无穷远处的函数值的比较进行分段.

证明　若 $f(x) \equiv A$，则问题解决.

若 $f(x)$ 不是恒等于 A 的常数函数，则必存在点 $x_0 \in [a,+\infty)$，使得 $f(x_0) \neq A$.

若 $f(x_0) > A$. 由于 $\lim\limits_{x \to +\infty} f(x) = A$，对 $\varepsilon = f(x_0) - A$，则存在 $M > |x_0| \geqslant 0$，使得 $x > M$ 时，

$$f(x) < A + \varepsilon = f(x_0).$$

又，由于 $f(x) \in C[a,M]$，则 $f(x)$ 在 $[a,M]$ 内取得最大值，因而，存在 $x_1 \in [a,M]$，使得

$$f(x_1) = \beta = \max\{f(x) : x \in [a,M]\},$$

由于 $x_0 \in [a,M]$，则 $\beta \geqslant f(x_0)$，因而，当 $x > M$ 时，

$$f(x) < f(x_0) \leqslant \beta.$$

故，$f(x_1) = \beta$ 是 $f(x)$ 在 $[a,+\infty)$ 的最大值.

同样地，当 $f(x_0) < A$ 时，可以证明 $f(x)$ 在 $[a,+\infty)$ 内取得最小值.

三、方程的根或函数零点存在定理

在工程技术领域，经常遇到方程的根或函数零点的求解问题，那么，方程的根是否存在？什么条件能保证方程根的存在性？这是必须首先要解决的问题. 下面，我们用函数的连续性研究方程根或函数零点的存在性问题.

定理 4.3　设 $f(x) \in C[a,b]$，且 $f(a) \cdot f(b) < 0$，则存在 $x_0 \in (a,b)$ 使 $f(x_0) = 0$，即方程 $f(x) = 0$ 在 (a,b) 内有解 x_0.

结构分析　要证明结论，就是要在 $[a,b]$ 内确定一点，使得此点为函数的零点；我们知道，确定点的工具有闭区间套定理和确界存在定理，因而，可以采用这两个定理证明. 此处，我们采用确界定理证明它. 因此，需要构造集合，使得零点正是集合的确界点. 从几何上观察，在函数端点值相反的情况下，必有一个零点是函数变号的分界点，这正是我们构造集合的出发点. 但是，我们知道函数的零点不具备唯一性，因此，确定那一个零点也是要考虑的问题；通常我们会选择那些特殊的零点，这些特殊的零点并不唯一，选择不同的特殊零点得到不同的处理方法. 法一选择了"满足某些要求的最大的零点"，当然，这并不是函数的最大的零点；法二选择了函数的最大的零点，仔细体会二者的差别.

证明　**法一**　不妨设 $f(a) < 0$，$f(b) > 0$，记 $S = \{x \in (a,b) : f(x) < 0\}$，则 $a \in S$，且 S 有上界 b，因而 S 有上确界，记 $x_0 = \sup S \in (a,b)$，由确界性质，存在 $x_n \in S$，使 $x_n \to x_0$. 因为 $x_n \in S$，故 $f(x_n) < 0$，由连续性和极限的保序性，$f(x_0) \leqslant 0$.

又，由于 $f(b) > 0$，因而 $x_0 < b$，且

$$f(x) \geqslant 0, \quad \forall x \in (x_0, b),$$

再次利用连续性，则

$$f(x_0) = \lim_{x \to x_0^+} f(x) \geqslant 0,$$

故，$f(x_0) = 0$.

法二　令 $S = \{x \in [a,b] : f(t) > 0, t \in (x,b]\}$，则 S 有下确界，记 $x_0 = \inf S \in (a, b)$，则

$$f(x) > 0, \quad \forall x \in (x_0, b],$$

由确界性质, 存在 $x_n \in S$, 使 $x_n \to x_0$. 因为 $x_n \in S$, 故 $f(x_n) > 0$, 由连续性和极限的保序性, $f(x_0) \geqslant 0$.

下证 $f(x_0) = 0$. 若 $f(x_0) > 0$, 由极限的保号性, 存在 $\delta > 0$, 使得 $(x_0 - \delta, x_0 + \delta) \subset (a,b)$, 且 $f(x) > 0, \forall x \in (x_0 - \delta, x_0 + \delta)$, 因而, 成立 $x_0 - \delta \in S$, 与 $x_0 = \inf S \in (a,b)$ 矛盾, 故 $f(x_0) = 0$.

抽象总结　1) 定理的结论表明了定理作用对象的特征, 用于研究方程的根或函数的零点, 要验证的条件相对简单, 定性条件为连续性, 定量条件是两个异号的点;

2) 方程的根或函数的零点的问题是函数分析性质研究的重要内容, 此定理是解决这类问题的第一个重要工具;

3) 证明方法不唯一, 还可以确定函数的最小的零点;

4) 定理只给出了零点的存在性, 没有唯一性;

5) $f(a), f(b)$ 同号时, 不能否定根的存在性.

由上述定理, 可以得到更一般的介值定理.

定理 4.4　若 $f(x) \in C[a,b]$, 则对 $\forall c \in [m,M]$, 存在 $x_0 \in [a,b]$, 使 $f(x_0) = c$. 其中, $M = \max\{f(x) : x \in [a,b]\}$, $m = \min\{f(x) : x \in [a,b]\}$, 即 $f(x)$ 在 $[a,b]$ 一定能取到最大值和最小值之间的任何数.

结构分析　从要证明的定理的结论看仍是方程根的问题, 类比已知, 和定理 4.3 结构相同, 因此, 证明的思路是将其转化为方程的零点, 然后用定理 4.3 的零点存在定理来证明.

证明　若 $M = m$, 则 $f(x)$ 常数函数, 结论显然成立.

现设 $M > m$, 由于 $f(x) \in C[a,b]$, 由最值存在性定理, 则存在 $\xi, \eta \in [a,b]$, 使 $f(\xi) = m, f(\eta) = M$, 不妨设 $\xi < \eta$, $\forall c : m < c < M$, 令 $\phi(x) = f(x) - c$, 则 $\phi(x) \in C[\xi, \eta]$, 且 $\phi(\xi) \cdot \phi(\eta) < 0$, 因而, 存在 $x_0 \in (\xi, \eta)$, 使 $\phi(x_0) = 0$, 即 $f(x_0) = c$.

抽象总结　1) 从定理的结构看, 这类问题也称为介值问题, 是函数零点或方程根的问题的推广, 其本质是相同的, 后续内容中还会涉及更复杂的介值问题; 因此, 介值问题是此定理作用对象的特征.

2) 进一步还可以得到: 若 $f(x) \in C[a,b]$, 则 $R(f) = [m,M]$.

例 3　设 $f(x) \in C[a,b]$, 且 $f([a,b]) \subseteq [a,b]$, 证明: 存在 $\xi \in [a,b]$, 使 $f(\xi) = \xi$.

结构分析　通常, 把满足 $f(x) = x$ 的点称为函数 $f(x)$ 的不动点, 因此, 本题要证明的是不动点的存在性, 从结构看仍然是方程根的存在性问题或方程的零点问题或更一般的介值问题; 思路确立: 类比已知的理论是连续函数的零点(或介值)定理; 因此, 确定用定理 4.3 或定理 4.4 证明; 难点: 确定两个异号点, 这些点通常从特殊的点中确定，这些特殊点通常为区间端点或具有某些特殊性质的点.

证明　记 $g(x) = f(x) - x$，则由于 $f([a,b]) \subseteq [a,b]$，因而，

$$f(a) \geqslant a, \quad f(b) \leqslant b,$$

故，$g(b) \leqslant 0, g(a) \geqslant 0$.

若 $g(a) = 0$ 或 $g(b) = 0$，结论自然成立；否则，$g(b) \cdot g(a) < 0$，由零点存在定理，存在 $\xi \in (a,b)$，使得 $g(\xi) = 0$，即 $f(\xi) = \xi$.

例 4　设 $f(x) \in C[0,1]$，$f(0) \geqslant 0, f(1) \leqslant 1$，则 $\forall n \in \mathbf{N}^+$，存在 $x_0 \in [0,1]$，使 $f(x_0) = x_0^n$.

证明　若 $f(0) = 0$ 或 $f(1) = 1$，则结论成立，否则，记 $F(x) = f(x) - x^n$，则 $F(0) = f(0) > 0, F(1) = f(1) - 1 < 0$，故存在 $x_0 \in (0,1)$，使得 $F(x_0) = 0$，即 $f(x_0) = x_0^n$.

习　题　3.4

分析下列题目的结构，给出结构特点，要用到的已知定理或结论，完成证明：

1. 设 $f(x) \in C(a,b)$，且 $\lim\limits_{x \to a^+} f(x)$，$\lim\limits_{x \to b^-} f(x)$ 存在且有限，证明 $f(x)$ 在 (a, b) 内有界.

2. 设 $f(x) \in C(a,b)$，且 $\lim\limits_{x \to a^+} f(x) = \lim\limits_{x \to b^-} f(x) = -\infty$，证明 $f(x)$ 在 (a, b) 内达到最大值.

3. 设 $f(x) \in C(a,b)$ 且 $\lim\limits_{x \to a^+} f(x) = \lim\limits_{x \to b^-} f(x) = A$，证明 $f(x)$ 在 (a, b) 内达到最大值或最小值.

4. 试选择最小的零点给出零点定理的证明.

5. 设 $f(x)$ 满足

$$|f(x) - f(y)| < |x - y|, \quad \forall x \neq y \in [a,b],$$

且 $a \leqslant f(x) \leqslant b$，$x \in [a,b]$，证明 $f(x)$ 在 $[a,b]$ 上有唯一的不动点.

6. 设 $f(x) \in C[a,b]$，任取 $x_1, x_2, \cdots, x_n \in [a,b]$ 和满足 $\sum\limits_{i=1}^{n} \lambda_i = 1$ 的正数 $\lambda_1, \lambda_2, \cdots, \lambda_n$，证明存在 $x_0 \in [a,b]$，使得 $f(x_0) = \sum\limits_{i=1}^{n} \lambda_i f(x_i)$.

3.5　一致连续性

函数的连续性是函数的最基本的分析性质，也是一个较好的性质，但是，这个性质是局部性质，局部性表现在 δ 与给定点的依赖性，即 $f(x)$ 在区间 I 上连续是指对任意 $x_0 \in I$，$\lim\limits_{x \to x_0} f(x) = f(x_0)$，即，对任意的 $\varepsilon > 0$，存在 $\delta(\varepsilon, x_0)$，使得 $|x - x_0| < \delta$ 时，$|f(x) - f(x_0)| < \varepsilon$；由于 δ 与 x_0 的依赖关系，对不同的点，对应的 δ 可能不同；从函数的几何曲线特征看，函数在某点的连续性保证了函

数曲线在此点连续不断, 因此, 连续性的这种局部性使得研究函数在给定区间上的整体性质时变得极为不利. 为解决这种局限性问题, 我们引入函数的一致连续性.

一、定义

定义 5.1　设 $f(x)$ 在区间 I 上有定义, 如果 $\forall \varepsilon > 0$, 存在 $\delta > 0$, 使得对任意满足 $|x_1 - x_2| < \delta$ 的点 $x_1, x_2 \in I$, 都成立

$$|f(x_1) - f(x_2)| < \varepsilon ,$$

称 $f(x)$ 在 I 上一致连续.

信息挖掘　1)一致连续性是整体概念, 只能说 $f(x)$ 在 I 上一致连续, 而不能说 $f(x)$ 在某点一致连续.

2) 一致性表现在定义中的 $\delta(\varepsilon)$, 只与 ε 有关, 与点 x_1 和 x_2 的位置无关, 这也从另一个角度反映了一致连续是一个整体的概念.

3) 从几何的观点看, 连续和一致连续都是对函数曲线的变化幅度的刻画, 连续性是从局部进行刻画, 一致连续性是从整体进行刻画.

4) 从定义还可以看出, 一致连续性的性质高于连续性, 这也说明了一致连续性是比连续性更好的分析性质, 因而, 一致连续的函数一定连续, 反之不一定成立.

根据一致连续性的定义, 可得不一致连续性的定义.

定义 5.2　设 $f(x)$ 在 I 上有定义, 如果存在 $\varepsilon_0 > 0$, 使得 $\forall \delta > 0$, 存在 $x_1, x_2 \in I$, 且 $|x_1 - x_2| < \delta$, 成立

$$|f(x_1) - f(x_2)| > \varepsilon_0 ,$$

则称 $f(x)$ 在 I 上非一致连续.

结构分析　1)从应用角度看一致连续的定义, 与极限的定义结构相似, 由此决定了用定义证明一致连续性的方法, 基本的方法仍然是放大法, 放大过程的中心思想是从 $|f(x_1) - f(x_2)|$ 分离因子出 $|x_1 - x_2|$; 而用定义证明非一致连续性的基本方法是缩小方法, 由于这些方法在极限定义的应用中有详细的应用, 此处略去, 以例题的形式直接进行应用.

2) 从定义的内部结构看, 注意到两点的任意性, 与 Cauchy 收敛准则更相似, 后面还要比较二者的差别.

例 1　对 $\forall c > 0 : 0 < c < 1$, 证明 $f(x) = \dfrac{1}{x}$, 在 $(c, 1)$ 内一致连续, 在 $(0, 1)$ 连续但非一致连续.

证明　对 $\forall \varepsilon > 0$，取 $\delta = c^2 \varepsilon$，当 $x_1, x_2 \in (c,1)$ 且 $|x_1 - x_2| < \delta$ 时，

$$\left| f(x_1) - f(x_2) \right| = \frac{|x_1 - x_2|}{x_1 x_2} \leqslant \frac{1}{c^2} |x_1 - x_2| < \varepsilon ,$$

故，$f(x)$ 在 $(c,1)$ 内一致连续.

显然，$f(x) = \dfrac{1}{x}$ 在 $(0,1)$ 内连续.

取 $\varepsilon_0 = \dfrac{1}{2} > 0$，对 $\forall \delta \in \left(0, \dfrac{1}{2}\right)$，取 $x_1 = \delta$，$x_2 = \dfrac{\delta}{2}$，则 $|x_1 - x_2| < \delta$，$x_1, x_2 \in (0,1)$，

而

$$\left| f(x_1) - f(x_2) \right| = \frac{|x_1 - x_2|}{x_1 x_2} = \frac{1}{\delta} > \varepsilon_0 ,$$

故，$f(x)$ 在 $(0,1)$ 内非一致连续.

此例说明了一致连续性强于连续性.

还可以证明对任意的 $[a,b] \in (0,1)$，$f(x) = \dfrac{1}{x}$ 在 $[a,b]$ 一致连续，我们把这种一致连续性称为内闭一致连续性.

定义 5.3　若函数 $f(x)$ 在开区间 I 的任一闭子区间上一致连续，则称 $f(x)$ 在开区间 I 上内闭一致连续.

因此，$f(x) = \dfrac{1}{x}$ 在 $(0,1)$ 内闭一致连续，但在 $(0,1)$ 上非一致连续，这也从另一角度说明一致连续的整体性质.

二、判别定理

下面给出判断一致连续性的定理.

定理 5.1 (Cantor 定理)　$f(x) \in C[a,b]$，则 $f(x)$ 在 $[a,b]$ 上一致连续.

结构分析　已知的条件是函数连续性，这是一个局部性质；要证明的结论是一致连续性，这是一个整体性质；因此，定理要求由局部性质推出整体性质；类比已知，由局部性质到整体性质的有效的工具就是有限开覆盖定理，由此决定证明定理所用的理论工具.

利用有限开覆盖定理证明结论时，主要思路是：任取点 $x_0 \in [a,b]$，分析在此点成立局部性质(P)，通过有限开覆盖将性质(P)推广到整个区间.

因此，证明的关键是构造开覆盖集 E，使得在每一个开区间上成立局部性质(P)，根据一致连续性的定义，这个局部性质是

$$\left| f(x') - f(x'') \right| < \varepsilon , \quad \forall x', x'' \in U(x_0, \delta_{x_0}) .$$

证明　连续延拓 $f(x)$，即令

$$\tilde{f}(x)=\begin{cases} f(a), & a-1\leqslant x\leqslant a, \\ f(x), & a\leqslant x\leqslant b, \\ f(b), & b<x\leqslant b+1, \end{cases}$$

则 $\tilde{f}\in C[a-1,b+1]$，任取 $x_0\in[a,b]$，由于 $\tilde{f}(x)(f(x))$ 在 x_0 点连续，因而，$\forall\varepsilon>0$，存在 δ_{x_0}：$1>\delta_{x_0}>0$，使 $\forall x\in[a-1,b+1]$ 且 $|x-x_0|<\delta_{x_0}$，有

$$\left|\tilde{f}(x)-\tilde{f}(x_0)\right|<\frac{\varepsilon}{2}.$$

此性质还不是需要的性质(P)，因为一致连续性中两个点是任意的，而此时只有一个任意点。

因而，$\forall x',x''\in U\left(x_0,\dfrac{\delta_{x_0}}{2}\right)\subset[a-1,b+1]$，则 $|x'-x''|<\delta_{x_0}$ 且

$$\left|\tilde{f}(x')-\tilde{f}(x'')\right|\leqslant\left|\tilde{f}(x')-\tilde{f}(x_0)\right|+\left|\tilde{f}(x'')-\tilde{f}(x_0)\right|<\varepsilon.$$

至此，我们得到：对任意 $x\in[a,b]$，都存在 δ_x，使得对任意的 $x',x''\in U\left(x,\dfrac{\delta_x}{2}\right)$，成立 $|x'-x''|<\delta_x$ 且

$$\left|\tilde{f}(x')-\tilde{f}(x'')\right|<\varepsilon,$$

这就是在局部成立的局部性质(P)。

下面构造覆盖$[a, b]$的开区间集。

记 $I_x=U\left(x,\dfrac{\delta_x}{4}\right)$，则 $[a,b]\subset\bigcup\limits_{x\in[a,b]}I_x$，由有限开覆盖定理，存在有限个点 $x_1,\cdots,x_k\in[a,b]$，使 $[a,b]\subset\bigcup\limits_{i=1}^{k}I_{x_i}$，取 $\delta=\min\left\{\dfrac{\delta_{x_1}}{4},\cdots,\dfrac{\delta_{x_k}}{4}\right\}$，则当 $x',x''\in[a,b]$ 且 $|x'-x''|<\delta$ 时，此时必有 $i_0\in\{1,\cdots,k\}$，使得 $x'\in I_{x_{i_0}}$，因而

$$\left|x''-x_{i_0}\right|\leqslant\left|x'-x_{i_0}\right|+\left|x'-x''\right|\leqslant\frac{\delta_{x_{i_0}}}{4}+\delta<\frac{\delta_{x_{i_0}}}{2},$$

即 $x',x''\in I_{x_{i_0}}$，故，

$$\left|f(x')-f(x'')\right|=\left|\tilde{f}(x')-\tilde{f}(x'')\right|<\varepsilon,$$

因此，$f(x)$ 在$[a,b]$一致连续。

抽象总结　1) 在使用有限开覆盖定理的过程中，难点通常有两个，其一为局

部开区间的构造, 其二为局部性质的挖掘; 在本定理的证明中, 取 $I_x = U\left(x, \dfrac{\delta_x}{4}\right)$ 正是为了保证局部性质的成立.

2) 此定理表明, 在闭区间上, 连续和一致连续是等价的, 再次表现出了闭区间上的好性质.

下面将 Cantor 定理推广.

定理 5.2 (有限开区间上的一致连续性)　设 $f(x) \in C(a,b)$, 则 $f(x)$ 在 (a,b) 内一致连续的充分必要条件是 $f(a^+)$ 和 $f(b^-)$ 存在.

证明　充分性　令

$$\tilde{f}(x) = \begin{cases} f(a^+), & x = a, \\ f(x), & x \in (a,b), \\ f(b^-), & x = b, \end{cases}$$

则 $\tilde{f}(x) \in C[a,b]$, 因而, $\tilde{f}(x)$ 在 $[a,b]$ 上一致连续, 当然也在 (a,b) 一致连续, 故 $f(x)$ 在 (a,b) 一致连续.

必要性　设 $f(x)$ 在 (a,b) 内一致连续, 则 $\forall \varepsilon > 0, \exists \delta > 0, \forall x_1, x_2 \in (a,b)$, 且满足 $|x_1 - x_2| < \delta$, 成立

$$|f(x_1) - f(x_2)| < \varepsilon,$$

因此, 取 $\delta' = \dfrac{\delta}{2}$, 则当 $0 < x_1 - a < \delta'$, $0 < x_2 - a < \delta'$ 时, $|x_1 - x_2| < \delta$, 因而,

$$|f(x_1) - f(x_2)| < \varepsilon,$$

故, 由 Cauchy 收敛定理, $f(a^+)$ 存在, 同样, $f(b^-)$ 也存在.

定理 5.1 和定理 5.2 表明, 在有限区间上, 一致连续性几乎等价于连续性, 即内部点的连续性, 端点单侧极限的存在性, 结论同样可以推广到无限区间.

定理 5.3 (无限区间上的一致连续性)　设 $f(x) \in C[a, +\infty)$, $\lim\limits_{x \to +\infty} f(x)$ 存在, 则 $f(x)$ 在 $[a, +\infty)$ 上一致连续.

证明　因为 $\lim\limits_{x \to +\infty} f(x)$ 存在, 所以 $\forall \varepsilon > 0$, 存在 $G > 0$, 当 $x', x'' > G$ 时,

$$|f(x') - f(x'')| < \varepsilon.$$

又, $f(x) \in C[a, G+1]$, 由 Cantor 定理, $f(x)$ 在 $[a, G+1]$ 一致连续, 因而, 存在 $\delta : \dfrac{1}{2} > \delta > 0$, 当 $x', x'' \in [a, G+1]$, 且 $|x' - x''| < \delta$ 时,

$$|f(x') - f(x'')| < \varepsilon,$$

故，对 $\forall x', x'' \in [a, +\infty)$ 且 $|x' - x''| < \delta$，若 $x' > G + 1$，必有 $x'' > G$，因而，或者，$x', x'' > G$ 或者，$x', x'' < G + 1$，故总有

$$|f(x') - f(x'')| < \varepsilon,$$

故，$f(x)$ 在 $[a, +\infty)$ 上一致连续.

注　和定理 5.2 不同，定理 5.3 不可逆，即 $f(x)$ 在 $[a, +\infty)$ 上一致连续，不一定能保证 $\lim\limits_{x \to +\infty} f(x)$ 存在，如 $f(x) = x$ 在 $[1, +\infty)$ 一致连续，但是 $\lim\limits_{x \to +\infty} f(x)$ 不存在，因为 $f(x)$ 在 $[a, +\infty)$ 上一致连续，只能保证当 x' 和 x'' 充分近，即 $|x' - x''| < \delta$ 时，成立 $|f(x') - f(x'')| < \varepsilon$；而根据 Cauchy 收敛定理，$\lim\limits_{x \to +\infty} f(x)$ 存在是指对 "$+\infty$ 邻域" 内的任意点 x' 和 x''，即 $x', x'' > G$ 时成立 $|f(x') - f(x'')| < \varepsilon$；**二者的区别是很明显的**：对充分近的点成立，显然不一定对任意的点成立，因此，从这个意义上说，Cauchy 收敛准则强于一致连续性. 这也反映了有限区间和无限区间上一致连续性的不同性质.

定理 5.1～定理 5.3，实际给出了连续和一致连续的关系. 再给出一个判别法.

定理 5.4　设 $f(x)$ 在区间 I 上有定义，则 $f(x)$ 在 I 上一致连续的充分必要条件是对任意的点列 $\{x_n^{(1)}\}, \{x_n^{(2)}\} \subset I$，只要 $\lim\limits_{n \to +\infty} (x_n^{(1)} - x_n^{(2)}) = 0$，就有

$$\lim\limits_{n \to +\infty} (f(x_n^{(1)}) - f(x_n^{(2)})) = 0.$$

证明　必要性是显然的.

充分性　用反证法. 假设 $f(x)$ 在 I 上不一致连续，则存在 $\varepsilon_0 > 0$，使得对 $\forall \delta > 0$，存在 $x', x'' \in I$，且 $|x' - x''| < \delta$，成立

$$|f(x') - f(x'')| > \varepsilon_0.$$

取 $\delta = 1$，则存在 $x_1^{(1)}, x_1^{(2)} \in I$，且 $|x_1^{(1)} - x_1^{(2)}| < 1$，成立

$$|f(x_1^{(1)}) - f(x_2^{(2)})| > \varepsilon_0;$$

取 $\delta = \dfrac{1}{2}$，则存在 $x_2^{(1)}, x_2^{(2)} \in I$，且 $|x_2^{(1)} - x_2^{(2)}| < \dfrac{1}{2}$，成立

$$|f(x_2^{(1)}) - f(x_2^{(2)})| > \varepsilon_0;$$

如此下去，对任意正整数 n，取 $\delta = \dfrac{1}{n}$，则存在 $x_n^{(1)}, x_n^{(2)} \in I$，且 $|x_n^{(1)} - x_n^{(2)}| < \dfrac{1}{n}$，成立

$$|f(x_n^{(1)}) - f(x_n^{(2)})| > \varepsilon_0;$$

由此构造点列 $\{x_n^{(1)}\},\{x_n^{(2)}\}\subset I$, 满足 $\lim\limits_{n\to+\infty}(x_n^{(1)}-x_n^{(2)})=0$, 显然, $\lim\limits_{n\to+\infty}(f(x_n^{(1)})-f(x_n^{(2)}))\neq 0$, 矛盾, 故 $f(x)$ 在 I 上一致连续.

注　此定理给出了证明非一致连续的方法.

三、性质

我们继续建立一致连续的运算性质.

定理 5.5　设 $f(x)$, $g(x)$ 在 I 上一致连续, 则 $f(x)\pm g(x)$ 在 I 上也一致连续.

为建立一致连续的乘积运算法则, 先给出下述结论.

定理 5.6　若 $f(x)$ 在有限区间 I 上一致连续, 则 $f(x)$ 在 I 上有界.

证明　只需对 $I=(a,b)$ 证明即可.

由于 $f(x)$ 在 (a,b) 上一致连续, 故 $f(a^+),f(b^-)$ 存在, 因而, 令

$$\tilde{f}(x)=\begin{cases} f(a^+), & x=a,\\ f(x), & x\in(a,b),\\ f(b^-), & x=b, \end{cases}$$

则 $\tilde{f}(x)\in C[a,b]$, 故 $\tilde{f}(x)$ 在 $[a,b]$ 有界, 因此, $f(x)$ 在 (a,b) 上有界.

注　无限区间上的一致连续性不一定保证函数的有界性. 如无界函数 $f(x)=x$ 在 $[1,+\infty)$ 一致连续.

开区间上的连续函数不一定有界, 这也说明了一致连续性强于连续性.

定理 5.7　设 $f(x)$, $g(x)$ 在有限区间 I 上一致连续, 则 $f(x)\cdot g(x)$ 在 I 上一致连续.

证明　由定理 5.6, 存在 $M>0$, 使得 $|f(x)|\leqslant M$, $|g(x)|\leqslant M$.

由于 $f(x)$, $g(x)$ 在有限区间 I 上一致连续, 故, $\forall\varepsilon>0,\exists\delta>0,\forall x_1,x_2\in I$, 且满足 $|x_1-x_2|<\delta$, 成立

$$|f(x_1)-f(x_2)|<\frac{\varepsilon}{2M},$$

$$|g(x_1)-g(x_2)|<\frac{\varepsilon}{2M};$$

因而, $|x_1-x_2|<\delta$ 时,

$$|f(x_1)g(x_1)-f(x_2)g(x_2)|$$
$$<|g(x_1)||f(x_1)-f(x_2)|+|f(x_2)||g(x_1)-g(x_2)|<\varepsilon,$$

故, $f(x)\cdot g(x)$ 在 I 上一致连续.

注　由于无限区间上一致连续不一定保证有界性, 因而当区间没有限制时,

必须增加有界性条件, 即对任意区间 I, 设 $f(x)$, $g(x)$ 在 I 上一致连续且有界, 则 $f(x) \cdot g(x)$ 在 I 上也一致连续.

定理 5.8 (复合运算法则) 若 $y = f(u)$ 在区间 J 一致连续, $u = g(x)$ 在区间 I 一致连续, 且能进行复合运算的复合函数 $y = f(g(x))$, 则 $y = f(g(x))$ 在 I 一致连续.

证明 由于 $y = f(u)$ 在 J 一致连续, 因而, 对 $\forall \varepsilon > 0$, $\exists \delta' > 0$, 当 $u_1, u_2 \in J$ 且 $|u_1 - u_2| < \delta'$, 成立

$$|f(u_1) - f(u_2)| < \varepsilon.$$

又, $u = g(x)$ 在 I 一致连续, 因而, 对 δ', 存在 $\delta > 0$, 当 $x_1, x_2 \in I$ 且 $|x_1 - x_2| < \delta$, 成立

$$|g(x_1) - g(x_2)| < \delta',$$

因而,

$$|f(g(x_1)) - f(g(x_2))| < \varepsilon,$$

故, $y = f(g(x))$ 在 I 一致连续.

注 当不满足上述条件时, 结论不确定, 因此, 在利用变量代换处理一致连续性时一定要谨慎. 见后面的例题.

定理 5.9 (区间运算性质) 设 $a < b < c$, $f(x)$ 在 $[a,b]$ 和 $[b,c]$ 上一致连续, 则 $f(x)$ 在 $[a,c]$ 一致连续.

证明 由条件, 对 $\forall \varepsilon > 0$, $\exists \delta_1 > 0$, 当 $x_1, x_2 \in [a,b]$ 且 $|x_1 - x_2| < \delta_1$ 时,

$$|f(x_1) - f(x_2)| < \varepsilon;$$

同样地, $\exists \delta_2 > 0$, 当 $x_1, x_2 \in [b,c]$ 且 $|x_1 - x_2| < \delta_2$ 时,

$$|f(x_1) - f(x_2)| < \varepsilon.$$

取 $\delta = \min\{\delta_1, \delta_2\}$, 当 $x_i \in [a,c], i = 1,2$ 且 $|x_1 - x_2| < \delta$ 时.

1) 当 $x_i \in [a,b]$, 或 $x_i \in [b,c], i = 1,2$, 此时显然有

$$|f(x_1) - f(x_2)| < \varepsilon;$$

2) $x_1 \in [a,b]$ 而 $x_2 \in [b,c]$, 则 $|x_1 - b| < \delta_1, |x_2 - b| < \delta_2$, 因而,

$$|f(x_1) - f(x_2)| \leqslant |f(x_1) - f(b)| + |f(b) - f(x_2)| < 2\varepsilon,$$

故, 总有

$$|f(x_1) - f(x_2)| < 2\varepsilon,$$

因此, $f(x)$ 在 $[a,c]$ 一致连续.

注　当闭区间相应改为 $[a,b),(b,c]$ 时, 定理 5.9 不一定成立, 此时在 b 点甚至不连续. 如 $f(x)=\begin{cases}x, & x\in[0,1)\bigcup(1,2],\\ 0, & x=1.\end{cases}$ 甚至, 当其中的一个改为半开半闭时结论也不成立, 如

$$f(x)=\begin{cases}x, & x\in[0,1),\\ 2x, & x\in[1,2].\end{cases}$$

四、非一致连续性

本小节讨论函数的非一致连续性.由定理 5.4, 容易得到如下定理.

定理 5.10　设 $f(x)$ 在 I 上有定义, 若 $\exists\{x_n^{(1)}\}$, $\{x_n^{(2)}\}\subset I$, $\lim\limits_{n\to+\infty}(x_n^{(1)}-x_n^{(2)})=0$, 而 $\{f(x_n^{(1)})-f(x_n^{(2)})\}$ 不以 0 为极限, 则 $f(x)$ 在 I 上非一致连续.

注　所谓非一致连续, 就是存在着这样的一些点, 破坏了函数的一致连续性, 我们将这类点, 称之为"坏点". 我们已知: 所谓一致连续的函数, 从几何上看, 是指函数增(减)幅度不大, 因此, 非一致连续函数在坏点处, 破坏了函数变化的平稳性, 产生变化幅度急剧变化(振荡)现象, 因此, 证明非一致连续, 首先要找"坏点". "坏点"的寻找可借助于连续性和极限的存在性来完成, 一旦确定了"坏点", 在"坏点"处构造数列 $\{x_n^{(1)}\}$, $\{x_n^{(2)}\}$, 满足定理 5.4 即可.

关于"坏点"的确定: 由 Cantor 定理及定理 5.2 可知, 连续点、极限存在的端点不是坏点, 坏点发生在极限不存在的点上. 这是确定"坏点"的重要依据.

例 2　讨论 $f(x)=\dfrac{1}{x}$ 在 $(0,1)$ 上的一致连续.

分析　由于 $\lim\limits_{x\to 0^+}f(x)$ 不存在, 故 $x=0$ 可能为坏点, 破坏了一致连续性.

证明　取 $x_n^{(1)}=\dfrac{1}{n},x_n^{(2)}=\dfrac{2}{n}\in(0,1)$, 则 $|x_n^{(1)}-x_n^{(2)}|=\dfrac{1}{n}\to 0$, 但

$$|f(x_n^{(1)})-f(x_n^{(2)})|=1\nrightarrow 0,$$

故, $f(x)=\dfrac{1}{x}$ 在 $(0,1)$ 上非一致连续.

例 3　证明 $f(x)=\mathrm{e}^x$ 在 **R** 上非一致连续.

分析　由定理 5.3, $\lim\limits_{x\to+\infty}f(x)$ 不存在是产生非一致连续的原因, 故, $x=+\infty$ 为坏点.

证明　取 $x_n^{(1)}=\ln(n+1),x_n^{(2)}=\ln n$, 则

$$\mid x_n^{(1)} - x_n^{(2)} \mid = \left| \ln\left(1+\frac{1}{n}\right) \right| \to 0 ,$$

但 $\mid f(x_n^{(1)}) - f(x_n^{(2)}) \mid = \mid n+1-n \mid = 1 \nrightarrow 0$，故 $f(x) = \mathrm{e}^x$ 在 $\mathbf{R}$ 上非一致连续.

注 考察下列证明方法是否合适.

作变换 $x = \ln t$，$t > 0$，则

$$g(t) = f(x) = t, \quad t > 0 .$$

由于 $g(t)$ 在 $t > 0$ 一致连续，因而，$f(x) = \mathrm{e}^x$ 在 $\mathbf{R}$ 上一致连续.

这是一个矛盾的结论，表明证明过程有问题，问题在何处？我们知道，作变换相当于对函数作复合运算，那么，复合运算能否保证证明过程及其结论成立？我们并没有完全肯定的结论，即我们只有定理 5.8，但是，当此定理的条件不满足时，会有什么结论我们并不清楚，事实上，答案不确定. 如 $f(x) = \mathrm{e}^x$ 在 $[0,+\infty)$ 非一致连续函数，$x = \ln t$ 在 $[1,+\infty)$ 一致连续函数，二者复合后得到一致连续函数 $g(t) = t$；反之，$[0,+\infty)$ 上一致连续函数 $g(t) = t$ 与 $(-\infty,+\infty)$ 上非一致连续函数 $t = \mathrm{e}^x$ 复合得到非一致连续函数 $f(x) = \mathrm{e}^x$. 因此，在利用变换讨论一致连续性时，一定要谨慎.

五、一致连续的进一步性质

一致连续是函数的一个非常重要的性质，下面我们通过一些例子进一步分析函数的一致连续特性.

例 4 证明 $f(x) = x^\alpha$ 在 $[0,+\infty)$ 上

1) 当 $0 < \alpha \leqslant 1$ 时，一致连续；

2) 当 $\alpha > 1$ 时，非一致连续.

证明 1) 先证不等式：$1 - x^\alpha \leqslant (1-x)^\alpha$，$\forall x \in [0,1]$，其中 $0 < \alpha \leqslant 1$.

事实上，由于 $x^{1-\alpha} \leqslant 1$，$\forall x \in [0,1]$，则 $x \leqslant x^\alpha$，故

$$(1-x)^\alpha + x^\alpha \geqslant 1-x+x = 1 ,$$

因此，$1 - x^\alpha \leqslant (1-x)^\alpha$，$\forall x \in [0,1]$.

利用上述不等式，$\forall x_1 > x_2 > 1$，则

$$0 < x_1^\alpha - x_2^\alpha = x_1^\alpha\left(1-\left(\frac{x_2}{x_1}\right)^\alpha\right) \leqslant x_1^\alpha\left(1-\frac{x_2}{x_1}\right)^\alpha = (x_1-x_2)^\alpha ,$$

故，对 $\forall \varepsilon > 0$，$\exists \delta = \varepsilon^{1/\alpha}$，$\forall x_1 > x_2 \geqslant 1$，当 $|x_1 - x_2| < \delta$ 时，

$$\left| f(x_1) - f(x_2) \right| = x_1^\alpha - x_2^\alpha \leqslant (x_1-x_2)^\alpha \leqslant \delta^\alpha = \varepsilon ,$$

故, $f(x)$ 在 $[1,+\infty)$ 内一致连续, 又 $f(x)$ 在 $[0,1]$ 内一致连续, 因此, $f(x)$ 在 $[0,+\infty)$ 内一致连续.

2) 当 $\alpha > 1$ 时, 令 $x_n^{(1)} = (n+1)^{\frac{1}{\alpha}}$, $x_n^{(2)} = n^{\frac{1}{\alpha}}$, 则

$$\lim_{n \to +\infty}(x_n^{(1)} - x_n^{(2)}) = \lim_{n \to +\infty}((n+1)^{\frac{1}{\alpha}} - n^{\frac{1}{\alpha}})$$

$$= \lim_{n \to +\infty} n^{\frac{1}{\alpha}}\left(\left(1+\frac{1}{n}\right)^{\frac{1}{\alpha}} - 1\right)$$

$$= \lim_{n \to +\infty} \frac{1}{n^{1-\frac{1}{\alpha}}} \cdot \lim_{n \to +\infty} \frac{\left(1+\dfrac{1}{n}\right)^{1/\alpha} - 1}{\dfrac{1}{n}} = 0,$$

而 $f(x_n^{(1)}) - f(x_n^{(2)}) = n+1-n = 1 \nrightarrow 0$, 故 $f(x)$ 在 $[0,+\infty)$ 内非一致连续.

注　关于例 4 的进一步分析: 此例和定理 5.3 说明, 定理 5.3 中条件 $\lim\limits_{x \to +\infty} f(x)$ 是一致连续的充分条件, 而不是必要条件; 但是, 当 $\lim\limits_{x \to +\infty} f(x) = +\infty$ 时, 函数可能一致连续, 也可能不一致连续, 这表明: 一致连续和 $\lim\limits_{x \to +\infty} f(x) = +\infty$ 的速度有关, 即 $\lim\limits_{x \to +\infty} f(x)$ 存在可保证一致连续; $\lim\limits_{x \to +\infty} f(x) = +\infty$, 但速度不超过一阶时, 速度还没有达到破坏一致连续性, 因而, 函数仍然一致连续; 但若 $\lim\limits_{x \to +\infty} f(x) = +\infty$ 的速度超过一阶时, 速度太大, 以至于破坏一致连续性. 此例表明一个门槛结果.

那么, 对于函数, 一阶趋于 $+\infty$ 的速度是否是一个门槛儿结果?

例 5　证明: 若 $f(x) \in C[c,+\infty)$ 且存在 $b \neq 0$, 使得 $\lim\limits_{x \to +\infty}(bx - f(x)) = a$, 则 $f(x)$ 在 $[c,+\infty)$ 内一致连续.

证明　记 $F(x) = bx - f(x)$, 则 $F(x)$ 在 $[a,+\infty)$ 内一致连续, 因而, $f(x) = bx - F(x)$ 也一致连续.

进一步的分析　由于 $\lim\limits_{x \to +\infty}(bx - f(x)) = a$, 则 $f(x) = a + bx + o(x)$, $x \to +\infty$, 即 $f(x)$ 基本上是以一阶速度趋于无穷, 故函数一致连续.

例 6　设 $f(x)$ 在 $\mathbf{R}^1$ 内一致连续, 则存在 $a > 0, b > 0$, 使

$$|f(x)| \leqslant a|x| + b.$$

证明　由于 $f(x)$ 一致连续, 则对 $\varepsilon = 1$, 存在 $\delta > 0$, 当 $|x' - x''| < \delta$ 时, 有

$$|f(x') - f(x'')| < 1.$$

又 $f(x) \in C[-\delta,\delta]$, 则 $f(x)$ 在 $[-\delta,\delta]$ 上有界 M.

对 $\forall x$, 存在 $x_0 \in [-\delta, \delta)$ 和 $n \in \mathbf{N}$, 使得 $x = n\delta + x_0$, 因而

$$|f(x)| = |f(n\delta + x_0)|$$

$$= \left| \sum_{k=1}^{n} (f(k\delta + x_0) - f((k-1)\delta + x_0)) + f(x_0) \right|$$

$$\leqslant \left| \sum_{k=1}^{n} (f(k\delta + x_0) - f((k-1)\delta + x_0)) \right| + |f(x_0)|$$

$$\leqslant n + M \leqslant \frac{|x| + |x_0|}{\delta} + M$$

$$\leqslant \frac{1}{\delta}|x| + M + 1.$$

注　对 x 的分解实际上相当于用区间 $[-\delta, \delta]$ 分割数轴, 因此, 可以将数轴上的点都拉到区间 $[-\delta, \delta]$ 内, 形成与区间 $[-\delta, \delta]$ 内的点的对应关系, 由此, 可以用区间上函数的性质来刻画任意点的函数性质.

上述几例表明: 当 $\lim\limits_{x \to +\infty} f(x) = +\infty$ 时, 一阶速度基本上是一致连续的充要条件. 因此, 如果 $\lim\limits_{x \to +\infty} f(x) = A < +\infty$, 则必保证一致连续性; 如果 $\lim\limits_{x \to +\infty} f(x) = +\infty$, 只要发散到 $+\infty$ 的速度不是太快(不超过一阶), 也能保证一致连续性. 发散到 $+\infty$ 的速度太快, 将破坏一致连续性.

如果当 $x \to +\infty$ 时, $f(x)$ 既不发散到 $+\infty$, 又不存在有限的极限, 此时可能一致连续, 也可能非一致连续, 这表明一致连续的复杂性.

例 7　证明: 1) $f(x) = \cos \sqrt{x}$ 在 $[0, +\infty)$ 上一致连续;

2) $f(x) = \cos x^2$ 在 $[0, +\infty)$ 上非一致连续.

证明　1) $f(x) = \cos \sqrt{x}$ 在 $[0,1]$ 上连续, 因而一致连续.

对任意的 $x_1, x_2 \in [1, +\infty)$, 利用和差化积公式得

$$|f(x_1) - f(x_2)|$$

$$= 2 \left| \sin \frac{\sqrt{x_1} + \sqrt{x_2}}{2} \sin \frac{\sqrt{x_1} - \sqrt{x_2}}{2} \right|$$

$$\leqslant |\sqrt{x_1} - \sqrt{x_2}| \leqslant \frac{1}{2}|x_1 - x_2|,$$

由此可以证明, $f(x) = \cos \sqrt{x}$ 在 $[1, +\infty)$ 上一致连续, 因而, $f(x) = \cos \sqrt{x}$ 在 $[0, +\infty)$ 上一致连续.

2) 取 $x_n^{(1)} = \sqrt{n\pi + \dfrac{\pi}{2}}$，$x_n^{(2)} = \sqrt{n\pi}$，则

$$x_n^{(1)} - x_n^{(2)} = \frac{\pi / 2}{\sqrt{n\pi + \pi / 2} + \sqrt{n\pi}} \to 0,$$

$$| f(x_n^{(1)}) - f(x_n^{(2)}) | = 1,$$

故，$f(x) = \cos x^2$ 在 $[0, +\infty)$ 上非一致连续.

习　题　3.5

1. 用定义讨论下列函数的一致连续性.

1) $f(x) = x^3$，$x \in [-1,1]$;

2) $f(x) = \dfrac{x}{x^2 + 1}$，$x \in (0, +\infty)$;

3) $f(x) = \sqrt{x}$，$x \in (0, +\infty)$;

4) $f(x) = \cos \sqrt{x}$，$x \in (0, +\infty)$;

5) $f(x) = \dfrac{1}{x^2}$，$x \in (0,1)$;

6) $f(x) = \dfrac{1}{\sin x}$，$x \in (0,1)$;

7) $f(x) = x^2$，$x \in (0, +\infty)$;

8) $f(x) = \dfrac{x^2}{2x+1}$，$x \in (0, +\infty)$.

2. 试用定理结论讨论下列函数的一致连续性.

1) $f(x) = x \sin \dfrac{1}{x}$，$x \in (0,1)$;

2) $f(x) = e^{\sin x^2}$，$x \in [0,1]$;

3) $f(x) = \dfrac{e^x - 1}{x^2 - 1}$，$x \in (0,1)$;

4) $f(x) = x \ln x$，$x \in (0,1)$;

5) $f(x) = \begin{cases} e^{\sin x} + 1, & x \in [-1, 0], \\ x^2 \ln\left(1 + \dfrac{1}{x^2}\right) + 2, & x \in (0,1]; \end{cases}$

6) $f(x) = \dfrac{\arctan x}{x}$，$x \in (1, +\infty)$.

3. 讨论下列函数的一致连续性.

1) $f(x) = \sin \dfrac{1}{x}$，$x \in (0,1)$;

2) $f(x) = \sin x^2$，$x \in (0, +\infty)$.

4. 给定命题：设 $f(x)$ 为定义在整个实数轴上以 $T > 0$ 为周期的连续函数，则 $f(x)$ 在整个实

数轴上一致连续.

1) 结构分析: 分析命题结构, 若要证明命题, 思路如何形成? 具体的技术路线如何设计? 重点和难点是什么? 如何解决?

2) 给出命题的证明.

5. 从 Cantor 定理的证明过程中, 再次总结有限开覆盖定理应用的步骤. 分析证明过程, 构造另外的开覆盖完成证明.

6. 试用反证法证明 Cantor 定理.

第 4 章　导数与微分

我们知道：函数是数学分析的研究对象, 函数的分析性质是研究的主要内容. 在第 3 章中, 我们学习了函数的最简单、最基本的分析性质——连续性, 函数的连续性只是表明函数的曲线是连续不断的, 因而, 函数的连续性只给出了函数最为基本粗略地刻画; 本章, 我们更加深入地研究函数的分析性质, 给出函数更加细腻的刻画, 由此引入数学分析的核心内容之一——函数的微分学理论.

4.1　导数的定义

一、背景问题

历史上, 导数的产生源于下述实际问题的求解.

例 1　速度问题：计算变速直线运动物体的瞬时速度(速率).

建立数学模型：假设在实验条件下得到了物体运动的路程 s 和时间 t 之间关系 $s = s(t)$, 研究物体在任一时刻的速度.

问题的研究与求解：问题求解前, 先明确与待求解问题关联最紧密的已知理论或结论.

从认识论或人类的认知规律看, 对事物或规律的认识总是遵循着从简单到复杂, 从特殊到一般的认知过程. 因此, 对运动物体的速度的认识也应该是从最简单的情形开始的, 故, 可以合理设想, 现在已知匀速直线运动物体的速度的计算, 抽象为数学问题为：假设物体在时刻 t 以匀速直线运动移动距离为 s, 则物体运动的速度 v 为 $v = \dfrac{s}{t}$.

在上述已知的基础上, 研究变速直线运动问题. 解决的关键问题是：如何建立已知和未知的联系, 或化未知为已知. 我们知道, 速度是一个相对概念, 反映物体在某一时刻运动的快慢. 从历史上看, 对物体运动的认识, 仍是遵循从简单到复杂、从特殊到一般的认识规律, 因此, 首先认识了匀速运动. 对匀速运动, 很容易在实验条件下得到运动方程 $s = vt$, 因而, 成立 $v = \dfrac{s}{t}$, 其中 v 是物体运动的速度(速率), t 是时间, s 是物体以匀速 v 运动在 t 时间段内运动的距离; 由于是匀速运动, 物体在任一时刻运动的快慢都可以用常数 v 来刻画. 现在, 我们开始研究变速运动. 我们必须引入一个刻画物体运动快慢的量——(瞬时)速度并希望能够把它计算出来, 当然, 这个过程是非常漫长的; 在新的计算工具产生之前, 瞬时速度是无法准确计算的.

人类的认知规律表明, 对事物的认识遵循从模糊、近似到精确直至准确的一个过程, 因此, 当得到准确解之前, 获得近似解也是研究解决问题的一种方式, 这就是数学中的近似数学思想, 这种思想也贯穿整个高等数学的始终.

因此, 在瞬时速度得到准确的认识之前, 为了认识变速运动, 人们从近似的角度出发对速度问题进行研究, 这是问题求解的思路.

按照上述思想, 为计算在 t_0 时刻的瞬时速度 $v(t_0)$, 先选择一个时段比如 $[t_0, t_0 + \Delta t]$, 将此时段的运动近似为匀速运动, 利用已知的匀速直线运动的速度计算公式, 此时段的平均速度为 $\bar{v}(t_0, \Delta t) = \dfrac{s(t_0 + \Delta t) - s(t_0)}{\Delta t}$, 于是, 可以得到 $v(t_0) \approx \bar{v}(t_0, \Delta t)$, 由此, 用近似思想初步解决了瞬时速度的计算问题. 可以设想, 在相当长的历史时期, 上述公式是认识瞬时速度的主要公式, 并且, 可以认识到, 当 Δt 越小时, 近似精度就越高, 这是对瞬时速度的近似认识阶段.

当然, 还应该知道, 无论取 Δt 怎么小, 用 $\bar{v}(t_0, \Delta t)$ 近似 $v(t_0)$ 只能是近似, 必须发展一种新的理论, 完成由近似到准确的过程. 这种理论就是极限理论. 因此, 直到极限理论产生之后, 瞬时速度问题才得以解决, 现在, 我们利用极限理论给出瞬时速度的求解.

问题的求解: 假设物体的运动方程为 $s(t)$, 取定时刻 t_0, 任给时段 Δt, 则在时段 $[t_0, t_0 + \Delta t]$ 物体运动的路程为 $s(t_0 + \Delta t) - s(t_0)$, 因此, 在时段 $[t_0, t_0 + \Delta t]$ 内, 物体运动的平均速度为 $\bar{v}(t_0, \Delta t) = \dfrac{s(t_0 + \Delta t) - s(t_0)}{\Delta t}$, 故

$$v(t_0) = \lim_{\Delta t \to 0} \bar{v}(t_0, \Delta t) = \lim_{\Delta t \to 0} \frac{\Delta s}{\Delta t} = \lim_{\Delta t \to 0} \frac{s(t_0 + \Delta t) - s(t_0)}{\Delta t},$$

这样, 利用路程函数和极限工具, 瞬时速度问题就解决了.

例 2 切线问题: 计算平面曲线上一点的切线.

建立数学模型: 已知平面曲线 $y = f(x)$, 计算曲线上点 $P(x_0, y_0)$ 处的切线.

这是一类从实际问题中抽象出来的数学问题. 在 17 世纪, 科学技术领域中, 有很多亟待求解的问题本质上都是此问题. 如光的反射与折射、曲线运动物体的速度、曲线的交角等问题. Descartes 甚至说 "切线问题是我所知道的、甚至也是我一直想要知道的最有用、最一般的问题". 但是, 历史上, 切线的定义的形成也经历了相当长的时期. 从最初的 Euclid 关于圆的切线、Apollonius(阿波罗尼奥斯)定

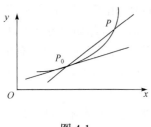

图 4-1

义的圆锥曲线(抛物线、双曲线等)的切线, 到 17 世纪 Descartes 的作圆求切线的方法、Roberval(罗泊瓦尔)从运动角度定义切线为合速度方向的直线的合速度方向法, Fermat、Barrow 提出的把切线视为两交点重合的割线, 直至 Descartes 把切线明确定义为割线的极限位置, 至此, 切线的定义才形成(图 4-1).

　　　模型的研究与求解: 研究求解的思想与例 1 类似, 我们给出简单的过程. 由切线的定义: 曲线上一点处的切线就是过此定点的曲线的割线的极限位置. 因此, 在极限理论产生之前, 对切线的认识也体现了近似思想, 用割线近似代替切线. 极限理论产生后, 利用极限工具就可以得到切线. 现在, 假设我们已经知道了直线方程的求解, 就很容易计算割线方程. 取曲线上定点为 $P(x_0, y_0)$, 在曲线上任取一点为 $Q(x_0 + \Delta x, y_0 + \Delta y)$, 则过曲线上定点 P 的割线 PQ 的方程为

$$y = \frac{f(x_0 + \Delta x) - f(x_0)}{x_0 + \Delta x - x_0}(x - x_0) + y_0,$$

这里用到了 $\Delta y = f(x_0 + \Delta x) - f(x_0)$. 因此, 割线斜率的极限就是切线的斜率, 即 P 点处的切线斜率 $k(P)$ 为

$$\lim_{\Delta x \to 0} \frac{\Delta y}{\Delta x} = \lim_{\Delta x \to 0} \frac{f(x_0 + \Delta x) - f(x_0)}{\Delta x},$$

有了切线的斜率, 就很容易得到切线的方程, 曲线的切线问题得到解决.

　　抽象总结　观察例 1 和例 2, 问题的最终解决需要计算一类极限, 抛开具体问题的实际背景, 抽象为数学语言, 从结构看, 这类极限就是**函数的自变量发生变化时, 所引起函数的改变量与自变量改变量的比值的极限**. 这类问题不是孤立的, 在现代科学研究及工程技术领域, 很多问题都可以归结为这类极限问题, 很多实际问题的研究也最终转化为这类极限的计算, 研究这类极限的计算及其相关理论具有很大的意义, 因此, 我们抛开具体问题的背景, 将其思想抽象出来, 形成数学概念和理论, 就是我们将要引入的函数的导数概念和微分学理论.

二、导数的定义

　　给定在 $U(x_0)$ 有定义的函数 $y = f(x)$, 记 Δx 为自变量在 x_0 处的改变量, $\Delta y(x_0) = f(x_0 + \Delta x) - f(x_0)$ 为相应的函数在 x_0 点的改变量.

　　定义 1.1　若

$$\lim_{\Delta x \to 0} \frac{\Delta y(x_0)}{\Delta x} = \lim_{\Delta x \to 0} \frac{f(x_0 + \Delta x) - f(x_0)}{\Delta x}$$

存在, 称 $f(x)$ 在 x_0 点可导, 其极限值称为 $f(x)$ 在 x_0 点的导数, 记为 $f'(x_0)$, 即

$$f'(x_0) = \lim_{\Delta x \to 0} \frac{f(x_0 + \Delta x) - f(x_0)}{\Delta x}.$$

信息挖掘　①从定义的结构看, 函数在某点处的导数就是函数在此点处的增量比的极限; ②由于导数是由极限定义的, 因此, 导数是局部性概念; ③定义既是定性的——函数在此点可导, 也是定量的——给出导数值的计算公式; ④有了导数的定义, 例 1 和例 2 中的问题得到彻底解决, 即利用导数可以表示为 $v(t_0) = s'(t_0)$ 和 $k(P) = f'(x_0)$; ⑤从定义与例1和例2中还可以看出, 函数在某点处的导数就是函数在此点的变化率, 因而, 在应用领域, 涉及变化率的问题都可以表示为导数问题, 如传导率、扩散率等, 这也反映出导数这一数学概念具有强烈的现实背景和应用背景; ⑥例 2 正体现了导数的几何意义: 在二者存在的条件下, 函数在某点处的导数正是函数曲线在此点处的切线斜率.

从定义还可以看出, 导数的计算实际就是极限的计算, 导数是微分学中的核心概念, 因而, 极限理论是微分学的基础就此体现出来.

三、导函数

由定义知道, 导数是一个局部概念, 可以在一点处定义函数的导数, 因此, 类似于函数的连续性, 为将导数的定义拓展至区间形成导函数的概念, 需要引入函数的右、左导数.

定义 1.2　若极限

$$\lim_{\Delta x \to 0^+} \frac{f(x + \Delta x) - f(x)}{\Delta x}$$

存在, 称 $f(x)$ 在 x 点右可导, 其极限值称为 $f(x)$ 在 x 点的右导数, 记为 $f'_+(x)$, 即

$$f'_+(x) = \lim_{\Delta x \to 0^+} \frac{f(x + \Delta x) - f(x)}{\Delta x}.$$

类似可定义函数在点 x 处的左导数 $f'_-(x)$.

由极限性质, **$f(x)$ 在 x 点可导当且仅当 $f'_+(x)$, $f'_-(x)$ 存在且相等**.

有了上述准备工作, 就可以将导数的定义拓展至区间, 进一步引入一类新的函数——导函数.

定义 1.3　设 $f(x)$ 在 (a, b) 内有定义, 如果对 $\forall x \in (a, b)$, $f(x)$ 在 x 点可导, 则称 $f(x)$ 在 (a, b) 内可导.

定义 1.4　设 $f(x)$ 在 $[a, b]$ 上有定义, 若 $f(x)$ 在 (a, b) 内可导, 在 $x = a$ 点右可导, 在 $x = b$ 点左可导, 称 $f(x)$ 在 $[a, b]$ 内可导.

当 $f(x)$ 在 (a, b) 内可导时, 在任一点 $x \in (a, b)$ 处, 由极限的唯一性, 其导数

$f'(x)$ 由 x 唯一确定, 由此确定一个(a,b)到实数系 $\mathbf{R}^1$ 的对应 $x \mapsto f'(x)$, 因而可以确定一个变量为x的函数 $f'(x)$, 称为 $f(x)$ 的导函数, 仍记为 $f'(x)$. 因此, 函数在一点处的导数也是其导函数在此点处的函数值, 故, 有时也将导函数简称导数. 同样, 当 $f(x)$ 在 $[a,b]$ 内可导时, 可以在$[a,b]$内确定导函数 $f'(x)$.

上述导数也称为变量 y 对变量 x 的导数, 也可以表示为 $f'(x) = \dfrac{\mathrm{d}y}{\mathrm{d}x}$ 或 $f'(x) = \dfrac{\mathrm{d}f}{\mathrm{d}x}$, 这种表示更清楚地表明了导数正是变量之间的变化关系, 即 x 的变化引起了变量 y 的改变, 这种表达式也称为导数的微分表达式, 反映了导数与微分之间的关系, 后面我们将进一步介绍二者的关系.

四、可导与连续

导数和连续都是函数的分析性质, 下面考察其关系.

定理 1.1　$f(x)$ 在 x_0 点可导, 则 $f(x)$ 在 x_0 点必连续.

证明　**法一**　用极限的性质证明.

由于 $f(x)$ 在 x_0 点可导, 则

$$f'(x_0) = \lim_{x \to 0} \frac{f(x_0 + x) - f(x_0)}{x},$$

故, 由极限性质,

$$\frac{f(x_0 + x) - f(x_0)}{x} = f'(x_0) + \alpha(x),$$

其中 $\lim\limits_{x \to 0} \alpha(x) = 0$, 因而,

$$f(x_0 + x) - f(x_0) = x f'(x_0) + o(x),$$

故,

$$\lim_{x \to 0}(f(x_0 + x) - f(x_0)) = 0,$$

即 $\lim\limits_{x \to 0} f(x_0 + x) = f(x_0)$, 或 $\lim\limits_{x \to x_0} f(x) = f(x_0)$.

法二　用导数的定义和形式统一法证明.

由于

$$
\begin{aligned}
\lim_{x \to 0}(f(x_0 + x) - f(x_0)) &= \lim_{x \to 0} \frac{f(x_0 + x) - f(x_0)}{x} x \\
&= \lim_{x \to 0} \frac{f(x_0 + x) - f(x_0)}{x} \lim_{x \to 0} x \\
&= f'(x_0) \lim_{x \to 0} x = 0,
\end{aligned}
$$

故, $\lim\limits_{x \to x_0} f(x) = f(x_0)$, 因而, $f(x)$ 在 x_0 点连续.

由定理 1.1 可知，**不连续函数必不可导.**

定理 1.1 的逆不成立，即 $f(x)$ 在 x_0 点连续，$f(x)$ 在 x_0 点不一定可导；如 $f(x)=|x|$，在 $x_0=0$ 点可以验证 $f_+'(0)=1$，$f_-'(0)=-1$，因而，$f(x)$ 在 $x_0=0$ 点连续但不可导.

注 几何上，在可导点处，函数的曲线较为光滑，在不可导点处，函数曲线出现间断、尖点、突然变化等"不好"的分析性质，曲线在此处变得不那么光滑.

由此可知，可导是比连续更高级的光滑性，连续只保证函数曲线的连续性，可导则要求函数不仅要连续，更进一步还是更光滑的，不能出现诸如尖点的情形.

五、导函数的计算

1. 基本初等函数的导函数

用导数定义和极限的一些结论可以计算如下基本初等函数的导数.

1) $f(x)\equiv C$，则 $f'(x)=0$；

2) $(\sin x)'=\cos x$；

事实上，

$$(\sin x)'=\lim_{\Delta x\to 0}\frac{\sin(x+\Delta x)-\sin x}{\Delta x}$$
$$=\lim_{\Delta x\to 0}\frac{2\cos\dfrac{2x+\Delta x}{2}\sin\dfrac{\Delta x}{2}}{\Delta x}=\cos x.$$

3) $(\cos x)'=-\sin x$；

4) $y=\ln x$，则 $y'=\dfrac{1}{x}(x>0)$；

事实上，

$$y'=\lim_{\Delta x\to 0}\frac{\ln(x+\Delta x)-\ln x}{\Delta x}$$
$$=\lim_{\Delta x\to 0}\frac{\ln\left(1+\dfrac{\Delta x}{x}\right)}{\Delta x}=\lim_{\Delta x\to 0}\frac{\dfrac{\Delta x}{x}}{\Delta x}=\frac{1}{x};$$

更一般地，$y=\log_a x$，则 $y'=\dfrac{1}{x}\log_a \mathrm{e}=\dfrac{1}{x\ln a}$.

5) $y=x^a$，则 $y'=ax^{a-1}$；

事实上，$x\neq 0$ 时，利用 $\left(1+\dfrac{\Delta x}{x}\right)^a-1\sim a\dfrac{\Delta x}{x}(\Delta x\to 0)$，

$$y' = \lim_{\Delta x \to 0} \frac{(x + \Delta x)^a - x^a}{\Delta x} = \lim_{\Delta x \to 0} x^a \frac{\left(1 + \dfrac{\Delta x}{x}\right)^a - 1}{\Delta x}$$

$$= x^a \lim_{\Delta x \to 0} \frac{a \cdot \dfrac{\Delta x}{x}}{\Delta x} = a x^{a-1},$$

注　当 $x = 0$ 时, 需 $a > 1$, 此时 $y'(0) = \lim_{\Delta x \to 0} \dfrac{(\Delta x)^a}{\Delta x} = 0$, 仍有 $y'(x) = a x^{a-1}$. 特别地, $y = x^n$, 则 $y' = n x^{n-1}$.

6) $y = a^x$, 则 $y' = a^x \ln a (a > 0)$;

事实上,

$$y'(x) = \lim_{\Delta x \to 0} \frac{a^{x+\Delta x} - a^x}{\Delta x} = a^x \lim_{\Delta x \to 0} \frac{a^{\Delta x} - 1}{\Delta x}$$

$$\xlongequal{a^{\Delta x} - 1 = t} a^x \lim_{t \to 0} \frac{t}{\dfrac{\ln(t+1)}{\ln a}}$$

$$= a^x \ln a \lim_{t \to 0} \frac{t}{\ln(t+1)} = a^x \ln a.$$

至此, 基本初等函数(除了反三角函数)的求导公式都有了. 但是, 要计算更复杂函数的导数, 需要掌握更进一步的计算法则.

结构分析　从上述导数公式可观察到, 从结构看, 对数函数的求导改变了对数函数的结构, 使其结构化为有理式结构, 简化了结构; 幂函数求导后结构没有改变, 只是进行了降幂; 指数函数和三角函数(正弦和余弦函数)求导没有改变其基本结构.

我们知道, 数学分析研究对象是函数, 又以初等函数为主, 而初等函数由基本初等函数构成, 从结构看, 基本初等函数共五类:幂函数、指数函数、对数函数、三角函数和反三角函数, 这五类基本初等函数中, 又以幂函数结构最简单, 因此, 在各种运算和研究中, 若能利用各种方法简化函数结构必将有利于计算和研究, 所以, 求导以简化结构为函数研究又提供了一种解决思路.

2. 运算法则

计算复杂一些的函数的导数, 需要更高级的导数运算法则.

定理 1.2　设 $u(x)$ 与 $v(x)$ 都可导, 则

(1)　$(u(x) \pm v(x))' = u'(x) \pm v'(x)$;

(2)　$(u(x)v(x))' = u'(x)v(x) + u(x)v'(x)$;

(3) $\left[\dfrac{u(x)}{v(x)}\right]' = \dfrac{u'(x)v(x)-u(x)v'(x)}{v^2(x)}\ (v\neq 0)$.

证明　(1)直接用导数的定义和极限的运算性质即可.

(2) 由导数定义,

$$[uv]' = \lim_{\Delta x\to 0}\frac{u(x+\Delta x)v(x+\Delta x)-u(x)v(x)}{\Delta x}$$

$$= \lim_{\Delta x\to 0}\frac{u(x+\Delta x)v(x+\Delta x)-u(x)v(x+\Delta x)+u(x)v(x+\Delta x)-u(x)v(x)}{\Delta x}$$

$$= \lim_{\Delta x\to 0}\left[\frac{u(x+\Delta x)-u(x)}{\Delta x}v(x+\Delta x)+u(x)\frac{v(x+\Delta x)-v(x)}{\Delta x}\right]$$

$$= u'v+uv',$$

上式用到了可导函数的连续性.

(3) 由导数定义, 类似可得

$$\left[\frac{u}{v}\right]' = \lim_{\Delta x\to 0}\frac{\dfrac{u(x+\Delta x)}{v(x+\Delta x)}-\dfrac{u(x)}{v(x)}}{\Delta x}$$

$$= \lim_{\Delta x\to 0}\frac{v(x)u(x+\Delta x)-u(x)v(x+\Delta x)}{v(x)v(x+\Delta x)\Delta x}$$

$$= \lim_{\Delta x\to 0}\frac{v(x)[u(x+\Delta x)-u(x)]+u(x)[v(x)-v(x+\Delta x)]}{v(x)v(x+\Delta x)\Delta x}$$

$$= \frac{u'v-uv'}{v^2}.$$

定理 1.3 (反函数的求导)　设 $y=f(x)$ 在 (a,b) 内连续、严格单调且 $f'(x)\neq 0$, 则其反函数 $x=f^{-1}(y)$ 在 (α,β) 上可导且

$$[f^{-1}(y)]' = \frac{1}{f'(x)},$$

其中, $(\alpha,\beta)=R(f)$, $\alpha=\min\{f(a^+),f(b^-)\}$, $\beta=\max\{f(a^+),f(b^-)\}$.

证明　首先, 由反函数存在定理, $x=f^{-1}(y)$ 在 (α,β) 存在且连续.

对 $\forall y_0\in(\alpha,\beta)$, 存在唯一 $x_0\in(a,b)$, 使得 $y_0=f(x_0)$ 或 $x_0=f^{-1}(y_0)$, 设给增量 Δx, 引起改变量 Δy, 即 $\Delta y=f(x_0+\Delta x)-f(x_0)=f(x_0+\Delta x)-y_0$, 则

$$y_0+\Delta y = f(x_0+\Delta x),$$

故,

$$f^{-1}(y_0+\Delta y) = x_0+\Delta x,$$

因而,

$$\Delta x = f^{-1}(y_0 + \Delta y) - x_0 = f^{-1}(y_0 + \Delta y) - f^{-1}(y_0),$$

这表明, 相对于 $f^{-1}(y)$, 给定自变量增量 Δy, 引起函数增量为 Δx.

因此, 对函数 $y = f(x)$, 在 x_0 给定自变量增量 Δx, 引起函数改变量 Δy, 相当于对反函数 $f^{-1}(y)$, 给定自变量增量 Δy, 引起函数增量为 Δx. 因此, 由导数定义,

$$[f^{-1}(y_0)]' = \lim_{\Delta y \to 0} \frac{f^{-1}(y_0 + \Delta y) - f^{-1}(y_0)}{\Delta y}$$

$$= \lim_{\Delta y \to 0} \frac{\Delta x}{f(x_0 + \Delta x) - f(x_0)},$$

又由连续性, 当 $\Delta y \to 0$ 时, $\Delta x = f^{-1}(y_0 + \Delta y) - f^{-1}(y_0) \to 0$, 故

$$[f^{-1}(y_0)]' = \lim_{\Delta x \to 0} \frac{\Delta x}{f(x_0 + \Delta x) - f(x_0)} = \frac{1}{f'(x_0)},$$

由 y_0 的任意性, 则 $[f^{-1}(y)]' = \dfrac{1}{f'(x)}$.

总结　公式 $[f^{-1}(y)]' = \dfrac{1}{f'(x)}$ 中, 左端的导数是函数 $f^{-1}(y)$ 对变量 y 的导数, 右端是 $f(x)$ 对变量 x 的导数.

有了定理 1.2、定理 1.3 和基本初等函数的导数, 就可以计算更多的导函数.

例 3　$y = \arcsin x$, 计算 y'.

解　由定理 1.3, 则

$$y' = [\arcsin x]' = \frac{1}{(\sin y)'} = \frac{1}{\cos y} = \frac{1}{\sqrt{1 - \sin^2 y}} = \frac{1}{\sqrt{1 - x^2}}.$$

利用余弦函数、正切函数和余切函数的导数公式可以计算对应的其他反三角函数的导数, 具体的公式后面给出.

例 4　$f(x) = x^3 \cos x - e^x \ln x + \dfrac{2^x}{x}$, 计算 $f'(x)$.

解　利用导数计算法则, 则

$$f'(x) = (x^3 \cos x)' - (e^x \ln x)' + \left(\frac{2^x}{x} \right)'$$

$$= 3x^2 \cos x - x^3 \sin x - e^x \ln x - \frac{e^x}{x} + \frac{2^x x \ln 2 - 2^x}{x^2}.$$

下面给出基本初等函数的导数计算公式, 具体的推导可以通过四则运算法则和反函数导数的计算法则来完成.

1) $(C)' = 0$，即常数函数的导数为 0;

2) $(x^a)' = ax^{a-1}$，$a \neq 0$，特别地，$\left(\dfrac{1}{x}\right)' = -\dfrac{1}{x^2}$，$(\sqrt{x})' = \dfrac{1}{2\sqrt{x}}$;

3) $(a^x)' = a^x \ln a$，特别地，$(\mathrm{e}^x)' = \mathrm{e}^x$;

4) $(\log_a x)' = \dfrac{1}{x \ln a}$，特别地，$(\ln x)' = \dfrac{1}{x}$;

5) $(\sin x)' = \cos x$;

6) $(\cos x)' = -\sin x$;

7) $(\tan x)' = \sec^2 x$;

8) $(\cot x)' = -\csc^2 x$;

9) $(\sec x)' = \tan x \sec x$;

10) $(\csc x)' = -\cot x \csc x$;

11) $(\arcsin x)' = \dfrac{1}{\sqrt{1-x^2}}$;

12) $(\arccos x)' = -\dfrac{1}{\sqrt{1-x^2}}$;

13) $(\arctan x)' = \dfrac{1}{1+x^2}$;

14) $(\text{arccot}\, x)' = -\dfrac{1}{1+x^2}$.

结构分析　上述公式给出了基本初等函数的求导公式，从结构角度观察，可以发现求导对函数结构的影响，即幂函数、指数函数和三角函数的求导不改变原来的结构，求导后还是幂函数、指数函数和三角函数结构; 对数函数和反三角函数的求导彻底改变了结构，这些结构的变化为后续研究函数性质提供研究思想和方法的理论支撑.

利用上述公式可以计算更一般的函数的导数.

例 5　$f(x) = (1 - x^2)\arccos x - \mathrm{e}^x \tan x$，计算 $f'(x)$.

解　由导数计算公式，则

$$
\begin{aligned}
f'(x) &= (1 - x^2)' \arccos x + (1 - x^2)(\arccos x)' \\
&\quad - (\mathrm{e}^x)' \tan x - \mathrm{e}^x (\tan x)' \\
&= -2x \arccos x - \sqrt{1 - x^2} - \mathrm{e}^x \tan x - \mathrm{e}^x \sec^2 x.
\end{aligned}
$$

更复杂的导数的计算，还需要复合函数的求导法则.

定理 1.4 (复合函数求导法)　设 $y = f(u)$ 在 u 点可导，$u = g(x)$ 在对应 x 点可导，则复合函数 $y = f(g(x))$ 在 x 点可导且

$$y' = (f(g(x)))' = f'(g(x)) \cdot g'(x),$$

或

$$\frac{\mathrm{d}y}{\mathrm{d}x} = \frac{\mathrm{d}y}{\mathrm{d}u} \cdot \frac{\mathrm{d}u}{\mathrm{d}x} = f'(u) \cdot g'(x).$$

证明 给定 x 的改变量 Δx，则它首先引起 $u = g(x)$ 的改变量 Δu，即 $\Delta u = g(x + \Delta x) - g(x) = g(x + \Delta x) - u$ 且 $\Delta u \to 0 (\Delta x \to 0)$，而 u 产生的改变量又进一步影响到 $y = f(u)$，产生改变量 Δy，即 $\Delta y = f(u + \Delta u) - f(u)$. 故

$$
\begin{aligned}
[f(g(x))]' &= \lim_{\Delta x \to 0} \frac{f(g(x + \Delta x)) - f(g(x))}{\Delta x} \\
&= \lim_{\Delta x \to 0} \frac{f(u + \Delta u) - f(u)}{\Delta u} \cdot \frac{\Delta u}{\Delta x} \\
&= \lim_{\Delta x \to 0} \frac{f(u + \Delta u) - f(u)}{\Delta u} \cdot \frac{g(x + \Delta x) - g(x)}{\Delta x} \\
&= \lim_{\Delta u \to 0} \frac{f(u + \Delta u) - f(u)}{\Delta u} \cdot \lim_{\Delta x \to 0} \frac{g(x + \Delta x) - g(x)}{\Delta x} \\
&= f'(u)g'(x) = f'(g(x))g'(x).
\end{aligned}
$$

结构分析 公式的第二种形式 $\frac{\mathrm{d}y}{\mathrm{d}x} = \frac{\mathrm{d}y}{\mathrm{d}u} \cdot \frac{\mathrm{d}u}{\mathrm{d}x} = f'(u) \cdot g'(x)$ 更清楚表明了复合函数导数的计算过程的含义：对复合函数 $y = y(u(x))$，y 对自变量 x 的导数等于 y 对中间变量 u 的导数乘以中间变量 u 对自变量 x 的导数，这也是复合函数的链式求导法则. 因此，复合函数求导时一定要确定各种变量，初学者可通过引入中间变量，将一个复杂的函数写成简单函数的复合函数，然后进行求导.

例 6 $f(x) = \mathrm{e}^{x^2 + \ln x}$，计算 $f'(x)$.

解 令 $u = x^2 + \ln x$，则 $f(x) = \mathrm{e}^{x^2 + \ln x}$ 可以视为 $f(u) = \mathrm{e}^u$，$u = x^2 + \ln x$ 的复合，由复合函数的求导法则，则

$$
\begin{aligned}
f'(x) &= (\mathrm{e}^u)'(x^2 + \ln x)' \\
&= \mathrm{e}^u \left(2x + \frac{1}{x} \right) = \mathrm{e}^{x^2 + \ln x} \left(2x + \frac{1}{x} \right).
\end{aligned}
$$

上述计算过程中，我们都用 "'" 表示导数，但在不同的地方，表示的含义不同，如 $(\mathrm{e}^u)'$ 表示的是函数 e^u 对 u 的导数，而 $f'(x)$ 和 $(x^2 + \ln x)'$ 表示的都是相应函数对 x 的导数，要注意这种区别；当然，可以借助导数的微分表示更清楚地表明上述含义，即

$$f'(x) = \frac{\mathrm{d}f}{\mathrm{d}x} = \frac{\mathrm{d}\mathrm{e}^u}{\mathrm{d}u} \cdot \frac{\mathrm{d}(x^2 + \ln x)}{\mathrm{d}x},$$

这样使得计算过程更清晰.

例 7　求 y', 其中, 1) $f(x) = (1+x)^x$; 2) $y = \dfrac{x^2(1+\sin x)}{1-x^2}\sqrt{\dfrac{1+x}{1-x}}$.

解　**1)法一**　用对数法, 两端取对数得

$$\ln f(x) = x\ln(1+x),$$

则左端函数 $F(x) = \ln f(x)$ 可以视为 $F(u) = \ln u, u = f(x)$ 的复合函数, 因而,

$$F'(x) = \frac{\mathrm{d}(\ln u)}{\mathrm{d}u}\frac{\mathrm{d}f(x)}{\mathrm{d}x} = \frac{1}{u}f'(x) = \frac{f'(x)}{f(x)},$$

又, $F(x) = x\ln(1+x)$, 因而, 还有

$$F'(x) = \ln(1+x) + \frac{x}{1+x},$$

故, $\dfrac{f'(x)}{f(x)} = \ln(1+x) + \dfrac{x}{1+x}$, 因而,

$$f'(x) = f(x)\left[\ln(1+x) + \frac{x}{1+x}\right] = (1+x)^x\left[\ln(1+x) + \frac{x}{1+x}\right].$$

法二　利用对数函数的性质, 则

$$f(x) = \mathrm{e}^{x\ln(1+x)},$$

利用复合函数的求导方法, 则

$$f(x) = \mathrm{e}^{x\ln(1+x)}\left(\ln(1+x) + \frac{x}{1+x}\right).$$

2) 用对数法, 取对数, 则

$$\ln y = 2\ln x + \ln(1+\sin x) - \ln(1-x^2) + \frac{1}{2}(\ln(1+x) - \ln(1-x)),$$

两端关于 x 求导, 利用复合函数的求导法则, 则

$$\frac{y'}{y} = \frac{2}{x} + \frac{\cos x}{1+\sin x} + \frac{2x}{1-x^2} + \frac{1}{2}\left(\frac{1}{1+x} + \frac{1}{1-x}\right),$$

故,

$$y' = y\left[\frac{2}{x} + \frac{\cos x}{1+\sin x} + \frac{2x+1}{1-x^2}\right].$$

总结　1)幂指函数是结构相对复杂的一类函数, 在后续一些复杂题目中, 经常会遇到这类因子, 此处, 我们给出了这类因子的两种处理方法, 也是非常有效的针对性方法, 要熟练掌握.

2) 对数方法化积商结构为和差结构, 同样起到化繁为简的作用.

例 8　$y = \ln(x + \sqrt{x^2 + a^2})$, 求 y'.

解　记 $u = x + \sqrt{x^2 + a^2}$, 则 $y = \ln(x + \sqrt{x^2 + a^2})$ 可视为 $y = \ln u$, $u = x + \sqrt{x^2 + a^2}$ 的复合, 故

$$y' = \frac{dy}{dx} = \frac{dy}{du}\frac{du}{dx} = \frac{1}{u}\left(1 + \frac{x}{\sqrt{x^2 + a^2}}\right) = \frac{1}{\sqrt{x^2 + a^2}}.$$

例 8 给出结论是一个有用的结论, 在后续的积分理论中会用到上述公式.

再给出一个抽象复合函数的导数计算.

例 9　设所要求的计算都能够进行, 求 y', 其中

1) $y = f^2(f(e^{x^2} + x\ln x))$;　　2) $y = \arctan(u^2(x) + v^2(x))$.

解　根据复合函数的求导法则, 则

1) $y' = 2f(f(e^{x^2} + x\ln x))f'(f(e^{x^2} + x\ln x))f'(e^{x^2} + x\ln x)(2xe^{x^2} + \ln x + 1)$;

2) $y' = \frac{2u(x)u'(x) + 2v(x)v'(x)}{1 + (u^2(x) + v^2(x))^2}.$

六、不可导函数

函数的可导性是函数较好的分析性质, 但是, 并不是所有的函数都可导.

例 10　考察 $f(x) = |x|$ 在 $x = 0$ 点的可导性.

解　由于 $f_+(0) = 1$, $f_-(0) = -1$, 即左、右导数存在但不等, 故, $f(x)$ 在 $x = 0$ 点不可导.

函数可导表明函数曲线不仅连续而且光滑, 但是, 对函数 $f(x) = |x|$, 曲线在 $x = 0$ 点虽然连续, 但是出现尖点, 破坏了曲线的光滑性, 这是不可导的原因.

例 11　考察 $f(x) = \begin{cases} x\sin\dfrac{1}{x}, & x \neq 0, \\ 0, & x = 0 \end{cases}$ 在 $x=0$ 点的可导性.

解　由于

$$\frac{f(0+x) - f(0)}{x} = \sin\frac{1}{x},$$

显然, $x \to 0$ 时, $\sin\dfrac{1}{x}$ 不存在极限, 因而, 函数 $f(x)$ 在 $x=0$ 点不可导.

注　此时, 函数不可导的原因是函数在 $x=0$ 点附近出现强烈的振荡, 因而, 过原点的附近的割线出现摆动, 没有极限位置, 因而, 不存在切线.

函数不可导的原因还有很多, 这是一个较为复杂的问题, 历史上, 曾经认为,

连续函数应该在大部分点上可导, 不可导点是个别的, 但是, Weierstrass 利用函数项级数构造了一个处处连续但处处不可导的函数

$$f(x) = \sum_{n=0}^{+\infty} a^n \cos(b^n \pi x),$$

其中, $0 < a < 1$, $b > \dfrac{1}{a} + \dfrac{3\pi}{2a}(1-a)$, 且 b 为奇整数.

习　题　4.1

1. 用定义计算函数在给定点处的导数.

1) $f(x) = \ln(1 + \sin x)$, $x_0 = 0$;

2) $f(x) = (1 + x^2)^{\frac{1}{2}}$, $x_0 = 0$;

3) $f(x) = \begin{cases} x^2 \sin \dfrac{1}{x}, & x \neq 0, \\ 0, & x = 0, \end{cases}$ $x_0 = 0$;

4) $f(x) = [x]$, $x_0 = \dfrac{1}{2}$;

5) $f(x) = |x^3|$, $x_1 = 1$, $x_2 = -1$.

2. 用定义计算下列函数的导数.

1) $y = e^{\sqrt{x}}$; 　　　　　　　　2) $y = \sin x^2$;

3) $y = \ln(1 + \sqrt{x})$; 　　　　　4) $y = x^2 e^x$.

3. 设 $f(x)$ 在 x_0 点可导, 类比导数定义, 你能挖掘出哪些信息? 用形式统一法计算 $\lim\limits_{n\to\infty} n\left(f\left(x_0 + \dfrac{2}{n}\right) - f\left(x_0 + \dfrac{1}{n}\right) \right)$.

4. 设 $f(x)$ 在 x_0 点可导, 且 $f(x) > 0, x \in U(x_0)$, 计算 $\lim\limits_{n\to\infty} \left(\dfrac{f\left(x_0 + \dfrac{1}{n}\right)}{f(x_0)} \right)^n$; 要求: 分析极限的结构, 给出结构特点, 根据不同的结构特点给出两种不同的计算方法, 说明思路是如何形成的.

5. 设 $f(x)$ 在 $U(0)$ 有定义, 在 $x_0 = 0$ 点可导, 任给两个点列 $a_n \to 0$, $b_n \to 0$,

1) 证明: $\lim\limits_{n\to\infty} \left(\dfrac{f(a_n) - f(0)}{a_n} - f'(0) \right) = 0$;

2) 用形式统一法建立 $\dfrac{f(b_n) - f(a_n)}{b_n - a_n}$ 与 $\dfrac{f(b_n) - f(0)}{b_n} - f'(0)$, $\dfrac{f(a_n) - f(0)}{a_n} - f'(0)$ 的联系;

3) 证明: $\lim\limits_{n\to\infty} \dfrac{f(b_n) - f(a_n)}{b_n - a_n} = f'(0)$.

6. 证明: 若 $f(x)$ 在 x_0 点可导, 则 $f^2(x)$ 在 x_0 点也可导.

7. 设 $f(x)$ 在 $U(x_0)$ 有定义且 $f'(x_0)>0$, 证明: 存在 $\delta>0$, 使得当 $x_0-\delta<x<x_0$ 时, $f(x)<f(x_0)$; 而当 $x_0<x<x_0+\delta$ 时, $f(x)>f(x_0)$.

8. 用导数定义和可导与连续的关系证明: 若 $f(x)$ 在 $U(x_0)$ 有定义, $f(x_0)\neq 0$ 且 $f'(x_0)$ 存在, 则 $|f(x)|$ 在 x_0 点也可导.

9. 讨论下列函数的连续性和可导性.

1) $f(x)=\begin{cases} 0, & x\text{为无理数}, \\ x, & x\text{为有理数}; \end{cases}$

2) $g(x)=\begin{cases} 0, & x\text{为无理数}, \\ x^2, & x\text{为有理数}. \end{cases}$

10. 利用导函数的运算法则计算下列函数的导数.

1) $f(x)=x^2\sin x+\mathrm{e}^x\ln x$;

2) $f(x)=(1+x^2)\arctan x-3^x$;

3) $f(x)=\sqrt{x}\tan x+(1+x^{\frac{1}{3}})\ln x$;

4) $f(x)=\dfrac{x\sin x}{\ln x}$;

5) $f(x)=(x-1)(x-2)(x-3)$.

11. 利用复合函数的求导法则计算导函数.

1) $f(x)=(1+x^2)^2\sin(1+2x)$;

2) $f(x)=\ln(1+x^2)+x^2\sin\dfrac{1}{x}$;

3) $f(x)=\sqrt{1-x^2}\arcsin x$;

4) $f(x)=\ln\dfrac{x^2+2x\sin x}{1+x^2}$;

5) $f(x)=\dfrac{x}{\sqrt{a^2+x^2}}$;

6) $f(x)=\sqrt{a^2+x^2}\ln(x+\sqrt{a^2+x^2})$.

12. 用对数法计算下列函数的导数.

1) $f(x)=(1+x^2)^x$;

2) $f(x)=x^{x^x}$;

3) $f(x)=(1+x)^2\left(\dfrac{1-x^2}{1+x^2}\right)^{\frac{1}{3}}$.

13. 设所要求的计算都能进行, 计算下列复合函数的导数 y'.

1) $y=f(x^2+2^{\sin x})$;

2) $y=f(x+f(\mathrm{e}^{x^2}))$;

3) $y=\ln(1+f^2(f(f(x))))$;

4) $y=g(\ln(1+u^2(x)))$.

14. 计算下列函数在给定点的左、右导数, 并判断在此点的可导性.

1) $f(x) = x^{\frac{2}{3}}$, $x_0 = 0$;

2) $f(x) = \begin{cases} \dfrac{x}{1 + e^{\frac{1}{x}}}, & x \neq 0, \\ 0, & x = 0, \end{cases}$　$x_0 = 0$.

15. 确定 a, b 的值, 使得 $f(x) = \begin{cases} e^x + 1 + x^2 \sin \dfrac{1}{x^3}, & x > 0, \\ ax + b, & x \leqslant 0 \end{cases}$ 在 $x_0 = 0$ 点可导.

16. 给出命题: 设 $f(x)$ 在$[a, b]$可导, $f(a) = f(b) = 0$, 若 $f_+'(a)f_-'(b) > 0$, 则 $f(x)$ 必在 (a, b) 内有一个零点.

1) 结构分析: 命题可以归为哪类题型? 类比已知, 应该用哪个定理证明此命题? 此时需要验证哪些条件? 从命题条件出发, 你能得到哪些信息? 与要验证的条件类比, 联系最为紧密的信息是什么?

2) 给出命题的证明.

17. 设 $f(x)$ 在 $x_0 = 0$ 点可导, $f(0) = 0$, 令 $A_n = f\left(\dfrac{1}{n^2}\right) + f\left(\dfrac{2}{n^2}\right) + \cdots + f\left(\dfrac{n}{n^2}\right)$,

1) 由于 $f(x)$ 为抽象函数, $f\left(\dfrac{i}{n^2}\right)$ 都是未知的(不确定的), 类比已知理论和方法, 能否化不确定的 $f\left(\dfrac{i}{n^2}\right)$ 为确定的(即函数局部表达定理)形式?

2) 已知 $\sum_{k=1}^{n} k = \dfrac{n(n+1)}{2}$, 计算 $\lim_{n\to\infty} A_n$.

4.2　微分及其运算

一、背景

在工程计算中, 经常处理这样一类近似计算问题: 给定函数 $y = f(x)$, 计算当 x 发生微小变化时, y 的改变量约是多少, 即近似计算 $\Delta y = f(x + \Delta x) - f(x)$.

例 1　现有高为 1 的立方体, 若高增加 0.01, 问体积增加了多少? 要求计算误差不超过 2‰, 计算过程尽可能简单.

解　由体积计算公式可知, 当高增加 Δh 时, 体积增加量为
$$\Delta V = 3h^2 \Delta h + 3h(\Delta h)^2 + (\Delta h)^3,$$
注意到 $h = 1$, $\Delta h = 0.01$, 在满足计算误差的要求下, 只需计算第一项, 即
$$\Delta V \approx 3r^2 \Delta r = 0.03 .$$

进一步分析　在上面的计算过程中, 我们只计算了增量中最简单的第一项, 舍去了后面的两项, 从结构看, 第一项是变量改变量 Δh 的线性项, 后两项是其非

线性项, 当然, 线性项的计算要比非线性项的计算简单, 特别在一些复杂的函数关系中, 这两种计算量的差别是显著的, 因而, 我们给出的计算过程是满足要求的最简单的计算.

抽象总结 总结上述计算过程, 提炼出计算思想: 在自变量的改变量非常小的情况下, 避开复杂的非线性项的计算, 通过线性计算得到满足工程要求的近似计算. 那么, 例 1 的近似计算思想能否推广形成计算理论?

从结构角度做进一步分析, 我们知道立方体体积的计算公式为 $V(h) = h^3$, 因而, 线性项与函数的关系非常明显, 即

$$3h^2 \Delta h = V'(h) \Delta h,$$

因此, 采取的近似计算增量, 只需计算一个导函数值, 然后再计算与自变量增量的乘积即可, 显然, 这是一个很简单的计算.

这是一个个别现象还是一个普遍的规律? 对一般函数的增量, 是否也成立如此的近似计算公式? 这种近似计算的实质又是什么? 这正是本节要解决的问题.

二、微分的定义

设 $y = f(x)$ 在 $U(x)$ 有定义, 给定 x 一个增量 Δx, 考虑 $f(x)$ 在点 x 处的增量 $\Delta y(x) = f(x + \Delta x) - f(x)$.

定义 2.1 如果存在 $A(x)$, 使

$$\Delta y(x) = A(x)\Delta x + o(\Delta x) \quad (\Delta x \to 0),$$

称 $f(x)$ 在 x 点**可微**, $A(x) \Delta x$ 称为 $f(x)$ 在 x 点的微分, 记为 dy 或者 $df(x)$, 即

$$dy = df(x) = A(x) \Delta x.$$

信息挖掘 1)从属性看, 可微是局部性概念, 给出了函数在一点处的可微性的定义;

2) 由于可微性是函数分析性质的描述, 定义还是定性的;

3) 定义还是定量的, 给出了函数在某点处的微分公式;

4)从结构看, 由于 Δx 是充分小的量, 或视为 $\Delta x \to 0$, 因此, 微分实际就是函数增量舍去 Δx 的高阶无穷小量后的一种近似. 由于形式上 $\Delta y(x)$, Δx 是函数或变量的差, 因此通常称 Δy, Δx 为差分, 故, 微分是差分的近似(图 4-2).

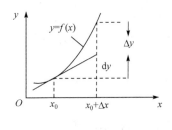

图 4-2　差分与微分

由定义, 在可微条件下, 成立 $\Delta y(x) = A(x)\Delta x + o(\Delta x)$, 称 $A(x)\Delta x$ 为 $\Delta y(x)$ 的线性主部, 因此, 例 1 的近似思想是采用线性主部为函数增量的近似, 即

$$\Delta y(x) \approx A(x)\Delta x ,$$

因此, 只要找到 $A(x)$, 近似计算问题就解决了.

如何寻找 $A(x)$? 微分与导数间有什么关系? 另外, 定义中的微分表达式不统一, 左端是微分, 右端是差分, 因此, 为解决这些问题, 引入自变量的微分.

对自变量 x 而言, 差分就是微分, 即 $\mathrm{d}x = \Delta x$, 事实上, 考察函数 $y = x$, 则

$$\Delta y(x) = \Delta x + 0 = \Delta x + o(\Delta x) ,$$

可得 y 在任意点 x 可微, 且 $\mathrm{d}y = \Delta x$, 即 $\mathrm{d}x = \Delta x$.

由于 $\mathrm{d}x = \Delta x$, 则 $y = f(x)$ 在 x 点可微等价于存在 $A(x)$, 使

$$\mathrm{d}y = A(x) \, \mathrm{d}x ,$$

因此, $\dfrac{\mathrm{d}y}{\mathrm{d}x} = A(x)$, 注意到, 在引入导数时, 曾引入记号 $y' = \dfrac{\mathrm{d}y}{\mathrm{d}x}$. 这是否就是导数与微分的关系呢? 事实确实如此.

定理 2.1　$y = f(x)$ 在 x 点可微等价于 $y = f(x)$ 在 x 点可导, 且 $\dfrac{\mathrm{d}y}{\mathrm{d}x} = f'(x)$, 或者 $\mathrm{d}y = f'(x) \, \mathrm{d}x$.

证明　**必要性**　若 $y = f(x)$ 在 x 点可微, 则存在 $A(x)$, 使

$$\Delta y(x) = A(x)\Delta x + o(\Delta x) ,$$

故, $\lim\limits_{\Delta x \to 0} \dfrac{\Delta y(x)}{\Delta x} = A(x)$, 即 $f'(x) = A(x)$.

充分性　若 $y = f(x)$ 在 x 点可导, 则

$$\lim\limits_{\Delta x \to 0} \dfrac{\Delta y(x)}{\Delta x} = f'(x) ,$$

因而,

$$\dfrac{\Delta y(x)}{\Delta x} = f'(x) + \alpha ,$$

其中 $\lim\limits_{\Delta x \to 0} \alpha = 0$, 故,

$$\Delta y(x) = f'(x) \, \Delta x + o(\Delta x) ,$$

因而, $f(x)$ 在 x 点可微且 $\dfrac{\mathrm{d}y}{\mathrm{d}x} = f'(x)$.

由定理 2.1 可知, 可导与可微是等价的, 注意到 $\dfrac{\mathrm{d}y}{\mathrm{d}x} = f'(x)$, 因此, 导数也等于微分, 这也是称导数为微分的原因.

虽然导数等于微分, 但是, 导数与微分的含义是不同的: 导数与微分都反映了函数的变化, 导数是从相对的角度, 反映函数的变化快慢, 即变化率; 微分是从绝对的角度, 反映了函数的改变量, 即改变了多少.

我们再从量的角度看微分: 由于 dx 是给定的自变量的改变量, 因而, x, dx 是两个独立的变量, 而 dy 是变量 x, dx 的函数.

微分的计算很简单: 从定理 2.1 可知, 微分的计算相当于导数的计算, 即 $dy = f'(x)\,dx$. 如 $y = a^x$, 则 $dy = (a^x)'\,dx = a^x \ln a\,dx$.

虽然从定理 2.1 中知道, 可微等价于可导, 但作为对定义的理解, 我们还是应该掌握用定义判断函数的可微性.

从定义看, 判断 $y = f(x)$ 在点 x_0 是否可微的方法有两个, 法一: 判断极限 $\lim\limits_{\Delta x \to 0} \dfrac{\Delta y(x_0)}{\Delta x}$ 是否存在, 若存在, 则可微, 否则不可微, 这实际上相当于可导性的判断; 法二: 验证是否存在 $A(x_0)$, 使得 $\lim\limits_{\Delta x \to 0} \dfrac{\Delta y(x_0) - A(x_0)\Delta x}{\Delta x} = 0$, 显然, 利用已知的导数, 为 $A(x_0)$ 的确定提供思路, 即 $A(x_0) = f'(x_0)$. 由于法二要求对某个 $A(x_0)$ 验证, 因此, 只能在可微的情况验证, 不能确定不可微性.

例 2 判断 $f(x) = \dfrac{1}{x}$ 在 $x_0 = 1$ 的可微性.

分析 利用导数关系可知, 在此点函数可微, 且 $A(x_0) = f'(1) = -1$, 因此, 只需选择这样的 $A(x_0)$, 代入验证即可.

解 取 $A(x_0) = -1$, 则

$$\lim_{\Delta x \to 0} \frac{\Delta y(x_0) - A(x_0)\Delta x}{\Delta x}$$

$$= \lim_{\Delta x \to 0} \frac{\dfrac{1}{1 + \Delta x} - 1 + \Delta x}{\Delta x} = 0,$$

故, $f(x) = \dfrac{1}{x}$ 在 $x_0 = 1$ 的可微.

三、微分的计算法则

为了便于微分的计算, 我们需要介绍以下微分的计算法则, 微分的计算法则与导数的运算法则相同, 简述如下.

1) $d(f \pm g) = df \pm dg$;

2) $d(f \cdot g) = g df + f dg$;

3) $d\left(\dfrac{f}{g}\right) = \dfrac{g df - f dg}{g^2} \ (g \neq 0)$;

4) 复合函数的微分: 若 $y = f(u), u = g(x)$ 可微, 则 $y = f(g(x))$ 可微且

$$dy = (f(g(x)))'dx = f'(g(x))g'(x)dx$$
$$= f'(g(x))dg(x) = f'(u)du,$$

上述关系式表明, 将 y 视为 u 的函数 $y = f(u)$, 与将 y 视为 x 的复合函数 $y = f(g(x))$ 得到的微分结论相同, 因此, 不论 u 是自变量还是中间变量, $y = f(u)$ 的微分式相同, 这就是函数的一阶微分形式的不变性. 这是一个非常重要的性质, 有了这个性质, 对一个函数 $y = f(u)$, 不管 u 是中间变量还是一个自变量, 都可按 u 是自变量求微分. 我们将在隐函数求导中用到这个性质.

例 3　设 $y = \dfrac{\ln(1+x^2)}{x}$, 求 dy.

解　利用微分运算法则,

$$dy = d\left(\frac{\ln(1+x^2)}{x}\right) = \frac{xd(\ln(1+x^2)) - \ln(1+x^2)dx}{x^2},$$

由于 $d(\ln(1+x^2)) = \dfrac{2x}{1+x^2}dx$, 代入即得

$$dy = \frac{2x^2 - (1+x^2)\ln(1+x^2)}{x^2(1+x^2)}dx.$$

例 4　设 u, v, w 是 x 的可微函数, $y = \dfrac{1}{\sqrt{u^2+v^2}} + e^{\sin w}$, 求 dy.

解　利用复合函数的微分法则,

$$dy = \left\{ -\frac{uu' + vv'}{[u^2+v^2]^{\frac{3}{2}}} + e^{\sin w} \cos w \cdot w' \right\}dx.$$

习　题　4.2

1. 用定义证明函数在给定点的可微性, 在可导的条件下, 计算此点的微分.

1) $y = e^x$, $x_0 = 0$;

2) $y = \ln(1+x)$, $x_0 = 0$;

3) $y = x\sin x$, $x_0 = 0$;

4) $y = x^3$, $x_0 = 1$.

2. 计算下列函数在给定点的微分.

1) $f(x) = x^2\ln(1+x^2)$, $x_0 = 1$;

2) $f(x) = \ln(x + \sqrt{a^2+x^2})$, $x_0 = a$.

3. 计算下列函数的微分.

1) $f(x) = \dfrac{x}{\sqrt{x^2+1}}$;

2)　$f(x) = \ln \dfrac{(1 + \sin^2 x)x^3}{1 + x^2}$;

3)　$f(x) = e^{-x^2 + \arctan x}$;

4)　$f(x) = \sqrt{\dfrac{ax + b}{cx + d}}$.

4. 计算复合函数的微分.

1)　$f(u) = \ln(1 + u^2)$, 　$u = x \ln x - x$;

2)　$f(u) = \sin(2^u + \ln u)$, 　$u = x^2 + e^{1 + \sqrt{x}}$.

5. 利用微分的思想近似计算下列各量.

1)　$\sqrt{99.9}$;　　　　　　　　　　　　2)　$\sin 29°$;

3)　$\sqrt[5]{32.01}$;　　　　　　　　　　4) $\arctan 1.001$.

4.3　隐函数及参数方程所表示函数的求导

一、隐函数的求导

关于由方程所确定的隐函数的存在性, 将在多元函数的微分学中给出理论上的证明, 且在那里有更一般、更复杂的隐函数的求导计算, 本节只处理最简单的由单个方程所确定的一元隐函数的求导.

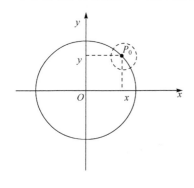

图 4-3　隐函数的局部性

首先明确隐函数的定义. 给定方程 $F(x, y) = 0$, 点 $P_0(x_0, y_0)$ 满足方程 $F(x_0, y_0) = 0$. 若存在 $\delta > 0$, 使得曲线 $F(x, y) = 0$ 在 $U(P_0, \delta)$ 内相对于 y 轴是简单曲线, 即对任意的 $x \in U(x_0, \delta)$, 存在唯一的点 $P(x, y) \in U(P_0, \delta)$, 满足 $F(x, y) = 0$; 也即存在唯一的 $y \in U(y_0, \delta)$, 满足 $F(x, y) = 0$; 由此确定一个函数关系 $f : x \mapsto y$, 称函数 $f(x)$ 为由方程 $F(x, y) = 0$ 在点 $P(x_0, y_0)$ 附近所确定的隐函数, 或简称 $f(x)$ 为由方程 $F(x, y) = 0$ 所确定的隐函数(图 4-3).

从定义知: ①隐函数的存在性与点 $P(x_0, y_0)$ 的位置有关,不同点处确定的隐函数可能不同; ②隐函数是局部的, 即在点 $P(x_0, y_0)$ 的附近成立对应的隐函数关系; ③ $P(x_0, y_0)$ 必须满足方程 $F(x, y) = 0$.

如, 令 $F(x, y) = x^2 + y^2 - 1$, $P(x_0, y_0)$ 满足 $F(x_0, y_0) = 0$, 则, 对任意的 $x_0 \neq \pm 1$, 取 $0 < \delta < \min\{|1 - x_0|, |1 + x_0|, |y_0|\}$, 则当 $y_0 > 0$ 时, 对任意的 $x \in U(x_0, \delta)$, 存在唯一的 $y = \sqrt{1 - x^2}$ 满足 $F(x, y) = 0$, 因此, 方程 $F(x, y) = 0$ 在 $P(x_0, y_0)$ 附近都能确定

隐函数 $y = \sqrt{1-x^2}$. 当 $y_0 < 0$ 时, 对任意的 $x \in U(x_0, \delta)$, 存在唯一的 $y = -\sqrt{1-x^2}$ 满足 $F(x,y) = 0$, 因此, 方程 $F(x,y) = 0$ 在 $P(x_0, y_0)$ 附近都能确定隐函数 $y = -\sqrt{1-x^2}$. 当 $x_0 = 1$ 时, 对任意的 $x \in U(x_0)$, 满足方程 $F(x,y) = 0$ 的点有两个: $y = \pm\sqrt{1-x^2}$, 根据隐函数的定义, 在 $P(x_0, y_0)$ 点附近内不能由方程 $F(x,y) = 0$ 确定隐函数 $y = f(x)$; 当 $x_0 = -1$ 时也有类似的结论. 当然, 当 $x_0 = \pm 1$ 时, 在满足 $F(x,y) = 0$ 的点 $P(x_0, y_0)$ 附近能够确定 $x = x(y)$ 形式的隐函数. 注意, 即使在存在的条件下, 通常不需要、也不一定能够从方程 $F(x,y) = 0$ 中求解出隐函数.

在本节, 我们不讨论隐函数的存在性, 也不讨论隐函数的求解, 我们的目的只是在隐函数存在的条件下, 不需要计算隐函数的表达式, 直接由方程 $F(x,y) = 0$ 计算隐函数的导数, 因此, 在后面涉及隐函数求导时, 总假设隐函数存在. 我们通过例子说明求导方法.

例 1　设方程 $x^2 + y^2 = 1$ 确定隐函数 $y = f(x)$, 求 $\dfrac{\mathrm{d}y}{\mathrm{d}x}$.

思路分析　题型是由方程确定的隐函数的求导; 由题意, 确定的隐函数为 $y = f(x)$; 条件: 没有(也不需要)隐函数的表达式, 只有给定的方程; 因此, 求解思路是从方程出发, 计算隐函数导数; 方法设计: 既然确定了 x 为自变量, y 为函数, 对方程进行求导, 在求导过程中, 可将变元 y 视为 x 的函数, 而 y^2 视为一个复合函数, 即 $w(x) = y^2$, 而 $y = f(x)$, 由此, 通过对方程的求导, 利用复合函数的求导法则得到隐函数的导数. 当然, 利用一阶微分形式的不变性, 也可以不用确定变量地位, 直接利用微分法则计算微分, 在利用微分和导数的关系得到所需要的隐函数的导数.

解　法一　直接求导法.

在方程两端关于变量 x 求导, 利用复合函数求导法, 则
$$2x + 2f(x)f'(x) = 0,$$

故, $y' = f'(x) = -\dfrac{x}{f(x)} = -\dfrac{x}{y}$.

注　此时的导数表达式并不仅是 x 的解析表达式, 通常是由 x 和 y 共同给出的表达式.

法二　微分法.

在方程两端, 同时求微分
$$2x\mathrm{d}x + 2y\mathrm{d}y = 0,$$

故, $\dfrac{\mathrm{d}y}{\mathrm{d}x} = -\dfrac{x}{y}$.

总结 直接求导法是将其中的一个变元视为自变量, 另一变元视为函数, 因此, 两边关于自变量求导时, 变量间的关系已经确定, 因而, 要用到复合函数的求导, 要指明是对哪个变量的求导. 微分法是将各个量都视为变量, 两端对变量求微分, 从而得到一个微分关系式, 通过这一微分关系式可以任意计算其中一个变量对另一变量的导数.

上例中, 可求出函数表达式, $y = \sqrt{1-x^2}$ 或 $y = -\sqrt{1-x^2}$, 可直接由此计算出 y', 可以看出结果是一致的.

例 2 设由方程 $\dfrac{y}{x} = e^{y^2}\sqrt{\dfrac{x+y}{x-y}}$ 确定隐函数 $y = f(x)$, 求 y'.

解 对数法. 两边取对数, 则

$$\ln y - \ln x = y^2 + \frac{1}{2}\ln(x+y) - \ln(x-y),$$

两边微分, 则

$$\frac{1}{y}dy - \frac{1}{x}dx = 2y\,dy + \frac{dx+dy}{2(x+y)} - \frac{dx-dy}{2(x-y)},$$

故,

$$\left[\frac{1}{y} + 2y - \frac{1}{2(x+y)} - \frac{1}{2(x-y)}\right]dy$$
$$= \left[\frac{1}{x} + \frac{1}{2(x+y)} - \frac{1}{2(x-y)}\right]dx,$$

故,

$$\frac{dy}{dx} = \frac{\dfrac{1}{x} + \dfrac{1}{2(x+y)} - \dfrac{1}{2(x-y)}}{\dfrac{1}{y} + 2y - \dfrac{1}{2(x+y)} - \dfrac{1}{2(x-y)}}.$$

微分法计算隐函数的导数较为直接简单, 不需要绑定函数关系, 不需要使用复合函数的求导法则.

二、参数方程所表示的函数的求导

曲线有参数方程形式, 因此, 函数也可通过参数方程表示, 如参数方程:
$\begin{cases} x = \varphi(t), \\ y = \psi(t), \end{cases}$ 若 $x = \varphi(t)$ 可逆, 则 $t = \varphi^{-1}(x)$, 代入 $y = \psi(\varphi^{-1}(x))$, 由此确定函数 $y = f(x)$.

那么, 如何计算由此确定的函数 $y = f(x)$ 的导数呢? 通过上述确定函数 $y = f(x)$ 的过程可以看出, $y = f(x)$ 可视为 $y = \psi(t)$, $t = \varphi^{-1}(x)$ 的复合. 利用复合

函数的求导, 则

$$\frac{\mathrm{d}y}{\mathrm{d}x} = \frac{\mathrm{d}y}{\mathrm{d}t} \frac{\mathrm{d}t}{\mathrm{d}x} = \frac{\mathrm{d}y}{\mathrm{d}t} \cdot \frac{1}{\dfrac{\mathrm{d}x}{\mathrm{d}t}} = \frac{\psi'(t)}{\varphi'(t)},$$

上述公式用到了反函数导数的计算.

当然, 也可以利用微分法来计算, 对参数方程微分得

$$\mathrm{d}x = \varphi'(t)\mathrm{d}t, \quad \mathrm{d}y = \psi'(t)\mathrm{d}t,$$

故, $\dfrac{\mathrm{d}y}{\mathrm{d}x} = \dfrac{\psi'(t)}{\varphi'(t)}$, 此时还可以计算 $\dfrac{\mathrm{d}x}{\mathrm{d}y} = \dfrac{\varphi'(t)}{\psi'(t)}$.

例 3　椭圆曲线的参数方程为 $\begin{cases} x = a\cos t, \\ y = b\sin t, \end{cases}$ 求 $\dfrac{\mathrm{d}y}{\mathrm{d}x}$.

解　容易计算

$$\frac{\mathrm{d}y}{\mathrm{d}x} = \frac{\dfrac{\mathrm{d}y}{\mathrm{d}t}}{\dfrac{\mathrm{d}x}{\mathrm{d}t}} = -\frac{b}{a}\cot t.$$

习　题　4.3

1. 计算下列隐函数的导数 $\dfrac{\mathrm{d}y}{\mathrm{d}x}$.

1) $y^2 = x + \sin(xy)$;

2) $\arctan\dfrac{y}{x} = \ln\sqrt{x^2 + y^2}$;

3) $\dfrac{y^2 x + y}{\sqrt{1+x}-1} = \dfrac{\sqrt{1+x}+1}{y}$;

4) $\dfrac{\sqrt{x^2+y^2}}{2xy} = \mathrm{e}^{x+y}$.

2. 计算下列参数方程所确定的函数的导数 $\dfrac{\mathrm{d}y}{\mathrm{d}x}$.

1) $x = \sin^2 t$, $y = \cos^2 t$;

2) $x = 1 - t^2$, $y = 1 + t^2$.

3. 隐函数求导的方法主要有导数法和微分法, 给出两种方法的应用机理.

4.4　高阶导数与高阶微分

一、高阶导数及其运算

由导数的定义可知, 如果函数 $y = f(x)$ 在区间 I 可导, 则其导函数 $f'(x)$ 仍然

是定义在 I 上的函数, 因此, 如果 $f'(x)$ 在 I 上仍可导, 可继续求 $f'(x)$ 的导函数. 那么, $f'(x)$ 的导函数称为 $y = f(x)$ 的二阶导函数, 简称二阶导数, 记为 $f''(x)$, 或 $\dfrac{\mathrm{d}^2 y}{\mathrm{d} x^2}$, 因此,

$$y'' = f''(x) = (f'(x))' = \frac{\mathrm{d}}{\mathrm{d} x}\left(\frac{\mathrm{d} y}{\mathrm{d} x}\right) = \frac{\mathrm{d}^2 y}{\mathrm{d} x^2};$$

类似地, 可定义三阶导数:

$$y''' = f'''(x) = (f''(x))' = \frac{\mathrm{d}}{\mathrm{d} x}\left(\frac{\mathrm{d}^2 y}{\mathrm{d} x^2}\right) = \frac{\mathrm{d}^3 y}{\mathrm{d} x^3};$$

对任意的正整数 n, n 阶导数记为

$$y^{(n)} = f^{(n)}(x) = \frac{\mathrm{d}^n y}{\mathrm{d} x^n}.$$

显然, 若 $f(x)$ 的高阶导数存在, 则低阶导数必存在. 高阶导数也有实际背景, 如对路程函数 $s = s(x)$, 则其速度为 $v(t) = s'(t)$, 加速度为 $a(t) = v'(t) = s''(t)$.

下面, 给出高阶导数的运算法则.

(1) $[f \pm g]^{(n)} = f^{(n)} \pm g^{(n)}$;

(2) Leibniz 公式:

$$[f(x)g(x)]^{(n)} = \sum_{k=0}^{n} \mathrm{C}_n^k f^{(n-k)}(x) g^{(k)}(x),$$

其中 $\mathrm{C}_n^k = \dfrac{n!}{k!(n-k)!}$.

我们仅对(2)用归纳法进行证明.

证明　显然, 利用函数乘积的导数运算法则, 当 $n=1$ 时公式成立.

假设 $n=k$ 时公式成立, 则

$$[f(x)g(x)]^{(k)} = \sum_{i=0}^{k} \mathrm{C}_k^i f^{(k-i)}(x) g^{(i)}(x),$$

两端继续求导, 则

$$[f(x)g(x)]^{(k+1)} = \sum_{i=0}^{k} \mathrm{C}_k^i [f^{(k-i)}(x) g^{(i+1)}(x) + f^{(k-i+1)}(x) g^{(i)}(x)]$$

$$= \sum_{i=0}^{k} \mathrm{C}_k^i f^{(k-i)}(x) g^{(i+1)}(x) + \sum_{i=0}^{k} \mathrm{C}_k^i f^{(k-i+1)}(x) g^{(i)}(x)$$

$$= \sum_{i=1}^{k+1} \mathrm{C}_k^{i-1} f^{(k+1-i)}(x) g^{(i)}(x) + \sum_{i=0}^{k} \mathrm{C}_k^i f^{(k+1-i)}(x) g^{(i)}(x)$$

$$= C_k^k f^{(0)}(x)g^{(k+1)}(x) + \sum_{i=1}^{k}(C_k^{i-1}+C_k^i)f^{(k+1-i)}(x)g^{(i)}(x)$$

$$+ C_k^0 f^{(k+1)}(x)g^{(0)}(x)$$

$$= \sum_{i=0}^{k+1} C_{k+1}^i f^{(k+1-i)}(x)g^{(i)}(x),$$

故, $n=k+1$ 时成立.

利用高阶导数计算公式, 容易计算下列常见的高阶导数:

$y=e^x$, 则 $y^{(n)}=e^x$;

$y=a^x$, 则 $y^{(n)}=a^x(\ln a)^n$;

$y=x^m$, 则 $y^{(n)} = \begin{cases} m(m-1)\cdots(m-n-1)x^{n-m}, & n \leqslant m, \\ 0, & n>m; \end{cases}$

$y=\dfrac{1}{x}$, 则 $y^{(n)}=(-1)^n\dfrac{n!}{x^{n+1}}$;

$y=\ln x$, 则 $y^{(n)}=(-1)^{n+1}\dfrac{(n-1)!}{x^n}$;

$y=\sin x$, 则 $y^{(n)}=\sin\left(x+\dfrac{n\pi}{2}\right)=\cos\left(x+\dfrac{n+1}{2}\pi\right)$;

$y=\cos x$, 则 $y^{(n)}=\cos\left(x+\dfrac{n\pi}{2}\right)=\sin\left(x+\dfrac{n+1}{2}\pi\right)$.

在利用 Leibniz 公式处理乘积形式的高阶导数时, 一定要挖掘结构特点, 充分利用特殊函数的导数公式简化计算.

例 1　$y=x^2\sin x$, 求 $y^{(80)}$.

结构分析　题型是高阶导数的计算; 由 Leibniz 公式可知, $y^{(80)}$ 中有 81 项, 涉及每个乘积因子的从 1 阶到 80 阶导数, 似乎应该把每个因子的各阶导数都计算出来, 事实并非如此, 像这样的高阶导数的计算, 通常都有特点或规律, 以简化运算过程. 对本例来说, 在于因子 $f(x)=x^2$, 其导数计算的特点是: $f^{(n)}(x)=0$, $n>2$ 时, 因此, 只需计算展开式中与 $f^{(n)}(x)$ ($n \leqslant 2$) 相对应的项, 即只需计算 $g(x)=\sin x$ 的三个导数 $g^{(80)}(x)$, $g^{(79)}(x)$, $g^{(78)}(x)$.

解　由于 $(\sin x)^{(78)}=\sin\left(x+\dfrac{78}{2}\pi\right)=-\sin x$, $(\sin x)^{(79)}=-\cos x$, $(\sin x)^{(80)}=\sin x$, 且 $(x^2)'=2x$, $(x^2)''=2$, $x^{(n)}=0$, $n>2$, 故

$$y^{(80)}=x^2(\sin x)^{(80)}+C_{80}^1(x^2)'(\sin x)^{(79)}+C_{80}^2(x^2)''(\sin x)^{(78)}$$

$$=x^2\sin x-160x\cos x-6320\sin x.$$

例 2 $y = \dfrac{\sin x}{x}$, 求 $y^{(4)}$.

结构分析 形式上, 这是形如 $\dfrac{f(x)}{g(x)}$ 的高阶导数的计算, 但对这种商形式没有求导公式. 一般方法是将其化为积形式 $f(x)\dfrac{1}{g(x)}$, 然后利用 Leibniz 公式.

解 由 Leibniz 公式

$$y^{(4)} = \left(\frac{\sin x}{x}\right)^{(4)} = \left(\sin x \cdot \frac{1}{x}\right)^{(4)}$$

$$= \sin^{(4)} x \cdot \frac{1}{x} + C_4^1 \sin^{(3)} x \cdot \left(\frac{1}{x}\right)' + C_4^2 \sin^{(2)} x \cdot \left(\frac{1}{x}\right)''$$

$$+ C_4^3 \sin^{(1)} x \cdot \left(\frac{1}{x}\right)''' + \sin x \left(\frac{1}{x}\right)^{(4)}$$

$$= \frac{\sin x}{x} + C_4^1 (-\cos x)\left(-\frac{1}{x^2}\right) + C_4^2 (-\sin x)\frac{2}{x^3}$$

$$+ C_4^3 \cos x \frac{-6}{x^4} + \sin x \frac{24}{x^5}.$$

对复合函数的高阶导数, 计算较为复杂. 必须从低阶向高阶逐步计算, 计算过程中要更仔细. 如: 对复合函数 $y = f(g(x))$, 已知 $y' = f'(g(x))g'(x)$, 因而

$$y'' = [f'(g(x))]'g'(x) + f'(g(x))g''(x)$$

$$= f''(g(x))(g'(x))^2 + f'(g(x))g''(x),$$

进而,

$$y''' = f^{(3)}(g(x))(g'(x))^3 + 2f''(g(x))g'(x)g''(x)$$

$$+ f''(g(x))g'(x)g''(x) + f'(g(x))g^{(3)}(x)$$

$$= f^{(3)}(g(x))(g'(x))^3 + 3f''(g(x))g'(x)g''(x)$$

$$+ f'(g(x))g^{(3)}(x).$$

但是, 在实际例子中, 不必记上述公式, 直接从低阶向高阶计算更为方便且不易出错.

高阶导数计算还有一个很重要技术, 将表达式简化变形转化为易求高阶导数的情况.结构简化是问题求解前重要的步骤, 是科学研究方法的一般要求.

例 3 $y = \dfrac{x^n}{x+1}$, 求 $y^{(n)}$.

解 直接计算较复杂, 先变形

$$y = \frac{x^n + x^{n-1} - x^{n-1}}{x+1} = x^{n-1} - \frac{x^{n-1}}{x+1}$$

$$= x^{n-1} - \frac{x^{n-1} + x^{n-2} - x^{n-2}}{x+1}$$

$$= x^{n-1} - x^{n-2} + \frac{x^{n-2}}{x+1} = \cdots$$

$$= x^{n-1} - x^{n-2} + \cdots + (-1)^n x + (-1)^{n+1} + (-1)^{n+2}\frac{1}{1+x},$$

故,

$$y^{(n)} = \left[(-1)^n \frac{1}{1+x}\right]^{(n)} = (-1)^n (-1)^n \frac{n!}{(1+x)^{n+1}} = \frac{n!}{(1+x)^{n+1}}.$$

例 4　$y = \dfrac{x^2+1}{(x+1)^3}$，求 y''.

解　由于 $y = \dfrac{1}{x+1} - 2\dfrac{1}{(x+1)^2} + 2\dfrac{1}{(x+1)^3}$，则

$$y' = -\frac{1}{(x+1)^2} + 4\frac{1}{(x+1)^3} - 6\frac{1}{(x+1)^4},$$

$$y'' = \frac{2}{(x+1)^3} - \frac{12}{(x+1)^4} + \frac{24}{(x+1)^5},$$

例 5　$y = 16\sin^4 x \cos^2 x$，求 $y^{(n)}$.

结构分析　正弦、余弦函数偶次幂结构, 应先用三角函数公式进行降幂处理再求导.

解　由于

$$y = 16(\sin x \cos x)^2 \sin^2 x = 16\left(\frac{1}{2}\sin 2x\right)^2 \sin^2 x$$

$$= 4\frac{1-\cos 4x}{2} \cdot \frac{1-\cos 2x}{2}$$

$$= 1 - \cos 2x - \cos 4x + \cos 2x \cos 4x$$

$$= 1 - \cos 2x - \cos 4x + \frac{1}{2}\cos 2x + \frac{1}{2}\cos 6x$$

$$= 1 - \frac{1}{2}\cos 2x - \cos 4x + \frac{1}{2}\cos 6x,$$

故

$$y^{(n)} = -2^{n-1} \cos\left(2x + \frac{n\pi}{2}\right) - 4^n \cos\left(4x + \frac{n\pi}{2}\right)$$

$$+ \frac{1}{2} 6^n \cos\left(6x + \frac{n\pi}{2}\right).$$

例 6　设 $y = \arctan x$，计算 $y^{(n)}(0)$．

解　直接计算，得

$$y' = \frac{1}{1+x^2},$$

为计算任意阶的导数，将上式转化为

$$(1+x^2)y' = 1.$$

两端求 n 阶导数，利用 Leibniz 公式，则

$$(1+x^2)y^{(n+1)} + 2nxy^{(n)} + n(n-1)y^{(n-1)} = 0,$$

令 $x=0$，得到递推公式，

$$y^{(n+1)}(0) = -n(n-1)y^{(n-1)}(0),$$

利用初始值 $y(0) = 0, y'(0) = 1$，得

$$y^{(n+1)}(0) = \begin{cases} 0, & n\text{为奇数}, \\ (-1)^{\frac{n}{2}} n!, & n\text{为偶数}. \end{cases}$$

对隐函数的高阶导数的计算，采用类似的思想，但要注意：由于隐函数的求导是通过对一个方程的两端求导来进行的，因而，得到的并不是导数表达式，而仍是一个导数所满足的关系式，这时不必将此导数求出再求高阶导数，而是对导数方程再求导，然后再求出高阶导数．

例 7　由 $e^y = xy$ 确定隐函数 $y = f(x)$，求 $y''(x)$．

解　对方程两端关于 x 求导，

$$y'e^y = y + xy',$$

求解得 $y' = \dfrac{y}{e^y - x}$，对上述方程再对 x 求导，则

$$y''e^y + (y')^2 e^y = y' + y' + xy'',$$

故，

$$y'' = \frac{2y' - (y')^2 e^y}{e^y - x} = \frac{y(2y - 2 - y^2)}{x^2(y-1)^3}.$$

对参数方程的高阶导数的计算，仍采用从低阶到高阶逐步计算．如 $\begin{cases} x = \varphi(t), \\ y = \psi(t), \end{cases}$

则 $\dfrac{\mathrm{d}y}{\mathrm{d}x}=\dfrac{\psi'(t)}{\varphi'(t)}$，因此，

$$\frac{\mathrm{d}^2 y}{\mathrm{d}x^2}=\frac{\mathrm{d}}{\mathrm{d}x}\left(\frac{\mathrm{d}y}{\mathrm{d}x}\right)=\frac{\mathrm{d}\left(\dfrac{\mathrm{d}y}{\mathrm{d}x}\right)}{\mathrm{d}t}\cdot\frac{1}{\dfrac{\mathrm{d}x}{\mathrm{d}t}}=\frac{\psi''\varphi'-\psi'\varphi''}{(\varphi'(t))^2}\cdot\frac{1}{\varphi'(t)},$$

特别注意 $\dfrac{\mathrm{d}^2 y}{\mathrm{d}x^2}\neq\dfrac{\psi''(t)}{\varphi''(t)}$.

分析下面的计算过程错在何处：

$$\frac{\mathrm{d}^2 y}{\mathrm{d}x^2}=\frac{\mathrm{d}^2 y}{\mathrm{d}t^2}\frac{\mathrm{d}t^2}{\mathrm{d}x^2}=\frac{\mathrm{d}^2 y}{\mathrm{d}t^2}\cdot\frac{1}{\left(\dfrac{\mathrm{d}x}{\mathrm{d}t}\right)^2}=\frac{\psi''}{(\varphi'(t))^2}.$$

二、高阶微分及其运算

类似地，可引入高阶微分的定义.

设 $y=f(x)$ 可微，则 $\mathrm{d}y=f'(x)\mathrm{d}x$，将 $\mathrm{d}y$ 视为变量 x 的函数，因而，可以继续考虑关于 x 的微分，这就是 $y=f(x)$ 的二阶微分，记为 $\mathrm{d}^2 y$.因而，$\mathrm{d}^2 y=\mathrm{d}(\mathrm{d}y)=\mathrm{d}(f'(x)\mathrm{d}x)$.

利用微分公式计算，则

$$\begin{aligned}\mathrm{d}(f'(x)\mathrm{d}x)&=\mathrm{d}(f'(x))\mathrm{d}x+f'(x)\mathrm{d}(\mathrm{d}x)\\&=f''(x)(\mathrm{d}x)^2+0=f''(x)\mathrm{d}x^2.\end{aligned}$$

注意　两种表示符号的差别，$\mathrm{d}^2 y$ 为函数 y 的二阶微分，$\mathrm{d}x^2=\mathrm{d}x\cdot\mathrm{d}x$.

这里用到公式：常数的微分等于零，即在对 x 的微分过程中，$\mathrm{d}x$ 相对于 x 是独立的，与 x 无关，可视为常数，故 $\mathrm{d}(\mathrm{d}x)=0$.

进一步可求更高阶微分

$$\begin{aligned}\mathrm{d}^3 y&=\mathrm{d}(\mathrm{d}^2 y)=\mathrm{d}(f''(x)\mathrm{d}x^2)\\&=\mathrm{d}(f''(x))\mathrm{d}x^2+f''(x)\mathrm{d}(\mathrm{d}x^2)=f'''(x)\mathrm{d}x^3,\end{aligned}$$

一般有 $\mathrm{d}^n y=f^{(n)}(x)\mathrm{d}x^n$，即 $\dfrac{\mathrm{d}^n y}{\mathrm{d}x^n}=f^{(n)}(x)$，因此，$n$ 阶微商与 n 阶导数一致.

例 8　$y=\sin^4 x$，求 $\mathrm{d}^n y$.

解　利用三角公式化简函数表达式得

$$\begin{aligned}y&=\left(\frac{1-\cos 2x}{2}\right)^2=\frac{1}{4}(1-2\cos 2x+\cos^2 2x)\\&=\frac{3}{8}-\frac{1}{2}\cos 2x+\frac{1}{8}\cos 4x,\end{aligned}$$

由导数计算公式, 则

$$y^{(n)}(x) = -2^{n-1}\cos\left(2x + \frac{n\pi}{2}\right) + 2^{2n-3}\cos\left(4x + \frac{n\pi}{2}\right),$$

故, $\mathrm{d}^n y = 2^n \sin\left(2x + \frac{n\pi}{2}\right)\mathrm{d}x^n$.

再考察复合函数的高阶微分. 给定复合函数 $y(x) = f(g(x))$, 可视为 $y(u) = f(u)$, $u = g(x)$ 的复合, 计算一阶微分, 则

$$\mathrm{d}y(u) = f'(u)\mathrm{d}u, \quad \mathrm{d}u = g'(x)\mathrm{d}x,$$

利用一阶微分形式之不变性, 还有

$$\mathrm{d}y(x) = f'(g(x))g'(x)\mathrm{d}x = f'(u)\mathrm{d}u = \mathrm{d}y(u),$$

继续计算二阶微分, 则

$$\begin{aligned}
\mathrm{d}^2 y(x) &= \mathrm{d}(\mathrm{d}y(x)) = \mathrm{d}(f'(g(x))g'(x)\mathrm{d}x)\\
&= (f''(g(x))(g'(x))^2 + f'(g(x))g''(x))\mathrm{d}x^2\\
&= f''(g(x))(g'(x)\mathrm{d}x)^2 + f'(g(x))g''(x)\mathrm{d}x^2,
\end{aligned}$$

又将 $y = f(u)$ 视为 u 的函数时 (u 视为自变量), $\mathrm{d}^2 y(u) = f''(u)\mathrm{d}^2 u$, 因此, $\mathrm{d}^2 y(x) \neq f''(u)\mathrm{d}^2 u$, 这说明将 y 视为以 u 为自变量和以 u 为中间变量时, 二阶微分形式发生了改变, 因此, 二阶及更高阶的微分不具形式不变性. 这是高阶微分与一阶微分的一个重要差别, 因此在计算高阶微分时要特别小心. 这也回答了前述关于参数方程二阶导数计算时的错误原因.

例 9 $y = e^{\sin x}$, 求 $\mathrm{d}^2 y$.

解 由于 $\mathrm{d}y = (e^{\sin x})'\mathrm{d}x = \cos x e^{\sin x}\mathrm{d}x$, 故

$$\begin{aligned}
\mathrm{d}^2 y &= \mathrm{d}(\cos x e^{\sin x})\mathrm{d}x = (\cos x e^{\sin x})'\mathrm{d}x^2\\
&= (-\sin x e^{\sin x} + \cos^2 x e^{\sin x})'\mathrm{d}x^2.
\end{aligned}$$

例 10 $y = x^2$, 求 $\mathrm{d}^2 y$, 若还有 $x = t^2$, 求 $\mathrm{d}^2 y$.

解 $y = x^2$, 则, $\mathrm{d}^2 y = 2\mathrm{d}x^2$.

当 $x = t^2$ 时, 复合成函数 $y = t^4$, 故 $\mathrm{d}^2 y = 12t^2\mathrm{d}t^2$.

注 当 $x = t^2$ 时, 不能用 $\mathrm{d}x = 2t\mathrm{d}t$ 代入 $\mathrm{d}^2 y = 2\mathrm{d}x^2$ 得到结论 $\mathrm{d}^2 y = 8t^2\mathrm{d}t^2$, 因为当 $x = t^2$ 时, 复合成以 t 为自变量的复合函数, 此时 y 的微分是关于 t 的微分, 因此, $\mathrm{d}(\mathrm{d}x) \neq 0$ ($\mathrm{d}^2 y = 2\mathrm{d}x^2 + 2x^2\mathrm{d}(\mathrm{d}x)$), 因为此时 $\mathrm{d}x$ 是 t 的函数, 即 $\mathrm{d}x = 2t\mathrm{d}t$, 这正是二阶微分不具形式不变性.

三、应用——方程的变换

我们讨论高阶导数, 特别是复合函数的导数在微分方程中的应用.

由函数及其导数组成的方程, 称为常微分方程, 方程中所含导数的最高阶数也称为方程的阶数.如 $y'' + 2y'y + x^3 = 0$ 就是一个二阶常微分方程. 常微分方程以及后面将要学习的偏微分方程的求解及解的性质的研究是现代科学技术各个领域经常遇到的问题, 现在已经发展成为系统的数学理论. 我们知道, 任何问题的结构越简单越易于研究, 因此, 结构简化是问题研究的重要内容之一, 如代数学中的各种变换(相似变换、正交变换等); 因此, 在微分方程的研究中, 我们也希望方程的结构非常简单, 对复杂的方程, 希望通过技术处理使其简单化. 本小节, 我们讨论常微分方程的化简中的方程的变换——通过变量变换或函数变换化简方程.

1. 部分变换

通过变量变换, 引入一个新变量, 将函数关于原变量的常微分方程变换为该函数关于新变量的方程, 或将函数关于原变量的方程变换为新函数关于原变量的常微分方程; 此时, 变换过程中, 函数没有变化, 自变量变换为新的变量, 或函数变为新函数, 自变量没变, 即部分变量发生了变化, 我们把这类变换称为部分变换.

例 11 用变换 $x = t^3$ 化简方程

$$3x^2 y'' + 2xy' = 3x^2.$$

结构分析 由给定的方程可以挖掘信息: 给定的方程是 y 对 x 的导数所满足的二阶常微分方程, 原函数为 y, 自变量为 x; 给定变换为 $x = t^3$, 引入新变量 t, 因此, 题目要求利用所给的变换转化为原函数 y 对新变量 t 的常微分方程, 这是部分变换; 方法: 必须建立两种导函数的关系, 为此, 先了解函数的变化过程, 即 $y = y(x) \xrightarrow{x=t^3} y = y(t)$, 因而, 这实际是复合函数的求导, 即将 y 视为以 x 为中间变量的复合函数, 以此获得函数 y 对变量 x 的导数和函数 y 对变量 t 的导数的关系, 将这种关系和给定的变量变换代入方程就完成了方程的变换或化简, 即将函数 y 关于 x 的导数的微分方程变换为函数 y 关于 t 的导数的微分方程.

解 将 y 视为 t 的复合函数, 用复合函数求导法则, 则

$$\frac{\mathrm{d}y}{\mathrm{d}t} = \frac{\mathrm{d}y}{\mathrm{d}x} \cdot \frac{\mathrm{d}x}{\mathrm{d}t} = 3t^2 \frac{\mathrm{d}y}{\mathrm{d}x},$$

因而,

$$\frac{\mathrm{d}^2 y}{\mathrm{d}t^2} = 6t \frac{\mathrm{d}y}{\mathrm{d}x} + 3t^2 \frac{\mathrm{d}}{\mathrm{d}t}\left(\frac{\mathrm{d}y}{\mathrm{d}x}\right) = 6t \frac{\mathrm{d}y}{\mathrm{d}x} + 9t^4 \frac{\mathrm{d}^2 y}{\mathrm{d}x^2},$$

故,

$$t^2 \frac{\mathrm{d}^2 y}{\mathrm{d}t^2} = 6x \frac{\mathrm{d}y}{\mathrm{d}x} + 9x^2 \frac{\mathrm{d}^2 y}{\mathrm{d}x^2},$$

因而, 原方程变换为 $\dfrac{\mathrm{d}^2 y}{\mathrm{d}t^2} = 3t$.

例 12　用变换 $w = xy$ 化简方程

$$xy'' + 2y' = 0 .$$

结构分析　题目要求变换方程, 从方程知, 原函数关系为 $y(x)$; 通过变换 $w = xy$, 将变量 x 的函数 y 转换为变量 x 的函数 $w = w(x) = xy(x)$, 引入新函数 $w(x)$; 因而, 此时自变量没有变化, 仍是自变量 x, 函数由原来的函数 y 变换为新的函数 w, 仍属于部分变换. 因此, 此题要求是将函数 y 的常微分方程转换为函数 w 的常微分方程. 核心问题仍是两种导数关系: 即函数 y 对变量 x 的导数和函数 w 对变量 x 的导数的关系, 本质还是复合函数的导数的计算. 由于变换中建立了两个函数关系, 因而, 其导数关系的建立也需从此关系式入手.

解　由变换 $w = xy$, 利用复合函数的导数计算法则得

$$\frac{\mathrm{d}w}{\mathrm{d}x} = y + x \cdot \frac{\mathrm{d}y}{\mathrm{d}x} = y + xy' ,$$

继续求导得

$$\frac{\mathrm{d}^2 w}{\mathrm{d}x^2} = 2\frac{\mathrm{d}y}{\mathrm{d}x} + x\frac{\mathrm{d}^2 y}{\mathrm{d}x^2} ,$$

因而, 原方程转换为

$$\frac{\mathrm{d}^2 w}{\mathrm{d}x^2} = 0 .$$

由上述例子可以看出, 通过变换可以简化常微分方程, 从而为方程的求解创造了条件.

在上述的部分变换中, 给出的变换只有一组变换关系式, 对应于部分变换, 还有一种更复杂的变换, 在变换过程中, 函数和自变量都发生了变化, 我们称为全变换.

2. 全变换

给定一组变量关系, 引入新的自变量和新函数, 把原函数关于原自变量的微分方程变换为新函数关于新自变量的方程, 此时, 变换过程中, 函数和自变量都发生了改变, 我们把这种变换称为全变换.

例 13　给定变换 $w = y^2 + \mathrm{e}^{2x}$, $x = t^2$, 变换方程

$$2xyy'' + 2x(y')^2 + yy' + (4x+1)\mathrm{e}^{2x} = 0 .$$

结构分析　要变换的微分方程是关于函数 $y(x)$ 的二阶非线性微分方程, 这样的方程直接求解显然是非常困难的. 给定的变换有两个关系式, 第二个关系式引

入了一个新自变量 t, 建立了新自变量与原自变量的关系; 第一个关系引入了新的函数 w, 通过变换, 引入了新自变量和新函数, 函数变换的过程为:

$w\xrightarrow{w=y^2+e^{2x},x=t^2}w=w(t)$, 因此, 题目的要求是:将原函数 y 关于原变量 x 的微分方程变换为新函数 w 关于新变量 t 的微分方程. 关键问题仍是利用给定的关系式, 从给定的函数关系式入手, 利用复合函数的导数计算法则, 建立两种导数的关系.

解 利用给定的函数关系式, 对变量 t 求导, 则

$$w'(t) = 2yy'(x)x'(t) + 2e^{2x}x'(t),$$

再次对变量 t 求导, 则

$$w''(t) = 2(y'(x))^2(x'(t))^2 + 2yy''(x)(x'(t))^2 + 2yy'(x)x''(t)$$
$$+ 4e^{2x}(x'(t))^2 + 2e^{2x}x''(t),$$

由于 $x(t) = t^2$, 则 $x'(t) = 2t, x''(t) = 2$, 因而

$$w''(t) = 8(y'(x))^2 t^2 + 8yy''(x)t^2 + 4yy'(x)$$
$$+ 16e^{2x}t^2 + 4e^{2x},$$

因而, 原方程变换为 $\dfrac{\mathrm{d}^2 w}{\mathrm{d}t^2} = 0$.

通过上述几个例子可以发现, 对原方程直接求解是非常困难的, 经过变换后, 方程得到极大的简化, 简化后的方程求解非常容易, 从中看出化简方程的目的之一.

习 题 4.4

1. 计算下列函数指定阶的导数.

1) $y = x^2\sqrt{1+x}$, 求 $y^{(4)}$;

2) $y = \dfrac{1+x}{\sqrt{x-1}}$, 求 $y^{(4)}$;

3) $y = x^3\sin^2 x$, 求 $y^{(8)}$;

4) $y = e^x\sin x$, 求 $y^{(3)}$;

5) $y = x^3\ln x$, 求 $y^{(4)}$;

6) $y = (1+x^2)\arctan x$, 求 $y^{(3)}$.

2. 计算下列函数的高阶导数 $y^{(n)}$.

1) $y = \dfrac{x^2}{1-4x^2}$;

2) $y = \cos^2 x$;

3) $y = \dfrac{e^x}{e^x - 1}$;

4) $y = \dfrac{2x+3}{x^2+3x+2}$;

5) $y = \dfrac{x^n}{x^2-1}$;

6) $y = x^4 \mathrm{e}^{2x}$.

3. 假设所涉及的导数存在, 计算复合函数的高阶导数 $y^{(3)}$.

1) $y = f\left(\dfrac{1}{x^2}\right)$;

2) $y = f(x^2 \ln x)$;

3) $y = f(f(\mathrm{e}^{2x}))$.

4. 设 $y = (\arctan x)^2$, 证明

$$(1-x^2)y^{(n+2)} - (2n+1)xy^{(n+1)} - n^2 y^{(n)} = 0,$$

并计算 $y^{(n)}(0)$.

5. 计算下列隐函数的二阶导数 $\dfrac{\mathrm{d}^2 y}{\mathrm{d}x^2}$.

1) $x^2 y + xy^2 + \mathrm{e}^{xy} = 0$;

2) $\dfrac{y}{1+x^2} = \mathrm{e}^{y^2}$;

3) $\ln(x^2+y^2) = \mathrm{e}^{x+y}$.

6. 计算参数方程的二阶导数 $\dfrac{\mathrm{d}^2 y}{\mathrm{d}x^2}$.

1) $x = 1+t^2, \ y = 2t$;

2) $x = t - \sin t, \ y = 1 - \cos t$.

7. 设 $x = \varphi(y)$ 是 $y = f(x)$ 的反函数, $f(x)$ 有直到三阶的导数, 计算 $\varphi'''(y)$.

8. 计算下列函数的高阶微分.

1) $y = x + \dfrac{\ln x}{x}$, 求 $\mathrm{d}^2 y$;

2) $y = x^2 \sin x \cos x$, 求 $\mathrm{d}^4 y$;

3) $y = \dfrac{1+x}{\sqrt{1-x}}$, 求 $\mathrm{d}^3 y$;

4) $y = \dfrac{1-x}{1+\sqrt{x}}$, 求 $\mathrm{d}^n y$.

9. 用函数变换 $y = \dfrac{w}{\sqrt{x}}$ 简化微分方程.

$$y'' + \dfrac{1}{x}y' + \left(1 - \dfrac{1}{4x^2}\right)y = 0.$$

10. 给定变换 $w = xy + x$, $x = \mathrm{e}^t$, 变换方程

$$x^3 y'' + 3x^2 y' + xy + x = 0.$$

第5章 微分中值定理及其应用

我们知道, 函数是数学分析的研究对象, 因此, 刻画函数的各种分析性质、揭示函数的几何特征, 是认识、了解函数的主要手段.

前面章节, 我们建立了函数的导数和微分的概念, 给出了基本的计算方法. 本章, 我们建立相对完善、丰富的微分理论, 并利用这些理论研究函数的更进一步的分析性质.

本章的主要内容是微分中值定理, 它不仅是研究函数性质的有力工具, 更在后续课程中有着非常重要的作用, 可以说, 它是微分学的核心. 本章以研究导函数性质为主线, 围绕微分中值定理及其应用展开讨论.

5.1 微分中值定理

一、Fermat 定理

1. 极值的定义

研究函数的性质必须把其关键的因素找出来, 极值点便是刻画函数几何特征的重要元素. 先引入函数的极值概念.

设函数 $f(x)$ 在区间 I 上有定义, $x_0 \in I$.

定义 1.1 若存在 x_0 的邻域 $U(x_0, \delta) \subset I$, 成立

$$f(x_0) \geqslant f(x), \quad \forall x \in U(x_0, \delta),$$

则称点 x_0 为 $f(x)$ 在区间 I 上的一个极大值点, 称 $f(x_0)$ 为相应的极大值.

类似地, 可以定义 $f(x)$ 的极小值点和极小值.

极大值和极小值统称为极值, 极大值点和极小值点统称为极值点.

信息挖掘 ①极值是局部概念; ②极值(点)不唯一; ③极值点都是内点, 因而, 端点一定不是极值点; ④极大值和极小值不存在确定的大小关系, 极大值不一定大于极小值, 极小值也不一定小于极大值.

继续挖掘函数极值(点)的性质.

函数的连续点和不连续点都可能成为极值点. 如定义在(0, 1)上的 Riemann 函数

$$R(x) = \begin{cases} \dfrac{1}{p}, & x = \dfrac{q}{p} \text{为有理数}, \\ 0, & x \text{为无理数}, \end{cases}$$

$R(x)$在无理点连续, 在有理点不连续, 但可以证明: 每个无理点都是极小值点, 每个有理点都是极大值点. 事实上, 无理点是极小值点是显然的. 下证对任意的

$x_0 = \dfrac{q_0}{p_0} \in (0,1)$ 为函数的极大值点(和连续性的证明类似, 采用排除法). 由于满足

$\dfrac{1}{p} > \dfrac{1}{p_0}$ 的正整数 p 至多有限个, 因此, 对应的有理点 $x = \dfrac{q}{p} \in (0,1)$ 也至多有有限个, 不妨设为 $x_1, x_2, \cdots, x_k$, 取 $\delta = \min\{|x_i - x_0|, x_0, 1 - x_0, i = 1, 2, \cdots, k\}$, 则对任意的 $x \in U(x_0, \delta)$, 必有

$$R(x) \leqslant \dfrac{1}{p} \leqslant \dfrac{1}{p_0} = R(x_0),$$

故, $x_0 = \dfrac{q_0}{p_0} \in (0,1)$ 为极大值点.

此例还说明: 函数在极值点的两侧并非单调的.

我们再来比较一下极值与最值: 最值相对于给定的区间来说是整体性质且具唯一性(最值点不一定唯一), 最值可能在端点达到, 最大值必然大于最小值(除非常数函数), 这些都与极值性质形成区别. 另外, 内部最值点必是极值点, 反之不一定.

极值和最值都是函数的重要特征, 也是工程技术领域中经常遇到的问题, 那么, 如何计算函数的极值和最值并确定相应的极值点和最值点?

2. 极值点的必要条件

为此, 我们先从几何上分析, 寻找极值点应具备的特性(极值点的必要条件). 对光滑函数曲线来说, 在极值点 x_0 处应有水平的切线, 即 $k = f'(x_0) = 0$. 这是一个非常明显的几何特征, 这就是将要引入的 Fermat 定理, 刻画了极值点存在的必要条件.

定理 1.1 若函数 $f(x)$ 在点 x_0 可导, 且 x_0 为 $f(x)$ 的极值点, 则 $f'(x_0) = 0$.

结构分析 要证明的结论是抽象函数的导函数零点的存在性; 类比已知, 虽有连续函数的零点定理, 但是, 此定理的条件并不满足, 必须另择思路; 分析已知条件: 函数在此点可导且取得极值; 必须依据此条件设定思路; 类比已知: 由可导的条件, 可以得到连续性外, 且仅有定义可用; 通过极值定义可知, 极值可以比较函数值的大小; 因此, 对比要做证明的结论和给定的条件, 确定证明的思

路是利用可导的定义, 通过此点的极值定义, 使其与附近点的函数值进行比较得到导数的符号, 得到此点的导数信息.

证明　**法一**　不妨设 x_0 为 $f(x)$ 的极值大点, 则存在 $U(x_0, \delta)$, 使得 $x \in U(x_0, \delta)$ 时, 有 $f(x_0) \geqslant f(x)$; 又 $f(x)$ 在点 x_0 可导, 因而, $f_+'(x_0) = f_-'(x_0) = f'(x_0)$, 另一方面, 由定义

$$f_+'(x_0) = \lim_{x \to 0^+} \frac{f(x + x_0) - f(x_0)}{x} \leqslant 0,$$

$$f_-'(x_0) = \lim_{x \to 0^-} \frac{f(x + x_0) - f(x_0)}{x} \geqslant 0,$$

故, 必有 $f'(x_0) = 0$.

抽象总结　1) 从定理的代数结论看, 给出了导函数零点的存在性, 由此, 又可以归为(导)函数的零点问题或方程根的问题, 此时的条件是此点的极值性; 因此, 此定理又给出了研究解决函数零点问题的一个工具.

2) 从几何上看, 此定理的几何意义是: 函数在可导极值点处的切线平行于 x 轴.

3) 从极值研究的角度看, 定理 1.1 给出极值点的必要条件, 反之并不成立. 如 $f(x) = x^3$, 有 $f'(0) = 0$, 但 $x=0$ 不是极值点.

4) 定理的证明中隐藏了这样一个结论

设 $f(x)$ 在 x_0 点具有右侧导数 $f_+'(x_0)$, 有

(1) 若 $f_+'(x_0) > 0$, 则存在 $\delta > 0$, 使得当 $x_0 < x < x_0 + \delta$ 时, 成立 $f(x) > f(x_0)$;

(2) 若存在 $\delta > 0$, 使得当 $x_0 < x < x_0 + \delta$ 时, 成立 $f(x) > f(x_0)$, 则 $f_+'(x_0) \geqslant 0$.

对左侧导数有类似的性质.

注　还可以用极限性质证明定理 1.1.

法二　由于 $f(x)$ 在点 x_0 可导, 由定义, 则

$$f'(x_0) = \lim_{x \to 0} \frac{f(x_0 + x) - f(x_0)}{x},$$

由极限性质, 则

$$\frac{f(x_0 + x) - f(x_0)}{x} = f'(x_0) + \alpha(x) \quad (x \to 0),$$

其中 $\lim_{x \to 0} \alpha(x) = 0$, 故

$$f(x_0 + x) - f(x_0) = x(f'(x_0) + \alpha(x)) \quad (x \to 0),$$

因此, 若 $f'(x_0) > 0$, 则存在 $\delta > 0$, 当 $0 < |x| < \delta$ 时, 成立 $f'(x_0) + \alpha(x) > 0$, 因而, 当 $0 < x < \delta$ 时,

$$f(x_0 + x) - f(x_0) = x(f'(x_0) + \alpha(x)) > 0,$$

当 $-\delta < x < 0$ 时,

$$f(x_0 + x) - f(x_0) = x(f'(x_0) + \alpha(x)) < 0,$$

这与 x_0 为 $f(x)$ 的极值点矛盾, 故 $f'(x_0) > 0$ 不成立.

同样地, $f'(x_0) < 0$ 也不成立, 因而, 必成立 $f'(x_0) = 0$.

为便于极值点的计算, 引入驻点的概念.

定义 1.2　设 $f(x)$ 可微, 使得 $f'(x) = 0$ 的点称为 $f(x)$ 的驻点.

推论 1.1　设 $f(x)$ 可微, 则 x_0 为 $f(x)$ 的极值点的必要条件是 x_0 为 $f(x)$ 的驻点.

建立了定理 1.1 后, 研究方程的根或函数零点问题的工具有两个: 其一, 连续函数的介值定理, 定量条件是两个异号点的确定; 其二, Fermat 定理, 给出导函数零点的存在性, 定量条件是内部极值点的存在性.

极值点是刻画函数曲线的一个主要指标, 这也是我们关心极值点的原因之一. 而定理 1.1 和其推论给出了寻找极值点的方法, 即在驻点中确定极值点, 也即利用导函数求出驻点, 然后判断驻点处的极值性质. 那么, 驻点存在吗? 这便是我们下一个要解决的问题.

二、Rolle 定理

定理 1.2　若 $f(x)$ 满足如下条件: (1) 在 $[a,b]$ 上连续; (2) 在 (a,b) 内可导; (3) $f(a) = f(b)$, 则存在 $\xi \in (a,b)$, 使得 $f'(\xi) = 0$.

结构分析　题型: 导函数零点的存在性; 类比已知: 此时针对此题型相应的处理工具有连续函数的零点定理和 Fermat 定理, 由于没有导函数的连续性, 考虑用 Fermat 定理证明, 这也就形成了证明的思路; 需要验证的条件就是寻找内部极值点; 类比题目条件形成研究方法, 由函数连续性, 得到最值存在性, 确定内部极值点, 由此完成证明.

证明　由条件 $f(x)$ 在 $[a,b]$ 上连续, 则 $f(x)$ 在 $[a, b]$ 上必取得最大值 M 和最小值 m.

1) 若 $M=m$, 则 $f(x)$ 为常数函数, 故 $f'(x) = 0$ 恒成立.

2) 若 $M>m$, 由于 $f(a) = f(b)$, 则 M 和 m 必有一个在 (a,b) 内达到. 不妨设存在 $\xi \in (a,b)$, 使得 $f(\xi) = m$, 因而 ξ 为内部极小值点, 故, $f'(\xi) = 0$.

抽象总结　1) 从代数结构看, 定理应用的题型仍是导函数的零点问题, 这是定理作用对象的特征; 此时需要验证的条件是两个等值点的确定.

2) 从几何意义看 (图 5-1), 函数曲线在 ξ 点存在水平切线, 注意到条件中暗示了两个端点的连线也是水平的, 定理的结论可以抽象为函数曲线上存在一点, 使得此点处切线平行于两个端点的连线, 这为定理的推广做了准备.

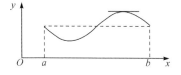

3) 定理回答了驻点的存在性问题, 此驻点实际上就是极值点.

图 5-1　Rolle 定理的几何意义

由于定理 1.2 的两个条件中, 一个是定性条件, 即函数的连续性和可导性, 一个是定量条件, 即两个端点等值, 这是一个要求相对较强的条件, 能否减弱或去掉此条件? 此结论能否推广到端点连线非水平的情形? 回答是肯定的. 这便是更进一步的中值定理.

三、Lagrange 中值定理

定理 1.3　若函数 $f(x)$ 满足条件: (1)在 $[a,b]$ 上连续; (2)在 (a,b) 内可导, 则存在一点 $\xi \in (a,b)$, 使得

$$f'(\xi) = \frac{f(b)-f(a)}{b-a}.$$

特别地, 当 $f(a)=f(b)$ 时, 存在一点 $\xi \in (a,b)$, 使得

$$f'(\xi)=0,$$

这就是 Rolle 定理.

结构分析　从要证明的结论看, 这类问题仍是方程根的问题或(导)函数的零点问题, 现在我们更一般的把这类问题称为中值问题. 类比已知: 定理 1.3 是定理 1.2 的推广; 确定思路: 像这类命题的证明, 科研上常用的方法是将其转化为定理 1.2 的情形, 即转化为导函数的零点问题; 难点: 将中值问题转化为严格的导函数的零点, 即要构造函数 $\varphi(x)$, 使得

$$\varphi'(x) = f'(x) - \frac{f(b)-f(a)}{b-a}.$$

至此确定具体的求解方法. 当然, 从上述分析过程可知, 函数 $\varphi(x)$ 的构造方法不唯一.

证明　记 $\varphi(x) = f(x) - \dfrac{f(b)-f(a)}{b-a}x$, 则可以验证 $\varphi(x)$ 满足 Rolle 定理的条件, 因而, 由定理 1.2, 在 (a,b) 内至少存在一点 ξ, 使得 $\varphi'(\xi)=0$, 即 $f'(\xi) = \dfrac{f(b)-f(a)}{b-a}$.

抽象总结　1)证明中的辅助函数 $\varphi(x)$ 的构造不唯一. 如还可以将端点连线的方程取为该函数:

$$\varphi(x) = f(x) - f(a) - \frac{f(b) - f(a)}{b - a}(x - a),$$

或

$$\varphi(x) = f(b) - f(x) - \frac{f(b) - f(a)}{b - a}(b - x).$$

2) $\dfrac{f(b) - f(a)}{b - a}$ 正是函数曲线两个端点连线的斜率.

3) 从定理结论的代数结构看, 定理 1.3 作用对象的特征仍是中值问题, 或介

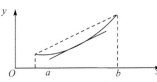

图 5-2   Lagrange 定理的几何意义

值问题或函数零点问题; 其几何意义仍是: 在曲线 $y=f(x)$ 上, 存在点 $(\xi, f(\xi))$, 使得此点的切线平行于曲线两端点的连线(图 5-2).

4) 结论的结构特点: 其结论的结构相对复杂, 涉及中值点、区间的两个端点, 我们抽象出其特点为: 两个分离的结构特征, 即等式两端的分离结构, 中值点与端点分离; 右端也是分离结构, 两个端点也是分离的形式, 分子和分母都具有端点的差结构; 掌握这两个结构特征有利于定理的应用.

5) 中值点的不同表示形式: $\xi \in (a,b)$ 等价于存在 $\theta \in (0,1)$, 使得 $\xi = a + \theta(b-a)$; 因而, 定理 1.3 的结论有不同的形式: ①可以写为形式 $f(b) = f(a) + f'(\xi)(b-a)$; 此结构常用于计算或估计函数值, 更进一步的推广形式是后面的 Taylor 公式. ②若取 $b=a+h$, 还有常用的形式:

$$f(a+h) - f(a) = f'(a+\theta h)h, \quad 0 < \theta < 1,$$

注意到左端是函数的差值(增量)结构, 因而, 中值定理给出了**导函数和函数值的差或函数增量的联系**, 因而, 函数差值结构可以视为中值定理作用对象的特征, 由此通过导数研究函数的分析性质, 这正是中值定理的作用.

四、Cauchy 中值定理

Lagrange 中值定理的进一步推广.

在更为复杂的情形, 对函数的研究通常要借助于与之相关函数来进行, 这就需要建立不同函数之间的联系或其导数关系, 那么, 不同函数间是否也有上述类似的导数和函数的关系? 这就是定理 1.3 的进一步推广. 我们先简单分析一下.

若函数 $f(x)$ 和 $g(x)$ 都满足定理 1.3 的条件, 则分别利用定理 1.3, 得存在 $\xi_1 \in (a,b)$, $\xi_2 \in (a,b)$, 使得

$$f'(\xi_1) = \frac{f(b) - f(a)}{b - a},$$

$$g'(\xi_2) = \frac{g(b) - g(a)}{b - a},$$

因而

$$\frac{f'(\xi_1)}{g'(\xi_2)} = \frac{f(b) - f(a)}{g(b) - g(a)};$$

显然, 此式建立了两个函数及其导函数之间的关系, 但是, 这个关系式并不简洁, 也不好用, 原因在于 ξ_1 和 ξ_2 不一定相等. 换句话说, 若二者相等, 这将是一个好的结果. 那么, 二者是否有可能相等? 即是否存在 $\xi \in (a,b)$, 使得

$$\frac{f'(\xi)}{g'(\xi)} = \frac{f(b) - f(a)}{g(b) - g(a)}.$$

再从几何的角度考虑. 我们知道, 定理 1.3 的几何意义是, 在曲线 $y=f(x)$ 上, 存在点 $(\xi, f(\xi))$, 使得此点的切线平行于曲线两端点的连线. 现在, 我们考虑如下以参数方程给出的曲线 $l : x = g(t), y = f(t), t \in (a,b)$, 则对应于曲线 l 上任一点 $(x,y) = (g(t), f(t))$, 此点的切线斜率为

$$k = y'(x) = \frac{\mathrm{d}y/\mathrm{d}t}{\mathrm{d}x/\mathrm{d}t} = \frac{f'(t)}{g'(t)},$$

而两端点连线的斜率为 $\dfrac{f(b) - f(a)}{g(b) - g(a)}$. 因而, 由定理 1.3, 若曲线 l 上存在一点, 设为 $(x_0, y_0) = (g(\xi), f(\xi))$, 使得此点的切线平行于端点的连线, 则必有 $\dfrac{f'(\xi)}{g'(\xi)} = \dfrac{f(b) - f(a)}{g(b) - g(a)}$.

上述分析表明, 定理 1.3 可以进一步推广, 这就是 Cauchy 中值定理.

定理 1.4 若函数 $f(x)$ 和 $g(x)$ 满足如下条件: (1)在 $[a,b]$ 上连续; (2)在 (a,b) 内可导; (3) $g'(x) \neq 0$, 则存在 $\xi \in (a,b)$, 使得

$$\frac{f'(\xi)}{g'(\xi)} = \frac{f(b) - f(a)}{g(b) - g(a)}.$$

结构分析 和定理 1.3 类似, 转化为定理 1.3 或定理 1.2 来证明, 注意到结论形式可以写为

$$f'(\xi) = \frac{f(b) - f(a)}{g(b) - g(a)} g'(\xi),$$

或

$$f'(\xi) - \frac{f(b) - f(a)}{g(b) - g(a)} g'(\xi) = 0,$$

这仍然是导函数的零点问题, 可以用定理1.2证明, 关键问题还是辅助函数的构造, 本题很容易解决.

证明　显然, $g(a) \neq g(b)$, 否则, 由 Rolle 定理, 存在 $\xi \in (a, b)$, 使得 $g'(\xi) = 0$, 与条件3矛盾. 因而, 构造函数

$$F(x) = f(x) - \frac{f(b) - f(a)}{g(b) - g(a)} g(x),$$

可验证 $F(a)=F(b)$, 由定理1.2, 存在 $\xi \in (a,b)$, 使得 $F'(\xi) = 0$, 即

$$\frac{f'(\xi)}{g'(\xi)} = \frac{f(b) - f(a)}{g(b) - g(a)}.$$

注　定理1.4中, 取 $g(x)=x$ 即得到定理1.3.

与定理1.3具有类似的结构, 不再进行结构分析.

上面, 我们建立了各种不同形式的中值定理, 进行简单的小结.

1) 我们从极值点的必要条件出发, 从简单到复杂, 从特殊到一般, 引入了不同形式的微分中值定理. 进一步分析其几何意义, 可以看到不同形式的中值定理具有相同的几何意义:光滑曲线上存在一点, 使其切线平行于端点的连线. 而从解析表达式的角度看, 三个定理关系如下:

$$\text{Cauchy 定理} \xrightarrow{g(x)=x} \text{Lagrange 定理} \xrightarrow{f(a)=f(b)} \text{Rolle 定理}.$$

另外, 三个定理中的条件都是充分的而不是必要的, 即若条件全部满足, 则结论一定成立; 若条件不满足, 结论不一定不成立. 如对 Rolle 定理, 考察函数 $f(x) = |x|, x \in [-1,1]$, 不满足可导性条件, 可以验证此时定理不成立, 即不存在 $\xi \in (-1,1)$, 使得 $f'(\xi) = 0$; 而对函数 $y = \mathrm{sgn} x$, $x \in [-1,1]$ 不满足 Rolle 定理的任何条件, 但存在无限多个 $\xi \in (-1,1)$, 使得 $f'(\xi) = 0$, 此时定理成立.

2) 从定理的直观表现形式上可以看出, 中值定理建立了函数和导函数之间的关系, 特别建立了导函数和函数任意两点函数值差的关系, 因此, 通过中值定理可以用导函数研究原函数或函数值差的性质, 函数的差值结构是中值定理作用对象的特征.

3) 中值定理中的中值点 $\xi \in (a,b)$ 都可以表示为

$$\xi = a + \theta(b - a), \quad \theta \in (0,1).$$

一般来说, θ 或 ξ 不能具体确定, 但对大部分函数研究来说, 已经足够了; 对一些简单的函数, 可以具体确定 θ 或 ξ.

五、中值定理的应用举例

例 1　设 $f(x)$ 在 $[a,b]$ 具有连续导数, 在 (a, b) 二阶可微, 且 $f(a) = f(b) =$

$f'(a) = 0$，证明：$f''(x) = 0$ 在(a, b)中至少有一个根.

结构分析 这是导函数的零点问题，考虑用 Rolle 定理，要证明二阶导函数有一个零点，必须确定一阶导函数有两个等值点，由于已知 $f'(a) = 0$，只需寻找导函数的另一个零点.

证明 由于 $f(a) = f(b)$，由 Rolle 定理，存在 $\xi \in (a, b)$，使得 $f'(\xi) = 0$，故 $f'(\xi) = f'(a)$，对导函数再次用 Rolle 定理，则存在 $\zeta \in (a, b)$，使得 $f''(\zeta) = 0$.

关于函数及其导函数的零点问题，我们已经掌握了两个解决工具——连续函数的介值定理和 Rolle 定理，要熟练掌握这些定理的应用.

中值定理的另一个应用是用来证明双参量不等式，事实上，由 Lagrange 定理，若 $h(a,b) \leqslant f'(x) \leqslant g(a,b)$，$x \in (a,b)$，则

$$h(a,b) \leqslant \frac{f(b) - f(a)}{b - a} \leqslant g(a,b),$$

这就是一个双参量不等式. 因而，对双参量不等式可以利用对导数的估计进行证明. 当然，当 a 或 b 取为一个确定的数时，双参量不等式就变成了单参量不等式.

例 2 证明：当 $a > b > 0$ 时，$\dfrac{a-b}{a} < \ln \dfrac{a}{b} < \dfrac{a-b}{b}$.

结构分析 题型结构：双参量不等式；考虑用中值定理证明，为此，类比已知，利用两个分离的结构特征将结论转化为中值定理的形式 $\dfrac{f(b) - f(a)}{b - a}$ 或 $\dfrac{f(b) - f(a)}{g(b) - g(a)}$，然后确定相应的函数形式，根据函数形式选用合适的中值定理，转化为对导数界的估计. 本例，结论形式转化为中值定理的形式为：证明如下结论 $\dfrac{1}{a} < \dfrac{\ln a - \ln b}{a - b} < \dfrac{1}{b}$，显然，应取 $f(x) = \ln x$.

证明 在$[b, a]$上对 $f(x) = \ln x$ 用定理 1.3，则存在 $\zeta \in (b, a)$，使得

$$\frac{f(a) - f(b)}{a - b} = \frac{\ln a - \ln b}{a - b} = \frac{1}{\zeta},$$

故，$\dfrac{1}{a} < \dfrac{\ln a - \ln b}{a - b} < \dfrac{1}{b}$.

若取 $b = 1$，则双参量不等式

$$\frac{a-b}{a} < \ln \frac{a}{b} < \frac{a-b}{b}$$

就变成了单参量不等式

$$\frac{a-1}{a} < \ln a < a - 1,$$

因而, 这样的不等式同样用中值定理证明.

例 3 证明: 对任意 $b>a>0$, 存在 $\xi\in(a,b)$, 使得

$$ae^b - be^a = (1-\xi)e^\xi(a-b).$$

结构分析 题型结构: 中值问题, 确定使用中值定理解决; 关键问题: 使用哪个中值定理? 对什么函数使用中值定理? 如何用? 为此, 类比中值定理的两个分离的结构特征, 利用形式统一的思想对要证明的等式进行转化, 首先, 分离中值点和端点, 结论转化为

$$(1-\xi)e^\xi = \frac{ae^b - be^a}{a-b};$$

注意到右端的两个端点还没有分离, 再次分离端点, 结论再转化为

$$(1-\xi)e^\xi = \frac{\dfrac{1}{b}e^b - \dfrac{1}{a}e^a}{\dfrac{1}{b} - \dfrac{1}{a}};$$

通过右端, 类比中值定理, 就可以形成具体的求解方法.

证明 法一 利用 Lagrange 中值定理证明.

记 $F(x) = xe^{\frac{1}{x}}$, 在 $\left[\dfrac{1}{b}, \dfrac{1}{a}\right]$ 上利用 Lagrange 中值定理即得所证明的结论.

法二 利用 Cauchy 中值定理证明.

记 $F(x) = \dfrac{1}{x}e^x$, $G(x) = \dfrac{1}{x}$, 在 $[a,b]$ 上利用 Cauchy 中值定理即可.

例 4 设 $f(x)$ 在 $[a, b]$ 上连续, 在 (a, b) 可导, 证明存在 $\xi, \zeta \in (a,b)$, 使得 $2f(\zeta)f'(\zeta) = f'(\xi)(f(b)+f(a))$.

结构分析 从结论看, 涉及两个中值点, 把这类问题称为双中值点问题; 常规的处理方法是对两个相关联的不同函数使用中值定理, 产生两个中值点, 利用共同的值将二者联系起来; 对本例, 从结构看, 左端是 $f^2(x)$ 的导函数的中值点, 由此确定证明的思路和方法.

证明 对 $f^2(x)$ 应用中值定理, 则存在 $\zeta \in (a,b)$, 使得

$$2f(\zeta)f'(\zeta) = \frac{f^2(b) - f^2(a)}{b-a},$$

对 $f(x)$ 应用中值定理, 则存在 $\xi \in (a,b)$, 使得

$$f'(\xi) = \frac{f(b) - f(a)}{b-a},$$

故结论成立.

习 题 5.1

分析下列题目结构, 给出结构特点, 并给出证明题目所用到的已知定理或结论, 完成题目证明.

1. 设 $f(x) = x^5 + 2x^2 - 3x - 1$, 证明 $f'(x)$ 于 $(0, 1)$ 中至少有一根.

2. (i) 设 $a + b + c = 0$, 证明: $3ax^2 + 2bx + c = 0$ 在 $(0, 1)$ 内至少有一个根.

(ii) 设实数 $a_0, a_1, \cdots, a_{n-1}, a_n$ 满足

$$\frac{a_n}{n+1} + \frac{a_{n-1}}{n} + \cdots + \frac{a_1}{2} + a_0 = 0,$$

证明方程 $a_n x^n + a_{n-1} x^{n-1} + \cdots + a_1 x + a_0 = 0$ 在 $(0,1)$ 内至少有一个根.

3. 设 $f(x)$ 在 (a, b) 可导, 且 $\lim\limits_{x \to a^+} f(x) = \lim\limits_{x \to b^-} f(x)$, 证明存在 $\zeta \in (a, b)$, 使得 $f'(\zeta) = 0$.

4. 设 $f(x)$ 在 $[a, b]$ 连续, $f(a) = f(b) = 0$, $f'(a) \cdot f'(b) > 0$, 证明 $f(x)$ 在 (a, b) 内至少有一个零点.

5. 设 $f(x)$ 在 $U(x_0, \delta)$ 连续, 在 $\overset{\circ}{U}(x_0, \delta)$ 可导且 $\lim\limits_{x \to x_0} f'(x)$ 存在, 证明 $f'(x_0)$ 存在且 $f'(x_0) = \lim\limits_{x \to x_0} f'(x)$.

6. 设 $b > a > 0$, $f(x)$ 在 $[a, b]$ 连续, 在 (a, b) 可导, 证明存在 $\zeta \in (a, b)$, 使得

$$2\zeta[f(b) - f(a)] = (b^2 - a^2)f'(\zeta).$$

7. 设 $f(x)$ 在 $[a, b]$ 连续, 在 (a, b) 可导, 且 $f(a) = f(b) = 0$, 证明: 对任意的实数 α, 存在 $\xi \in (a, b)$, 使得

$$\alpha f(\xi) = f'(\xi).$$

8. 对任意 $b > a > 0$, 证明: 存在 $\xi \in (a, b)$, 使得

$$2\xi^3 (e^{\frac{1}{a}} - e^{\frac{1}{b}}) = e^{\frac{1}{\xi}} (b^2 - a^2).$$

9. 设 $f(x)$ 在 $[0, 1]$ 连续, 在 $(0, 1)$ 可导, $f(0) = 0$, 证明: 存在 $\xi \in (0, 1)$, 使得

$$f^2(1) = \frac{\pi}{2} f'(\xi) f(\xi)(1 + \xi^2).$$

10. 设 $f(x)$ 在 $[a, b]$ 连续, 在 (a, b) 可导, $f(a) + f(b) > 0$, 证明: 存在 $\xi, \eta \in (a, b)$, 使得

$$(f(a) + f(b))f'(\xi) = 2f(\eta)f'(\eta).$$

11. 设 $f(x)$ 在 $[0, 1]$ 连续, 在 $(0, 1)$ 可导, 证明: 存在 $\xi \in (0, 1)$, 使得

$$\frac{\pi}{4}(1 + \xi^2)f(1) = f(\xi) + (1 + \xi^2)f'(\xi) \arctan \xi.$$

12. 设 $f(x)$ 在 $[a, b]$ 可导, $U(x_0, \delta) \subset (a, b)$, 证明: 存在 $\theta \in (0, 1)$, 使得

$$\frac{f(x_0 + \delta) - 2f(x_0) + f(x_0 - \delta)}{\delta} = f'(x_0 + \theta\delta) - f'(x_0 - \theta\delta).$$

(提示: 对 $F(x) = f(x_0 + x) + f(x_0 - x)$ 在 $[0, \delta]$ 上用中值定理)

13. 设 $f(x)$ 在 $(a, +\infty)$ 可导, 且 $\lim\limits_{x \to +\infty} f'(x) = A$, 证明 $\lim\limits_{x \to +\infty} \frac{f(x)}{x} = A$.

14. 证明下列不等式.

1) $|\sin b - \sin a| \leqslant |b - a|$;

2) $\dfrac{h}{1+h^2} < \arctan h < h, h > 0$;

3) $\dfrac{x}{1+x} < \ln(1+x) < x, \forall x > 0$;

4) $n(b-a)a^{n-1} < b^n - a^n < n(b-a)b^{n-1}$, 其中 $b > a > 0, n \geqslant 2$.

5.2 微分中值定理的应用

本节, 我们利用微分中值定理研究函数的分析和几何性质.

一、函数的分析性质

下面, 利用中值定理研究函数的分析性质.

定理 2.1 设 $f(x)$ 在 $[a,b]$ 上连续, 在 (a,b) 内可导且 $f'(x) \equiv 0$, $x \in (a,b)$, 则 $f(x)$ 恒为常数, 即存在常数 C, 使得

$$f(x) \equiv C, \quad x \in [a,b].$$

结构分析 要证明函数为常数函数, 一般研究方法只需证明任意两点的函数值相等, 因而, 题目要求用导数研究函数在任意两点处的函数差值结构; 类比已知: 由于要研究结论是函数的差值结构, 这正是中值定理所作用对象的特点, 故, 中值定理是首选工具.

证明 对任意的 $x, y \in (a,b)$, 利用 Lagrange 中值定理, 存在 $\theta \in (0,1)$, 使得

$$f(x) - f(y) = f'(x + \theta(y - x))(x - y) = 0,$$

故, $f(x) = f(y)$, 由 $x, y \in (a,b)$ 的任意性, 则存在常数 C, 使得

$$f(x) \equiv C, \quad x \in (a,b),$$

利用连续性, 上式在 $[a, b]$ 上也成立.

推论 2.1 设 $f(x), g(x)$ 在 $[a,b]$ 上连续, 在 (a,b) 可导, 且 $f'(x) = g'(x), x \in (a,b)$, 则 $f(x), g(x)$ 至多相差一个常数, 即存在常数 c, 使得 $f(x) - g(x) = c, x \in [a,b]$.

抽象总结 定理2.1给出了证明函数为常数函数的新的高级工具, 从此, 将函数为常数函数的证明转化为导数的计算.

导数是比连续更高一级的分析性质, 因而, 可导应该连续, 下面, 我们将导出这个结论, 我们先引入一个介于二者之间的一个概念.

定义 2.1 设 $f(x)$ 在 $[a,b]$ 上有定义, 若存在实数 $L > 0$, 使得对任意的

$x_i \in [a,b], i=1,2$ 都成立

$$|f(x_1) - f(x_2)| \leqslant L |x_1 - x_2|,$$

称 $f(x)$ 在 $[a, b]$ 上满足 Lipschitz 条件, 其中 L 称为 Lipschitz 系数(常数). 也称 $f(x)$ 为 Lipschitz(连续)函数.

由定义, 很显然, Lipschitz 连续函数一定是一致连续函数, 因而, 也是连续函数, 反之, 不一定成立. 下面的结论反映了 Lipschitz 连续和可导的关系.

推论 2.2 若 $f(x)$ 在 $[a,b]$ 上具有有界的导数, 则 $f(x)$ 为 $[a,b]$ 上的 Lipschitz 连续函数.

证明 不妨设 $|f'(x)| \leqslant L$, $x \in [a,b]$, 则由 Lagrange 定理, 对任意的 $x, y \in [a,b]$, 存在 $\theta \in (0,1)$, 使得

$$|f(y) - f(x)| = |f'(x + \theta(y - x))| \cdot |y - x| \leqslant L |y - x|,$$

故, $f(x)$ 为 $[a, b]$ 上的 Lipschitz 连续函数.

从上述结论可知, Lipschitz 连续是介于一致连续和可导之间的一个分析概念, 因此, 若按光滑性将这几个概念排列的话, 从低到高的顺序为:连续——一致连续——Lipschitz 连续——可导. 事实上, Lipschitz 连续也是一个在后续课程中常遇到的一个概念, 那里我们将要证明: Lipschitz 连续函数是几乎处处可导函数.

进一步研究导函数的性质.

定理 2.2 设 $f(x)$ 在 (a,b) 可导, 则 $f'(x)$ 在 (a,b) 内至多有第二类间断点, 即若 $x_0 \in (a,b)$ 为 $f'(x)$ 的间断点, 则 $f'(x_0+)$ 和 $f'(x_0-)$ 至少有一个不存在.

结构分析 结论分析: 由于结论形式是否定式, 通常用反证法证明. 因此, 假设二者都存在, 要导出矛盾, 虽然给出的条件只有一个: 函数可导, 但是, 反证法的反证假设 " $x_0 \in (a,b)$ 为 $f'(x)$ 的间断点" 相当于又给出一个条件, 因而, 要导出的矛盾也可以与反证假设矛盾, 即得到结论 " $x_0 \in (a,b)$ 为 $f'(x)$ 的连续点", 即要证明二者相等且等于此点的导数, 由此得到证明的思路. 因此, 本定理相当于已知 $f'(x_0+) = \lim\limits_{x \to x_0^+} f'(x)$ 和 $f'(x_0-) = \lim\limits_{x \to x_0^-} f'(x)$, 证明

$$f'(x_0-) = \lim_{x \to x_0^-} f'(x) = f'(x_0) = f'(x_0+) = \lim_{x \to x_0^+} f'(x),$$

因此, 解决问题的关键是建立导数和导数左右极限的关系. 我们知道, 导数定义本身就是一个极限, 因此, 自然的思路就是将极限转化为左、右极限, 并将导数定义中函数的差值结构转化为导数, 这正是中值定理的功能.

证明 设 $x_0 \in (a,b)$ 为 $f'(x)$ 的间断点, 且 $f'(x_0+)$ 和 $f'(x_0-)$ 都存在, 即 $\lim\limits_{x \to x_0^+} f'(x) = f'(x_0+)$ 和 $\lim\limits_{x \to x_0^-} f'(x) = f'(x_0-)$ 都存在.

由于 $f(x)$ 在 (a,b) 可导, 因而在 x_0 可导, 故

$$f'(x_0) = \lim_{x \to x_0} \frac{f(x) - f(x_0)}{x - x_0} \tag{1}$$

存在, 因而, 利用极限性质, 则

$$f'(x_0) = \lim_{x \to x_0^+} \frac{f(x) - f(x_0)}{x - x_0}, \tag{2}$$

$$f'(x_0) = \lim_{x \to x_0^-} \frac{f(x) - f(x_0)}{x - x_0}. \tag{3}$$

注 利用了极限存在的充要条件左右极限存在且相等. 将其转化为左右极限的目的是将其与导函数在 x_0 的左右极限联系起来, 因此, 需要将右端转化为导数形式, 可以借助中值定理达到目的.

当 $x > x_0$ 且充分接近 x_0 时, 使得 $[x, x_0] \subset (a,b)$, 则, 在 $[x, x_0]$ 用中值定理, 存在 $\xi_x \in (x_0, x)$, 使得 $f'(\xi_x) = \dfrac{f(x) - f(x_0)}{x - x_0}$, 由(2), 则 $f'(x_0) = \lim\limits_{x \to x_0^+} f'(\xi_x)$, 因而, 由假设条件 $\lim\limits_{x \to x_0^+} f'(x) = f'(x_0+)$ 的存在性, 则

$$f'(x_0) = \lim_{x \to x_0^+} f'(\xi_x) = f'(x_0+).$$

类似地, $f'(x_0) = f'(x_0-)$, 故 $f'(x_0) = f'(x_0+) = f'(x_0-)$, 因而 $f'(x)$ 在 x_0 点连续, 与假设矛盾.

定理 2.2 表明, 在可导条件下, (a,b) 中的点要么是 $f'(x)$ 的连续点, 要么是 $f'(x)$ 的第二类间断点, 不可能有 $f'(x)$ 的第一类和可去间断点.

注 定理 2.2 中, 可导的条件是必需的. 如 $f(x) = |x|, x \in (-1,1)$, $x = 0$ 是 $f'(x)$ 的第一类间断点. 这并不与定理 2.2 矛盾, 因为 $f(x)$ 在 $x = 0$ 点不可微, 不满足定理 2.2 的条件.

例 1 设 $f(x) = \begin{cases} x^2 \sin \dfrac{1}{x}, & x \neq 0, \\ 0, & x = 0, \end{cases}$ 考察导函数 $f'(x)$ 的连续性, 若 $f'(x)$ 有间断, 考察其间断点的类型.

解 显然, $x \neq 0$ 时, $f(x)$ 可导且此时

$$f'(x) = 2x \sin \frac{1}{x} - \cos \frac{1}{x},$$

又 $f'(0) = \lim\limits_{x \to 0} \dfrac{f(x) - f(0)}{x} = 0$, 故

$$f'(x) = \begin{cases} 2x \sin \dfrac{1}{x} - \cos \dfrac{1}{x}, & x \neq 0, \\ 0, & x = 0, \end{cases}$$

因而, $f(x)$ 在整个定义域内可导. 显然, 由初等函数的连续性, $f'(x)$ 在 $x \neq 0$ 时连续. 且注意到 $\lim\limits_{x \to 0^+}\left(2x\sin\dfrac{1}{x} - \cos\dfrac{1}{x}\right)$ 和 $\lim\limits_{x \to 0^-}\left(2x\sin\dfrac{1}{x} - \cos\dfrac{1}{x}\right)$ 都不存在, 故 $x=0$ 为 $f'(x)$ 的第二类间断点.

下面的定理非常有趣.

定理 2.3　设 $f(x)$ 在 $[a,b]$ 可导且 $f'(a) \cdot f'(b) < 0$, 则存在 $\xi \in (a,b)$, 使得 $f'(\xi) = 0$.

结构分析　这是导函数的零点问题, 解决这类问题的最直接的工具是 Rolle 定理, 但是, 本题 Rolle 定理的条件不满足, 不能直接用 Rolle 定理. 在不能直接利用定理结论的情形下, 常规的处理方法是利用定理的证明思想; 我们知道, 证明 Rolle 定理的思想是寻找内部最值点, 因而, 可以考虑用这种证明思想证明本定理, 故, 解决问题的关键是通过端点的导数分析端点值的性质, 从而确定一个内部最值点.

证明　由于 $f(x)$ 在 $[a,b]$ 可导, 因而, $f(x)$ 在 $[a,b]$ 上连续, 故, $f(x)$ 在 $[a,b]$ 可达到最大值 M 和最小值 m.

下面, 用剩下的条件说明最值至少有一个在内部达到.

由于 $f'(a) \cdot f'(b) < 0$. 不妨设 $f'(a) < 0, f'(b) > 0$. 由导数定义, 则

$$f'(a) = \lim_{x \to a^+} \frac{f(x) - f(a)}{x - a} < 0,$$

由极限保号性, 存在 $\xi_1 > 0$, 使得

$$\frac{f(x) - f(a)}{x - a} < 0, \quad x \in (a, a+\xi_1),$$

故, $f(x) < f(a)$, $x \in (a, a+\xi_1)$. 故, $x=a$ 不是 $f(x)$ 的最小值点.

同样, 利用 $f'(b) > 0$ 可得, 存在 $\xi_2 > 0$ 使得

$$f(x) < f(b), \quad x \in (b-\xi_2, b),$$

故, $x=b$ 不是 $f(x)$ 的最小值点. 因而, 最小值不能在端点达到, 必在内部达到, 即存在 $\xi \in (a,b)$, 使得 $f(\xi) = m$, 由 Fermat 定理, 则 $f'(\xi) = 0$.

由定理 2.3 可以得到导函数的介值定理.

定理 2.4　设 $f(x)$ 在 $[a,b]$ 可导且 $f'(a) < f'(b)$, 则对任意的 $c: f'(a) < c < f'(b)$, 存在 $\xi \in (a,b)$, 使得 $f'(\xi) = c$.

注　函数和导函数都有介值定理, 但是, 比较这两个结论, 可以发现二者的差别: 函数的介值定理必须要求函数具有连续性, 但导函数的介值定理并不要求导函数具有连续性, 即对导函数而言, 不管导函数是否连续, 介值定理都成立.

二、几何性质

在函数的研究中, 由于函数的几何特性能给出函数性质的直观表现, 因而, 显得非常重要. 下面, 我们利用中值定理研究函数的几何性质, 为精确刻画函数曲线特性提供依据.

1. 单调性

单调性是函数的基本几何特性, 它用来确定函数曲线的走向. 下面的定理用导数来研究函数的单调性.

定理 2.5 设 $f(x)$ 在 $[a,b]$ 连续, 在 (a,b) 可导, 则 $f(x)$ 在 $[a,b]$ 上单调递增(减)的充要条件是 $f'(x) \geqslant 0 (\leqslant 0)$, $x \in (a,b)$.

证明 仅证明单调递增的情形.

必要性 设 $f(x)$ 在 $[a,b]$ 上单调递增, 对任意的 $x_0 \in (a,b)$, 利用 $f(x)$ 的单调性和在 x_0 的可导性, 则

$$f'(x_0) = \lim_{x \to x_0^+} \frac{f(x) - f(x_0)}{x - x_0} = \lim_{x \to x_0^-} \frac{f(x) - f(x_0)}{x - x_0} \geqslant 0 ,$$

由任意性, 则 $f'(x) \geqslant 0, x \in (a,b)$.

充分性 设 $f'(x) \geqslant 0, x \in (a,b)$, 对任意的 $x_i \in [a,b], i = 1,2$, 且 $x_1 < x_2$, 由中值定理, 存在 $\xi \in (x_1, x_2)$,使得

$$f(x_2) - f(x_1) = f'(\xi) \cdot (x_2 - x_1) \geqslant 0 ,$$

故 $f(x_2) > f(x_1)$, 因而,$f(x)$ 在 $[a,b]$ 单调递增.

更进一步, 还有如下定理.

定理 2.6 若 $f(x)$ 在 $[a,b]$ 连续, 在 (a,b) 可导, 则当 $f'(x) > 0, x \in (a,b)$ 时, $f(x)$ 在 $[a,b]$ 严格单调递增; 当 $f'(x) < 0, x \in (a,b)$ 时, $f(x)$ 在 $[a,b]$ 严格单调递减.

用证明定理 2.5 的方法可以证明定理 2.6.

定理 2.6 的逆不成立. 如 $f(x) = x^3, x \in [-1,1]$, 则 $f(x)$ 严格递增, 但有 $f'(0) = 0$.

单调性是相对于给定区间的整体性质, 只能说 $f(x)$ 在某一区间上的单调性, 不能说在某一点的单调性.

即使有 $f'(x_0) > 0$, 也不一定能断定 $f(x)$ 在 x_0 的某邻域内是递增的, 如

$$f(x) = \begin{cases} x + 2x^2 \sin \dfrac{1}{x}, & x \neq 0, \\ 0, & x = 0, \end{cases}$$

可以计算

$$f'(x) = \begin{cases} 1 + 4x\sin\dfrac{1}{x} - 2\cos\dfrac{1}{x}, & x \neq 0, \\ 1, & x = 0, \end{cases}$$

因而 $f'(0) = 1 > 0$，但 $f(x)$ 在 $x = 0$ 的任何邻域内都不是单调的. 事实上，取 $x_n = \dfrac{1}{2n\pi + \dfrac{\pi}{2}}$，则 $f'(x_n) = 1 + 4x_n > 0$；而若取 $x_n = \dfrac{1}{2n\pi}$，则 $f'(x_n) = -1 < 0$，因而，不存在 $x = 0$ 的任何邻域，使 $f'(x)$ 在此邻域内不变号. 但是，若增加导函数的连续，则结论成立.

注　定理 2.5 和定理 2.6 的主要用途在于用它研究函数的单调性，确定单调区间.

例 2　讨论 $f(x) = 3x - x^3$ 的单调性，并画出其略图.

解　由于

$$f'(x) = 3 - 3x^2 = 3(1 - x)(1 + x),$$

故，$|x| < 1$ 时，$f'(x) > 0$；$|x| > 1$ 时 $f'(x) < 0$，因而，$f(x)$ 在 $(-\infty, -1) \bigcup (1, +\infty)$ 上递减，在 $(-1, 1)$ 上递增. 略图如图 5-3 所示.

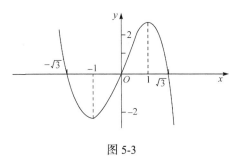

图 5-3

利用单调性的讨论，还可以证明不等式，基本理论是：若 $f'(x) \geqslant 0$，$x \in (a, b)$，则 $f(x)$ 在 $[a, b]$ 单调递增，因而，

$$f(b) \geqslant f(x) \geqslant f(a), \quad x \in (a, b),$$

特别地，若 $f(a) = 0$，则

$$f(x) \geqslant 0, \quad x \in (a, b),$$

从而得到一个关于 x 的一个**单参量不等式(函数不等式).**

例 3　证明：$\dfrac{2}{\pi}x < \sin x < x$，$x \in \left(0, \dfrac{\pi}{2}\right)$.

结构分析　这是一个函数不等式，单调性是研究函数单调性的常用方法，由此, 可以将函数不等式的证明转化为相关函数的导函数符号的判断. 本题相当于证明当 $x \in \left(0, \dfrac{\pi}{2}\right)$ 时, 有

$$\sin x - \frac{2}{\pi} x > 0 \quad \text{和} \quad x - \sin x > 0,$$

只需判断相应函数的导函数符号, 当然, 有时需要多次求导进行判断.

证明 首先证明 $\sin x < x$.

作辅助函数 $f(x) = x - \sin x$, 则

$$f'(x) = 1 - \cos x > 0, \quad x \in \left(0, \frac{\pi}{2}\right).$$

故, $f(x)$ 在 $\left[0, \dfrac{\pi}{2}\right]$ 严格递增, 因此, $f(x) > f(0) = 0$, 即

$$\sin x < x, \quad x \in \left(0, \frac{\pi}{2}\right).$$

其次, 证明 $\dfrac{2}{\pi} x < \sin x, x \in \left(0, \dfrac{\pi}{2}\right)$.

作辅助函数 $g(x) = \sin x - \dfrac{2}{\pi} x$, 则

$$g'(x) = \cos x - \frac{2}{\pi}, \quad g''(x) = -\sin x < 0, \quad x \in \left(0, \frac{\pi}{2}\right),$$

因而, $g'(x)$ 在 $\left[0, \dfrac{\pi}{2}\right]$ 严格递减. 由于 $g'(0) > 0, g'(1) < 0$, 故, 存在唯一的 $\xi \in \left(0, \dfrac{\pi}{2}\right)$, 使得 $g'(\xi) = 0$. 因而, 当 $x \in (0, \xi)$ 时, $g'(x) > g'(\xi) = 0$, 故 $g(x)$ 在 $[0, \xi]$ 严格递增, 因而,

$$g(x) > g(0) = 0, \quad x \in (0, \xi),$$

注意到 $g(x) = \sin x - \dfrac{2}{\pi} x$ 在 ξ 点连续, 因而,

$$g(x) > g(0) = 0, \quad x \in (0, \xi],$$

即 $\sin x > \dfrac{2}{\pi} x, x \in (0, \xi]$.

当 $x \in \left(\xi, \dfrac{\pi}{2}\right)$ 时 $g'(x) < g'(\xi) = 0$, 故 $g(x)$ 在 $\left[\xi, \dfrac{\pi}{2}\right]$ 严格递减, 因而,

$$g(x) > g\left(\frac{\pi}{2}\right) = 0, \quad x \in \left(\xi, \frac{\pi}{2}\right),$$

注意到 $g(x) = \sin x - \dfrac{2}{\pi}x$ 在 ξ 点连续, 因而,

$$g(x) > g\left(\frac{\pi}{2}\right) = 0, \quad x \in \left[\xi, \frac{\pi}{2}\right].$$

因而, 总成立

$$\frac{2}{\pi}x < \sin x, \quad x \in \left(0, \frac{\pi}{2}\right).$$

利用单调性也可以证明**双参量不等式**, 此时, 证明的关键在于引入合适的函数, 将其转化为函数的单调性.

例 4　证明: $e^{\pi} > \pi^{e}$.

结构分析　题型结构:这是一个常数不等式, 涉及两个常量, 也可以视为双参量不等式, 由于不具有分离特征, 不能直接用中值定理证明. 此处我们给出另外的处理方法: 变量化方法, 即将一个常数变量化, 从而转化为函数不等式处理. 当然, 在具体的过程中可以形成不同的具体方法, 研究对象的结构越简单处理起来越容易, 因此, 尽可能将结构进行简化. 如本题, 如果直接进行变量化, 如将常数 e 变量化为变量 x, 则不等式的证明转化为函数不等式 $x^{\pi} > \pi^{x}$ 的证明, 涉及的两个函数分别为幂函数和指数函数, 而这两个函数的导数还是幂函数和指数函数, 没有发生变化, 因此, 利用导数研究函数的优势没有体现出来; 利用函数性质将函数化简后, 如利用对数函数的性质将上述不等式化为不等式 $\pi \ln x > x \ln \pi$ 后, 涉及的两个函数化为对数函数和一次幂函数, 求导后这两个函数的结构都得到了极大简化, 充分显示了利用导数研究函数的优势. 当然, 还可以将原不等式充分简化后再进行变量化处理. 如进行如下简化,

$$e^{\pi} > \pi^{e} \Leftrightarrow \pi \ln e > e \ln \pi \Leftrightarrow \frac{\ln e}{e} > \frac{\ln \pi}{\pi},$$

由此, 化为同一函数的函数值的比较.

证明　**法一**　令 $f(x) = \dfrac{\ln x}{x}, x > 0$, 则 $f'(x) = \dfrac{1 - \ln x}{x^{2}}$, 故, 当 $0 < x < e$ 时, $f'(x) > 0$; 当 $x > e$ 时, $f'(x) < 0$; 注意到 $\pi > e$, 显然在 $(e, +\infty)$ 上, $f(x)$ 严格递减, 因而, $f(e) > f(\pi)$, 这正是我们要证明的不等式.

注　也可以将其中的一个参数选为变量, 转化为一个关于 x 的不等式来证明, 方法如下.

法二　记 $f(x) = x - e \ln x$, 则

$$f'(x) = \frac{x - \mathrm{e}}{x} > 0, \quad x > \mathrm{e},$$

因而，$f(x)$ 在 $(\mathrm{e}, +\infty)$ 严格单调递增，故，

$$f(x) > f(\mathrm{e}) = 0, \quad x > \mathrm{e},$$

特别地有，$f(\pi) > 0$，即 $\pi > \mathrm{e}\ln\pi$，亦即 $\mathrm{e}^{\pi} > \pi^{\mathrm{e}}$.

上述解题过程是用单调性证明不等式的标准方法和程序，需熟练掌握.

利用单调性也可以判断方程根的唯一性.

例 5 设 $f(x)$ 在 $[a, b]$ 具有连续的导函数，且对任意的 $x \in [a, b]$，都有 $f(x) + f'(x) \neq 0$，证明：$f(x) = 0$ 在 $[a, b]$ 至多只有一个根.

结构分析 要证明结论，只需证明 $f(x)$ 是严格单调的，结合题目中含有导数的条件，只需证明 $f'(x)$ 恒正或恒负，即通过导函数的符号判断单调性，进而得到根的唯一性，这就是就是证明这类题目的思路. 因此，本题相当于研究 $f'(x)$ 的符号，由于条件只有一个，即 $f(x) + f'(x) \neq 0$，此条件表明 $f(x) + f'(x)$ 不变号，既然是通过导函数的符号判断单调性，那么，$f(x) + f'(x)$ 是何函数的导数或导函数的一部分？换句话说，哪种导数能产生因子 $f(x) + f'(x)$？回忆所掌握的求导公式，应该是乘积因子的导数形式，即

$$(fg)' = fg' + f'g \xlongequal{g = g'} g(f + f'),$$

故，取 $g(x) = \mathrm{e}^x$，由此，判断 $f(x)g(x) = 0$ 根的唯一性，进而得到 $f(x) = 0$ 的根的唯一性.

证明 令 $g(x) = \mathrm{e}^x f(x)$，则 $g'(x) = \mathrm{e}^x[f(x) + f'(x)]$.

由于对任意的 $x \in [a, b]$，都有 $f(x) + f'(x) \neq 0$，且 $f(x) + f'(x)$ 连续，因而，$f(x) + f'(x)$ 在 $[a, b]$ 不变号，否则，必有 $\xi \in (a, b)$，使得 $f(\xi) + f'(\xi) = 0$，与条件矛盾. 不妨设 $f(x) + f'(x) > 0, x \in (a, b)$，因而，$g'(x) > 0, x \in (a, b)$. 故，$g(x) = 0$ 至多有一个根，因而，$f(x) = 0$ 在 $[a, b]$ 至多只有一个根.

注 不必证明 $f(x) = 0$ 必有根.

再回到函数几何性质的研究上. 从例1可以知道，仅有单调性，只能给出函数的略图，要想精确刻画函数的几何性质，仅有单调性是远远不够的，需要进一步地给出一些概念和性质，我们继续引入这些量.

2. 函数的极值

从函数单调性的研究来看，在可导条件下，导函数不变号，可以保证函数具有某一种单调性，而改变函数单调性的点就是函数的极值点，因此，确定函数的

极值点在刻画函数的几何性质和研究函数的分析性质时, 都有非常重要的作用. 下面, 我们研究极值点的确定.

从 Fermat 定理可知, 在可导条件下, 极值点一定是驻点, 这为极值点的确定预先限定了一个范围. 但是, 有例子表明, 不可导点也可能成为极值点, 如 $f(x)=|x|,x\in[-1,1]$, 则 $x=0$ 为其极小值点, 当然, $x=0$ 是不可导点. 因而, 极值点包含在驻点和不可导点的集合内, 这两类点称为 "可疑极值点". 但是, 进一步判断这些可疑极值点处的极值性质还需要进一步的判别方法.

定理 2.7 (极值点判别法则之一)　设 $f(x)$ 点 $U(x_0,\delta)$ 连续, 在 $\overset{\circ}{U}(x_0,\delta)$ 内可导, 那么

(1) 若当 $x\in(x_0-\delta,x_0)$ 时, $f'(x)<0$；当 $x\in(x_0,x_0+\delta)$ 时, $f'(x)>0$, 则 x_0 为 $f(x)$ 的极小值点；

(2) 若当 $x\in(x_0-\delta,x_0)$ 时, $f'(x)>0$；当 $x\in(x_0,x_0+\delta)$ 时, $f'(x_0)<0$, 则 x_0 为 $f(x)$ 的极大值点；

(3) 若 $f'(x)$ 在 $\overset{\circ}{U}(x_0,\delta)$ 内不变号, 则点 x_0 不是 $f(x)$ 的极值点.

定理 2.7 的证明非常简单, 只需利用单调性定理. 略去.

定理 2.7 表明, 在可导条件下, 若函数在一点的两侧导数变号, 则此点一定是函数的极值点.

若 $f(x)$ 是二阶可导函数, 则有更进一步判别极值的方法.

定理 2.8 (驻点处极值性质判别法则之二)　设 $f(x)$ 在 $U(x_0,\delta)$ 可导且 $f'(x_0)=0$, 而 $f''(x_0)$ 存在, 则

(1) 若 $f''(x_0)<0$, 则 x_0 是 $f(x)$ 的极大值点；

(2) 若 $f''(x_0)>0$, 则 x_0 是 $f(x)$ 的极小值点；

(3) 而当 $f''(x_0)=0$ 时, x_0 处的极值性质不确定.

简析　类比已知, 考虑用定理 2.7 证明, 证明定理的思路是利用二阶导数符号判断一阶导数的符号, 转化为定理 2.7 的情形.

证明　(1)由于 $f''(x_0)$ 存在, 则

$$f''(x_0)=\lim_{x\to x_0}\frac{f'(x)-f'(x_0)}{x-x_0}$$

存在, 由极限的保号性, 存在 $\delta>0$, 使得 $\dfrac{f'(x)-f'(x_0)}{x-x_0}<0,x\in\overset{\circ}{U}(x_0,\delta)$, 故, 当 $x\in(x_0-\delta,x_0)$ 时, $f'(x)>f'(x_0)=0$.

类似地, 当 $x\in(x_0,x_0+\delta)$ 时, $f'(x)<f'(x_0)=0$, 由定理 2.7, x_0 为 $f(x)$ 的极大值点.

(2) 类似(1)的证明.

(3) 只需举例说明. 如 $f(x) = x^3$, $f'(0) = f''(0) = 0$, $x=0$ 不是其极值点; 而对 $f(x) = x^4$, $f'(0) = f''(0) = 0$, $x = 0$ 是极小值点.

有了上述理论, 函数的极值问题很容易解决. 具体步骤:

1) 确定函数的可疑极值点: 不可导点和驻点;

2) 可疑极值点处的极值性质的判断:

对不可导点, 必须用定义或用定理 2.7 进行判断;

对驻点, 一般用定理 2.8 进行判断.

而最后的结果用列表法表示既清晰又简单.

例 6　求 $f(x) = (x-1)\sqrt{x^3}$ 的极值点和极值.

解　$f(x)$ 的定义域是整个实数轴, 计算得, $x \neq 0$ 时 $f'(x) = \dfrac{5x-2}{3 \cdot \sqrt[3]{x}}$, 求得驻点为 $x_1 = \dfrac{2}{5}$; 而 $x_2 = 0$ 是不可导点. 因而, $x_i (i = 1,2)$ 是可疑极值点. 列表讨论这些点附近的导数符号和极值性质如下:

x	$(-\infty, 0)$	0	$\left(0, \dfrac{2}{5}\right)$	$\dfrac{2}{5}$	$\left(\dfrac{2}{5}, +\infty\right)$
$f'(x)$	$+$	不存在	$-$	0	$+$
$f(x)$	递增	极大值为 0	递减	极小值 $f(x_1)$	递增

由此得到结论.

下面, 我们引入与极值相关的最值的计算.

最值计算的问题具有很强的实际应用背景, 如路程最短问题、用料最省问题、效益最大问题等都可视为函数最值的问题. 我们已经知道: 若 $f(x)$ 在 $[a,b]$ 连续, 则 $f(x)$ 在 $[a,b]$ 上一定有最大、最小值. 这为求连续函数的最大(小)值提供了理论保证, 问题是如何计算最值呢? 下面, 我们给出连续函数 $y = f(x)$ 在 $[a,b]$ 的最值计算的程序.

由于最值既可在端点达到, 又可以在内部达到, 而在内部达到时, 最值点一定是极值点, 因此, 内部最值点可以通过内部极值点来确定, 注意到不可导点也可能成为极值点, 最值又是唯一的, 由此, 将最值和最值点的计算步骤归结如下:

(1) 在可导点处, 计算导函数 $f'(x)$;

(2) 在 (a,b) 内求解方程 $f'(x) = 0$, 得驻点 $x_1, x_2, \cdots, x_k$;

(3) 判断并计算出不可导点, 记为 $x_{k+1}, x_{k+2}, \cdots, x_n$;

(4) 计算驻点、不可导点和端点处的函数值

$$f(a), \quad f(x_i), \quad f(b), \quad i=1,2,\cdots,n\,;$$

(5) 比较：把上述各点处的函数值作比较，其中最大者为最大值，最小者为最小值.

例 7　求函数 $f(x)=|\,2x^3-9x^2+12x\,|$ 在 $\left[-\dfrac{1}{4},\dfrac{5}{2}\right]$ 上的最大值与最小值.

解　显然，

$$f(x)=\begin{cases} 2x^3-9x^2+12x, & x>0, \\ -(2x^3-9x^2+12x), & x\leqslant 0, \end{cases}$$

则

$$f'(x)=\begin{cases} 6x^2-18x+12, & x>0, \\ -(6x^2-18x+12), & x<0, \end{cases}$$

$x=0$ 为不可导点.

求解 $f'(x)=0$，得驻点 $x_1=1$，$x_2=2$．计算得

$$f\left(-\frac{1}{4}\right)=\frac{115}{32}, \quad f(0)=0, \quad f(1)=5, \quad f(2)=4, \quad f\left(\frac{5}{2}\right)=5,$$

故，最大值为 $f(1)=5$，最小值为 $f(0)=0$．

3. 函数的凸性

前面我们讨论了函数的单调性和极值性质，这对函数曲线性态的了解有很大作用. 但是，仅有这些性质，仍不能准确刻画函数曲线，如单调时是以什么样的方式单调. 因此，为了更深入和更精确地掌握函数的形态，我们继续引入能更精确刻画函数形态的函数凸性的概念.

什么叫函数的凸性呢？从几何上看，简单地说，所谓凸性就是指函数曲线凸起的方向，如向下凸还是向上凸，我们先以两个具体函数为例，从直观上看一看何谓函数的凸性. 如函数 $y=\sqrt{x}$ 和 $y=x^2$ 当 $x>0$ 时都是单调递增的，但是，二者单调递增的方式不同，前者所表示的曲线以向上凸的方式递增，而后者所表示的曲线是以向下凸的方式递增. 那么，如何从数学上，给出凸性的定义？通过简单的分析，我们发现其凸性的几何特征：若 $y=f(x)$ 的图形在区间 I 上是下凸的，那么连接曲线上任意两点所得的弦在曲线的上方；若 $y=f(x)$ 的图形在区间 I 上是上凸的，那么连接曲线上任意两点所得的弦在曲线的下方，因此，比较同一条铅直线上曲线上和弦上对应点的纵坐标的大小，从而有以下定义.

定义 2.2 设函数 $f(x)$ 在 $[a,b]$ 连续, 若对 $[a,b]$ 上任意两点 x_1, x_2 和任意实数 $\lambda \in (0,1)$ 总有

$$f(\lambda x_1 + (1-\lambda)x_2) \leqslant \lambda f(x_1) + (1-\lambda)f(x_2),$$

称 $f(x)$ 为 $[a,b]$ 上的下凸函数. 反之, 如果总有

$$f(\lambda x_1 + (1-\lambda)x_2) \geqslant \lambda f(x_1) + (1-\lambda)f(x_2),$$

称 $f(x)$ 为 $[a,b]$ 上的上凸函数.

有些课本是以定义 2.2 中 $\lambda = \dfrac{1}{2}$ 的情形为定义的. 可以证明, 两个定义等价. 还有些课本称下凸为凸, 称上凸为凹.

从凸性的定义看, 凸性定义中的不等式仍是函数值的比较, 注意到右端函数值的系数和为 1, 因此, 此不等式仍是函数差值结构, 这为利用导数理论研究凸性提供了依据.

凸函数的几何意义 若 $y = f(x)$ 在区间 I 上是下凸的, 那么连接曲线上任意两点所得的弦在曲线的上方; 若 $y = f(x)$ 是上凸的, 则连接曲线上任意两点所得的弦在曲线的下方. 对充分光滑的曲线, 还可以利用曲线上点的切线与曲线的关系定义函数的凸性. 因此, 定义 2.2 正是几何意义的代数表示.

例 8 考察 $y = x^2$ 和 $y = \sqrt{x}$ 在 $[0,1]$ 上的单调性和凸性.

解 利用定义, 非常简单可以判断: 在 $[0,1]$ 上, 二者都是递增的, 但, $y = x^2$ 是下凸的, $y = \sqrt{x}$ 是上凸的.

此例表明, 在同一区间上, 具有相同单调性的函数可以有不同的凸性, 因此, 凸性加上单调性更能准确刻画函数的形态.

同一个函数在不同区间上可以有不同的凸性, 因此, 不同凸性的连接点在凸性的研究中非常关键, 我们引入如下概念.

定义 2.3 若存在点 x_0 的邻域 $U(x_0, \delta)$, 使得 $y = f(x)$ 在 $[x_0 - \delta, x_0]$ 和 $[x_0, x_0 + \delta]$ 上具有相反的凸性, 则称 x_0 为函数 $f(x)$ 的一个拐点, 也称 $(x_0, f(x_0))$ 为曲线 $y = f(x)$ 的拐点.

定理 2.9 (凸函数与二阶导数的关系) 设 $f(x)$ 在 (a,b) 二阶可导, 则

1) 若 $f''(x) < 0$, $\forall x \in (a,b)$, 则 $f(x)$ 在 (a,b) 为上凸;

2) 若 $f''(x) > 0$, $\forall x \in (a,b)$, 则 $f(x)$ 在 (a,b) 为下凸.

证明 只证明 1).

任取 $x_i \in (a,b), i = 1,2$ 且 $x_2 > x_1$, 对任意 $\lambda \in (0,1)$, 记 $x_\lambda = \lambda x_1 + (1-\lambda)x_2$, 利用两次中值定理得, 存在 $\eta_i, i = 1,2,3$, 且 $\eta_1 \in (x_1, x_\lambda), \eta_2 \in (x_\lambda, x_2), \eta_3 \in (\eta_1, \eta_2)$ 使得

$$f(x_\lambda) - [\lambda f(x_1) + (1-\lambda)f(x_2)]$$

$$= \lambda[f(x_\lambda) - f(x_1)] + (1-\lambda)[f(x_\lambda) - f(x_2)]$$

$$= -\lambda(1-\lambda)(x_2 - x_1)[f'(\eta_2) - f'(\eta_1)]$$

$$= -\lambda(1-\lambda)(x_2 - x_1)(\eta_2 - \eta_1)f''(\eta_3) \geqslant 0,$$

故 $f(\lambda x_1 + (1-\lambda)x_2) \geqslant \lambda f(x_1) + (1-\lambda)f(x_2)$，因而，$f(x)$ 在 (a,b) 为上凸.

定理 2.9 的逆也成立，为此，我们先给出下面的一个结论.

定理 2.10　设 $f(x)$ 在 $[a, b]$ 连续，在 (a, b) 可导，则 $f(x)$ 在 $[a, b]$ 是下凸(上凸)的充分必要条件为 $f'(x)$ 在 (a,b) 递增(递减).

证明　必要性　设 $f(x)$ 为下凸函数，则对任意满足 $a < x_1 < x_2 < b$ 的 x_1 和 x_2，对任意的 $\lambda \in (0,1)$，有

$$f(\lambda x_1 + (1-\lambda)x_2) \leqslant \lambda f(x_1) + (1-\lambda)f(x_2),$$

记 $x_\lambda = \lambda x_1 + (1-\lambda)x_2$，则

$$\frac{f(x_\lambda) - f(x_1)}{x_\lambda - x_1} \leqslant \frac{\lambda f(x_1) + (1-\lambda)f(x_2) - f(x_1)}{x_\lambda - x_1}$$

$$= \frac{f(x_2) - f(x_1)}{x_2 - x_1},$$

且

$$\frac{f(x_\lambda) - f(x_2)}{x_\lambda - x_2} \geqslant \frac{\lambda f(x_1) + (1-\lambda)f(x_2) - f(x_2)}{x_\lambda - x_2}$$

$$= \frac{f(x_2) - f(x_1)}{x_2 - x_1},$$

由于 $f(x)$ 可导，分别令 $\lambda \to 0^+$ 和 $\lambda \to 1^-$，则

$$f'(x_1) \leqslant \frac{f(x_2) - f(x_1)}{x_2 - x_1} \leqslant f'(x_2),$$

故，由任意性得 $f'(x)$ 在 (a,b) 递增.

充分性　对任意的 x_1 和 x_2 及对任意的 $\lambda \in (0,1)$，不妨设 $a < x_1 < x_2 < b$，由中值定理，存在 $\eta_i, i = 1, 2$，且 $\eta_1 \in (x_1, x_\lambda), \eta_2 \in (x_\lambda, x_2)$，使得

$$f(x_\lambda) - [\lambda f(x_1) + (1-\lambda)f(x_2)]$$

$$= \lambda[f(x_\lambda) - f(x_1)] + (1-\lambda)[f(x_\lambda) - f(x_2)]$$

$$= -\lambda(1-\lambda)(x_2 - x_1)[f'(\eta_2) - f'(\eta_1)],$$

由于 $f'(x)$ 在 (a,b) 递增，故 $f'(\eta_2) \geqslant f'(\eta_1)$，因此，

$$f(\lambda x_1 + (1-\lambda)x_2) \leqslant \lambda f(x_1) + (1-\lambda)f(x_2),$$

故，$f(x)$ 为下凸函数.

推论 2.3　设 $f(x)$ 为下凸函数且二阶可导, 则必有 $f''(x) \geq 0, x \in (a,b)$.

证明　对任意的 $x_0 \in (a,b)$, 由于 $f(x)$ 为下凸函数, 由定理 2.10, $f'(x)$ 在 (a,b) 递增, 又 $f''(x_0)$ 存在, 则由定义,

$$f''(x_0) = \lim_{x \to x_0^+} \frac{f'(x) - f'(x_0)}{x - x_0} \geq 0,$$

由任意性, 故 $f''(x) \geq 0, x \in (a,b)$.

进一步可得拐点的一个必要条件.

推论 2.4　设 $f(x)$ 是二阶可导的, 若 x_0 为 $f(x)$ 的拐点, 则 $f''(x_0) = 0$.

注意到不可导点也可能成为拐点, 因而, 还有如下推论.

推论 2.5　若 x_0 为 $f(x)$ 的拐点, 则要么 $f''(x_0) = 0$, 要么 $f(x)$ 在 x_0 点不可导.

例 9　讨论函数 $f(x) = x^4 - 6x^2$ 的单调性、凸性, 并计算其驻点和拐点.

解　由于 $f'(x) = 4x^3 - 12x$, $f''(x) = 12x^2 - 12$, 因而, 可以计算出函数的驻点是 $x_1 = -\sqrt{3}, x_2 = 0, x_3 = \sqrt{3}$, 拐点是 $x_4 = -1, x_5 = 1$, 可以通过列表法给出单调性和凸性.

单调性列表:

x	$(-\infty, -\sqrt{3})$	$-\sqrt{3}$	$(-\sqrt{3}, 0)$	0	$(0, \sqrt{3})$	$\sqrt{3}$	$(\sqrt{3}, +\infty)$
$f'(x)$	$-$	0	$+$	0	$-$	0	$+$
$f(x)$	减	驻点	增	驻点	减	驻点	增

凸性列表:

x	$(-\infty, -1)$	-1	$(-1, 1)$	1	$(1, +\infty)$
$f''(x)$	$+$	0	$-$	0	$+$
$f(x)$	下凸	拐点	上凸	拐点	下凸

凸性还可以用于证明双参量不等式.

例 10　证明不等式

$$2\arctan \frac{a+b}{2} \geq \arctan a + \arctan b,$$

其中 a, b 均为正数.

结构分析　将不等式改写为

$$\arctan \frac{a+b}{2} \geq \frac{\arctan a + \arctan b}{2},$$

可以发现, 这正是函数 $y = \arctan x$ 当 $\lambda = \frac{1}{2}$ 时的凸性质, 因此, 只需证明相应的函

数满足相应的凸性质.

证明　记 $f(x) = \arctan x$, $x>0$, 则可计算

$$f''(x) = -\frac{2x}{(1+x^2)^2} < 0, \quad x > 0,$$

因而, $f(x) = \arctan x$ 是 $x>0$ 时的上凸函数, 取 $\lambda = \frac{1}{2}$ 即得.

注　至此, 我们已经掌握证明不等式的 3 种方法:中值定理、单调性、凸性, 这些方法都必须熟练掌握.

下面继续函数形态的研究. 有了单调性、凸性和拐点, 基本上可以较为准确刻画函数在有限区间上的形态, 为在无限远处刻画函数的形态, 还必须了解函数的另一个几何特性——渐近性.

4. 渐近性

给定曲线 $l: y = f(x)$, 考察曲线在无穷远处的性态.

定义 2.4　若有直线 $l': y = ax + b$, 使得 l 上的点 $M(x,y)$ 到 l' 的距离 $d(M,l')$ 满足

$$\lim_{x \to +\infty} d(M,l') = 0,$$

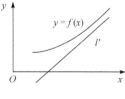

图 5-4

则称直线 l' 为曲线 l 当 $x \to +\infty$ 时的渐近线(图 5-4).

类似可以定义曲线当 $x \to -\infty$ 时的渐近线.

注　为了计算渐近线, 我们通常用曲线和直线上在同一垂线上点的纵坐标的差近似表示 $d(M,l')$, 因此, 定义中 $\lim\limits_{x \to +\infty} d(M,l') = 0$ 可以用

$$\lim_{x \to +\infty} [f(x) - ax - b] = 0$$

近似代替. 由此可以定义水平渐近线和垂直渐近线.

定义 2.5　若 $a=0$, 即 $\lim\limits_{x \to +\infty} [f(x) - b] = 0$, 则称直线 $y = b$ 为曲线 l 的水平渐近线 (图 5-5). 若 $\lim\limits_{x \to c} f(x) = \infty$, 则称直线 $x = c$ 是曲线 l 的垂直渐近线(图 5-6).

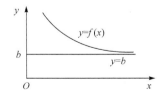

图 5-5　水平渐近线

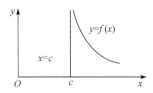

图 5-6　垂直渐近线

　　引入渐近线的目的就是研究函数曲线的无穷远形态, 从而, 可以刻画函数在无穷远处的曲线特征. 如 $y = e^{-x}, x > 0$ 有水平渐近线 $y=0$, 因而, 当 x 越来越大时, 曲线越来越靠近 x 轴. 也可在有限点处讨论渐近性质, 如 $y = \dfrac{1}{x}, x > 0$, 则 $x = 0$ 是其垂直渐近线.

　　下面, 讨论渐近线的确定方法.

　　由定义, 为确定渐近线, 只需确定常数 a 和 b, 这需要计算距离 $d(M, l')$. 我们近似用曲线和直线上在同一垂线上点的纵坐标表示. 因而

$$\lim_{x \to \infty} d(M, l') = 0$$

等价于

$$\lim_{x \to \infty} [f(x) - ax - b] = 0 ,$$

又等价于

$$\lim_{x \to \infty} \left[\left(\dfrac{f(x)}{x} - a \right) x - b \right] = 0 ,$$

故必有

$$a = \lim_{x \to \infty} \dfrac{f(x)}{x}, \quad b = \lim_{x \to \infty} [f(x) - ax] .$$

　　例 11　求 $y = x + \arctan x$ 的渐近线.

　　解　先计算当 $x \to +\infty$ 时的渐近线, 代入公式可得

$$a = \lim_{x \to +\infty} \dfrac{x + \arctan x}{x} = 1, \quad b = \lim_{x \to +\infty} [f(x) - x] = \dfrac{\pi}{2} ,$$

故, 当 $x \to +\infty$ 时的渐近线为 $y = x + \dfrac{\pi}{2}$.

　　类似可计算当 $x \to -\infty$ 时的渐近线为 $y = x - \dfrac{\pi}{2}$.

5. 函数的作图

有了上述一系列概念, 就可以较为准确地画出函数的图形了. 主要步骤有:

1) 确定函数的定义域;

2) 讨论函数基本的几何性质, 如对称性、奇偶性、周期性;

3) 计算驻点、拐点和不可导点;

4) 确定单调区间、凸性区间;

5) 确定渐近线;

6) 作图.

例 12　作函数 $y = \dfrac{1-2x}{x^2} + 1, x > 0$ 的图形.

解　函数的定义域为 $(0, +\infty)$ ，由于

$$f'(x) = \frac{2(x-1)}{x^3},$$

因而, 有唯一的驻点 $x_1 = 1$, 且当 $x < 1$ 时, $f'(x) < 0$; 当 $x > 1$ 时, $f'(x) > 0$, 故 $f(x)$ 在 $(0,1)$ 递减, 在 $(1, +\infty)$ 递增. 且 $x_1 = 1$ 为极小值点, 最小值为 $f(1) = 0$.

由于 $f''(x) = \dfrac{2(3-2x)}{x^4}$, 得拐点 $x_2 = \dfrac{3}{2}$, 因而, 当 $x \in \left(0, \dfrac{3}{2}\right)$ 时 $f''(x) > 0$, 故 $f(x)$ 在 $\left(0, \dfrac{3}{2}\right)$ 是下凸的; 当 $x \in \left(\dfrac{3}{2}, +\infty\right)$ 时 $f''(x) < 0$, 因而, $f(x)$ 在 $\left(\dfrac{3}{2}, +\infty\right)$ 是上凸的.

由于

$$\lim_{x \to 0^+}\left[\frac{1-2x}{x^2} + 1\right] = +\infty, \quad \lim_{x \to +\infty}\left[\frac{1-2x}{x^2} + 1\right] = 1,$$

故, $x = 0$ 是 $x \to 0^+$ 时函数的渐近线, $y = 1$ 是 $x \to +\infty$ 时函数的渐近线.

由此, 可以作图 5-7.

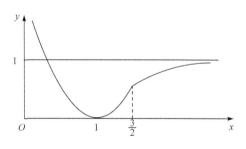

图 5-7

习　题　5.2

1. 证明: $3\arccos x - \arccos(3x - 4x^3) = \pi, x \in \left[-\dfrac{1}{2}, \dfrac{1}{2}\right]$.

2. 设 $f(x)$ 在 $[a,b]$ 满足

$$|f(x) - f(y)| \leqslant M|x-y|^r, \quad \forall x,y \in [a,b],$$

其中 $M > 0, r > 1$, 证明 $f(x)$ 在 $[a,b]$ 上恒为常数.

3. 证明 $f(x) = \ln(1 + x^3 e^x)$ 在 $(0, +\infty)$ 一致连续.

4. 设 $f(x)=\begin{cases}|x|, & x\neq 0,\\ 1, & x=0,\end{cases}$ 证明 $f(x)$ 不可能是某个函数的导函数.

5. 设 $f(x)$ 在 (a,b) 可导, 若 $f'(x)$ 在 (a,b) 上单调, 证明 $f'(x)$ 在 (a,b) 上连续.

6. 设 $f(x)$ 在 $(0,1)$ 内可微, 且 $|f'(x)|\leqslant 1$, $x\in(0,1)$, 证明 $\lim\limits_{n\to\infty}f\left(\dfrac{1}{n}\right)$ 存在.

7. 设 $f(x)$ 在 $[a,b]$ 连续, 在 (a,b) 内可导, $f(a)=f(b)=0$, 证明: 对任意实数 k, 存在 $\xi\in(a,b)$, 使得 $f'(\xi)+kf(\xi)=0$.

8. 设 $f(x)$ 在 $[1,2]$ 上连续, 在 $(1,2)$ 内可微, 证明存在 $\xi\in(1,2)$, 使得

$$f(2)-f(1)=\frac{1}{2}\xi^2 f'(\xi).$$

9. 设 $f(x)$ 在 $(0,+\infty)$ 内可微且 $\lim\limits_{x\to+\infty}f'(x)=0$, 证明 $\lim\limits_{x\to+\infty}\dfrac{f(x)}{x}=0$.

10. 证明不等式:

1) $\tan x>x+\dfrac{1}{3}x^3$, $x\in\left(0,\dfrac{\pi}{2}\right)$;

2) $\left(1+\dfrac{1}{x}\right)^x<\mathrm{e}<\left(1+\dfrac{1}{x}\right)^{x+1}$, $x>0$;

3) $\dfrac{a}{b}<\dfrac{\ln a}{\ln b}<\dfrac{b}{a}$, $\mathrm{e}<a<b$;

4) $a^a b^b>\left(\dfrac{a+b}{2}\right)^{a+b}$, $b>a>0$.

11. 设 $y=x^3+ax^2+bx+c$ 在 $x=0$ 点达到极大值 1, 且点 $(1,-1)$ 为曲线的拐点, 求 a,b,c, 并作出函数图像.

12. 计算 $y=\mathrm{e}^{-x^2}(1-2x)$ 在其定义域内的最值.

13. 计算 $y=|x^3-6x^2+11x-6|$ 的单调区间并计算其最值.

14. 研究下列函数的单调性、凸性区间、渐近性, 并画出略图.

1) $y=x^3+3x^2-6$;

2) $y=\dfrac{2x}{1+x^2}$;

3) $y=\dfrac{x^2-2x+1}{x^2}$;

4) $y=\sqrt{\dfrac{x^3}{x-1}}$;

5) $y=(x+6)\mathrm{e}^{x^{-1}}$.

5.3　Taylor 公式

本节, 将从近似计算的角度进一步分析微分中值定理, 由此导出非常重要的

Taylor 公式.

一、背景

近似计算是在实际工作, 特别是工程技术领域经常遇到的问题, 这些问题中, 通常要求计算函数在某一点或某一点附近的近似值, 只要求:近似计算结果, 只需满足某种精度要求, 但计算过程必须简单. 对简单的函数, 满足上述要求并不难, 对精度要求不高的函数, 也不难, 因为微分的引入就是为了某种程度上的近似计算, 如若函数 $f(x)$ 在 x_0 点可微, 则由定义,

$$\Delta y = f'(x_0)\Delta x + o(\Delta x),$$

因而, 有近似公式

$$\Delta y \approx \mathrm{d}y = f'(x_0)\Delta x \quad \text{或} \quad f(x) \approx f(x_0) + f'(x_0)\Delta x,$$

故, 若要计算函数在 x_0 附近的点 x 处的近似值, 只需计算此点的函数值和导数值, 并进行简单的计算.

问题　开方的计算.

记 $f(x) = \sqrt{1+x}$, 易计算 $f(0) = 1, f'(0) = \dfrac{1}{2}$, 故有近似公式

$$\sqrt{1+x} \approx 1 + \frac{1}{2}x, \quad x \to 0,$$

因此, 可以近似计算 $x = 0$ 点附近的值, 如

$$\sqrt{\frac{11}{10}} = \sqrt{1 + \frac{1}{10}} \approx 1 + \frac{1}{2} \cdot \frac{1}{10} = \frac{21}{20},$$

$$\sqrt{\frac{7}{10}} = \sqrt{1 - \frac{3}{10}} \approx 1 - \frac{1}{2} \cdot \frac{3}{10} = \frac{17}{20}.$$

由上述过程可知, 利用微分的定义进行近似计算, 实质是利用自变量改变量 Δx 的一阶线性量作近似计算, 实际操作中, 过程很简单, 问题也很突出: 由于略去的是 Δx 的仅仅高于一阶的量, 因此, 精度很低, 那么, 如何提高精度?

分析上述近似原理可以发现, 上述的近似计算精度低的原因是只计算了 Δx 的一阶量, 略去了高于一阶的量, 省略的量太大, 因此, 可以设想, 为提高精度, 必须尽可能保留 Δx 的高阶量, 注意到 $\Delta x = x - x_0$, 因此, 希望保留的 Δx 的高阶量应是整数阶的量, 即形如

$$(x - x_0), (x - x_0)^2, \cdots, (x - x_0)^n, \cdots$$

的形式, 因此, 可以根据精度要求, 确定要保留的最高的阶数 n, 即希望通过下述形式的多项式

$$f(x) \approx f(x_0) + a_1(x - x_0) + a_2(x - x_0)^2 + \cdots + a_n(x - x_0)^n$$

来近似计算, 即相当于用多项式近似代替 $f(x)$ 或相当于将 $f(x)$ 在 x_0 点展开成多项式.

那么, 对给定的函数 $f(x)$, 能否展开成上述多项式形式, 有什么条件和要求, 如何展开?

为此, 先分析上述多项式形式在近似计算中的优势.

二、多项式函数

上述分析表明: 在近似计算或理论分析中, 我们希望能用一个简单的函数来近似一个比较复杂的函数, 这将会带来很大的方便. 由于在初等函数中, 最简单的是幂函数, 其扩展形式就是多项式函数, 因为多项式的运算本质就是乘积运算, 在计算中, 特别是在计算机计算有很大的优势.

给定多项式函数

$$f(x) = a_0 + a_1(x - x_0) + a_2(x - x_0)^2 + \cdots + a_n(x - x_0)^n,$$

上述形式在近似计算中的优势是非常明显的, 因为系数 $a_i, i = 1, 2, \cdots, n$ 是已知的, 主要的计算量是非常简单的 $(x - x_0)^k$ 的量的计算. 而关于精度, 可以根据精度要求, 适当保留前面的项, 舍去后面的项. 如设 $|a_i| \leqslant 100$, $x_0 = 0$, $|x| < \dfrac{1}{10}$, 要使误差不超过 1%, 只需计算前五项, 因为此时的误差为

$$
\begin{aligned}
\delta(x) &= |f(x) - [a_0 + a_1(x - x_0) + a_2(x - x_0)^2 + \cdots + a_4(x - x_0)^4]| \\
&= |a_5(x - x_0)^5 + \cdots + a_n(x - x_0)^n| \\
&\leqslant 100|x|^5 [1 + |x| + \cdots + |x|^{n-5}] \\
&\leqslant 100 \cdot \frac{1}{10^5} \left[1 + \frac{1}{10} + \cdots + \frac{1}{10^{n-5}} \right] \\
&\leqslant 10^{-3} \frac{1}{1 - \dfrac{1}{10}} = \frac{1}{900} < 1\%,
\end{aligned}
$$

因此, 当 $|x| \ll 1$ 时, 可以根据精度要求, 很方便地进行近似计算.

再分析 x_0 处的性质. 对给定的上述多项式函数, 容易计算 $a_k = \dfrac{1}{k!} f^{(k)}(x_0)$, 因此, 若 $f(x)$ 是任意阶可导函数且在 x_0 处有上述展开式, 则展开式必是

$$f(x) \sim f(x_0) + f'(x_0)(x - x_0) + \frac{1}{2!} f''(x_0)(x - x_0)^2 + \cdots + \frac{1}{n!} f^{(n)}(x_0)(x - x_0)^n,$$ 显然, 当 $n = 1$ 时, 正是中值定理给出的一阶微分展开式.

因此, 剩下的问题是如何进行上述展开?

三、Taylor 公式

下面, 我们利用中值定理依次得到函数的多项式展开.

设 $f(x)$ 在 $U(x_0)$ 可导, 由中值定理, 则对 $\forall x \in U(x_0)$, 存在 $\theta \in (0,1)$, 使得

$$f(x) = f(x_0) + f'(x_0 + \theta(x - x_0))(x - x_0),$$

若还有 $f'(x)$ 在 x_0 点连续, 则当 x 充分接近 x_0 时, 有

$$f'(x_0 + \theta(x - x_0)) = f'(x_0) + \alpha,$$

其中 $\lim\limits_{x \to x_0} \alpha = 0$, 代入得

$$f(x) = f(x_0) + f'(x_0)(x - x_0) + \alpha(x - x_0)$$
$$= f(x_0) + f'(x_0)(x - x_0) + o(x - x_0),$$

这就是微分的定义. 略去无穷小量, 得到一阶近似公式:

$$f(x) \approx p_1(x) \triangleq f(x_0) + f'(x_0)(x - x_0),$$

其中 $p_1(x) = f(x_0) + f'(x_0)(x - x_0)$ 称为 $f(x)$ 的一阶近似多项式, 此时近似的误差为

$$R_1(x) = |f(x) - p_1(x)| = o(x - x_0),$$

这是一阶误差, 精度低. 为提高精度继续研究 $o(x - x_0)$, 希望从中分离出高于一阶的无穷小量, 即二阶无穷小量. 考虑

$$\frac{o(x - x_0)}{(x - x_0)^2} = \frac{f(x) - p_1(x)}{(x - x_0)^2} = \frac{f(x) - f(x_0) - f'(x_0)(x - x_0)}{(x - x_0)^2} \triangleq \frac{F_1(x)}{G_1(x)},$$

假设所涉及的函数满足所需的光滑性, 注意到 $F_1(x_0) = G_1(x_0) = 0$, 由 Cauchy 中值定理, 在 x 与 x_0 之间, 存在 ξ, 使得

$$\frac{F_1(x)}{G_1(x)} = \frac{F_1(x) - F_1(x_0)}{G_1(x) - G_1(x_0)} = \frac{F_1'(\xi)}{G_1'(\xi)} = \frac{1}{2} \frac{f'(\xi) - f'(x_0)}{\xi - x_0},$$

再次利用中值定理和极限性质, 存在 $\theta \in (0,1)$ 和无穷小量 β, 使得

$$\frac{F_1(x)}{G_1(x)} = \frac{1}{2} \frac{f'(\xi) - f'(x_0)}{\xi - x_0} = \frac{1}{2} f''(x_0 + \theta(\xi - x_0)) = \frac{1}{2} f''(x_0) + \beta,$$

其中 $\lim\limits_{x \to x_0} \beta = 0$. 将 $F_1(x)$ 和 $G_1(x)$ 的表达式代入, 得

$$f(x) = p_1(x) + \frac{1}{2} f''(x_0)(x - x_0)^2 + \beta(x - x_0)^2 \triangleq p_2(x) + o((x - x_0)^2),$$

其中 $p_2(x) = f(x_0) + f'(x_0)(x - x_0) + \frac{1}{2} f''(x_0)(x - x_0)^2$ 称为 $f(x)$ 的二次近似多项式, 此时误差为

$$R_2(x) = |f(x) - p_2(x)| = o((x-x_0)^2).$$

类似的过程继续下去, 可得三阶近似

$$f(x) \approx p_3(x),$$

其中

$$p_3(x) = f(x_0) + f'(x_0)(x-x_0) + \frac{1}{2}f''(x_0)(x-x_0)^2 + \frac{1}{3!}f'''(x_0)(x-x_0)^3,$$

此时误差为

$$R_3(x) = |f(x) - p_3(x)| = o((x-x_0)^3).$$

由此, 可以猜想, 只要 $f(x)$ 有更高的光滑性, 可以得到更高阶的近似公式, 事实上, 可以归纳证明下面展开定理, 我们略去证明.

定理 3.1　若 $f(x)$ 在 $x = x_0$ 点的某邻域 $U(x_0)$ 有直到 $n+1$ 阶连续导数, 则有

$$f(x) = f(x_0) + \frac{f'(x_0)}{1!}(x-x_0) + \cdots + \frac{f^{(n)}(x_0)}{n!}(x-x_0)^n + R_n(x), \quad x \to x_0,$$

上述公式称为函数 $f(x)$ 在 $x = x_0$ 点的 Taylor 公式或 Taylor 展开式, $p_n(x) = f(x_0) + \frac{f'(x_0)}{1!}(x-x_0) + \cdots + \frac{f^{(n)}(x_0)}{n!}(x-x_0)^n$ 也称为 $f(x)$ 在 $x = x_0$ 点的 n 阶 Taylor 多项式, $R_n(x) = o((x-x_0)^n)$ 称为 $f(x)$ 在 $x = x_0$ 点的 Taylor 展开式的 Peano 型余项.

　　结构分析　1) 此处 Taylor 展开式成立的条件是 $x \to x_0$, 且余项形式 $R_n(x) = o((x-x_0)^n)$ 为无穷小量结构, 因此, 也称此时的展开式为局部展开式;

　　2) 正是由于局部性的原因, 使得上述的展开式只能在 $x \to x_0$ 条件下使用, 因此, 定理 3.1 主要用于极限计算;

　　3) 展开式表明, 任何满足条件的函数都可以展开成以 Taylor 多项式为主体结构的形式, 而多项式结构是最简单的函数结构, 因此, 函数的 Taylor 展开不仅实现了化繁为简, 而且, 还可以借助多项式实现不同函数的形式统一, 建立各种不同函数的联系.

　　正是由于展开式的局部性及 Peano 余项的结构不很清楚, 使其应用受限, 为此, 我们对定理 3.1 进行改进, 得到余项结构更为清楚的 Taylor 展开式, 这就是下面的定理.

　　定理 3.2　若 $f(x)$ 在 $[a,b]$ 上有直到 n 阶的连续导数, 在 (a,b) 内存在 $n+1$ 阶导数, $x_0 \in [a,b]$, 则对任意 $x \in [a,b]$, 有

$$f(x) = f(x_0) + \frac{f'(x_0)}{1!}(x-x_0) + \cdots + \frac{f^{(n)}(x_0)}{n!}(x-x_0)^n + R_n(x),$$

其中 $R_n(x) = \dfrac{f^{(n+1)}(\xi)}{(n+1)!}(x-x_0)^{n+1}$（ $\xi = x_0 + \theta(x-x_0), \theta \in (0,1)$ ）称为 Lagrange 型余项，上述展开式也称为 $f(x)$ 的具 Lagrange 型余项的 Taylor 展开式.

思路分析　类比已知可以发现，此定理的证明思路与具 Peano 余项的 Taylor 公式的证明思想类似，但是，需要作必要的修正. 事实上，若记 $w_n(x) = f(x) - p_n(x)$，只需证明

$$w_n(x) = \frac{f^{(n+1)}(\xi)}{(n+1)!}(x-x_0)^{n+1},$$

联系上述的分析思路，等价于证明

$$\frac{w_n(x)}{(x-x_0)^{n+1}} = \frac{f^{(n+1)}(\xi)}{(n+1)!},$$

这与前面分析过程中处理的对象类似，但是，直接用同样方法处理会出现困难，原因是 $w_n'(x)$ 不易处理，事实上，

$$w_n'(x) = f'(x) - p_n'(x)$$
$$= f'(x) - \left[f'(x_0) + f''(x_0)(x-x_0) + \frac{1}{2!}f'''(x_0)(x-x_0)^2 + \cdots \right.$$
$$\left. + \frac{1}{(n-1)!}f^{(n)}(x_0)(x-x_0)^{n-1} \right],$$

为此，我们利用构造辅助函数的方法克服这一困难.

证明　构造辅助函数

$$\varphi(t) = f(x) - \left[f(t) + \frac{f'(t)}{1!}(x-t) + \cdots + \frac{f^{(n)}(t)}{n!}(x-t)^n \right],$$

则 $\varphi(x) = 0, \varphi(x_0) = w_n(x)$，且直接计算得

$$\varphi'(t) = -\frac{1}{n!}f^{(n+1)}(t)(x-t)^n, \quad t \in (a,b).$$

再令 $\psi(t) = (x-t)^{n+1}$，则 $\psi(x) = 0, \psi(x_0) = (x-x_0)^{n+1}$，且

$$\psi'(t) = -(n+1)(x-t)^n, \quad t \in (a,b),$$

由 Cauchy 中值定理，在 x_0 与 x 之间存在 ξ，使得

$$\frac{\varphi(x)-\varphi(x_0)}{\psi(x)-\psi(x_0)} = \frac{\varphi'(\xi)}{\psi'(\xi)},$$

即

$$\frac{-w_n(x)}{-(x-x_0)^{n+1}} = \frac{-\dfrac{1}{n!}f^{(n+1)}(\xi)(x-\xi)^n}{-(n+1)(x-\xi)^n},$$

故，$w_n(x) = R_n(x) = \dfrac{f^{(n+1)}(\xi)}{(n+1)!}(x-x_0)^{n+1}$.

总结　1)由于此时的展开式是对所有的 $x \in [a,b]$ 成立，因此，定理 3.2 也称为 $f(x)$ 在 $[a, b]$ 上的整体 Taylor 展开式；

2) 正因如此，此定理常用于研究 $f(x)$ 在整个区间 $[a,b]$ 上的性质；

3) 由于展开式中涉及函数的各阶导数，因此，展开式也建立了函数及其各阶导数间的联系，这种联系为函数中间导数的估计(利用函数及其高阶导数估计中间阶数的导数)提供了研究工具；

4) 在 Lagrange 型余项中，由于涉及介值点 ξ，因此，定理 3.2 也视为中值定理的推广或一般形式，可用于处理涉及高阶导函数的介值问题.

定理中，若取 $x_0 = 0$，相应的 Taylor 公式称为 Maclaurin 公式.

常见的带 Lagrange 型余项的 Maclaurin 公式：

$$e^x = 1 + x + \frac{x^2}{2!} + \cdots + \frac{x^n}{n!} + \frac{e^{\theta x}}{(n+1)!}x^{n+1}, \quad x \in \mathbf{R};$$

$$\sin x = x - \frac{x^3}{3!} + \frac{x^5}{5!} + \cdots + (-1)^{m-1}\frac{x^{2m-1}}{(2m-1)!} + (-1)^m\frac{\cos\theta x}{(2m+1)!}x^{2m+1}, \quad x \in \mathbf{R};$$

$$\cos x = 1 - \frac{x^2}{2!} + \frac{x^4}{4!} + \cdots + (-1)^m\frac{x^{2m}}{(2m)!} + (-1)^{m+1}\frac{\cos\theta x}{(2m+2)!}x^{2m+2}, \quad x \in \mathbf{R};$$

$$\ln(1+x) = x - \frac{x^2}{2} + \frac{x^3}{3} + \cdots + (-1)^{n-1}\frac{x^n}{n} + (-1)^n\frac{x^{n+1}}{(n+1)(1+\theta x)^{n+1}}, \quad x > -1;$$

$$(1+x)^\alpha = 1 + \alpha x + \frac{\alpha(\alpha-1)}{2!}x^2 + \cdots + \frac{\alpha(\alpha-1)\cdots(\alpha-n+1)}{n!}x^n$$
$$+ \frac{\alpha(\alpha-1)\cdots(\alpha-n)}{n!}(1+\theta x)^{\alpha-n-1}x^{n+1}, \quad x > -1;$$

$$\frac{1}{1-x} = 1 + x + x^2 + \cdots + x^n + \frac{x^{n+1}}{(1-\theta x)^{n+2}}, \quad x < 1.$$

总结　定理 3.1 和定理 3.2 都是函数的展开式，但是，这两个结论具有明显的不同，定理 3.1 是局部展开；定理 3.2 是相对于区间 $[a,b]$ 的整体展开，正是这种区别使得二者具有不同的用途：定理 3.1 通常用于涉及局部问题的极限计算中，而定理 3.2 通常用于区间上导数的整体估计，这通常是在整个区间上成立的结论，这些区别将在后面的例子中表现出来.

四、应用

主要介绍三个方面的应用: ①函数的 Taylor 展开, 即用已知的常用的 Taylor 公式导出给定函数的展开式; ②极限的计算; ③中间导数估计; ④高阶导函数的介值问题.

例 1　计算 $f(x)=a^x$ 的 n 次 Maclaurin 公式, 其中 $a>0$.

结构分析　题型是关于给定函数的 Taylor 展开, 这类题目有两种处理方法, 其一为直接计算各阶导数, 然后代入公式; 其二为利用已知的函数展开式, 即将函数转化为已知展开式的函数形式, 然后代入. 第二种方法相对简单. 对本题而言, 两种方法都可以, 在用第二种方法时, 类比已知, 这是幂函数结构, 与已知的 e^x 结构相同, 可以利用 e^x 的展开结论. 若没有指明余项类型, 两种展开式都可以, 但是, 要标明展开式成立的范围.

解　法一　直接法.

利用导数公式, 则 $f^{(n)}(x)=a^x(\ln a)^n$, 代入展开式, 则当 $x\to 0$ 时有

$$a^x=1+(\ln a)x+\frac{(\ln a)^2}{2!}x^2+\cdots+\frac{(\ln a)^n}{n!}x^n+o(x^n);$$

或

$$a^x=1+(\ln a)x+\frac{(\ln a)^2}{2!}x^2+\cdots+\frac{(\ln a)^n}{n!}x^n+\frac{a^\xi(\ln a)^{n+1}}{(n+1)!}\cdot x^{n+1},\quad x\in\mathbf{R}.$$

法二　间接法.

由于 $a^x=e^{\ln a^x}=e^{x\ln a}$, 代入已知的 e^x 的展开式, 得

$$a^x=1+(\ln a)x+\frac{(\ln a)^2}{2!}x^2+\cdots+\frac{(\ln a)^n}{n!}x^n+o(x^n),\quad x\to 0.$$

例 2　求 $f(x)=\sqrt[3]{2-\cos x}$ 在 $x=0$ 处的四阶 Taylor 公式.

解　令 $u=1-\cos x$, 则当 $x\to 0$ 时 $u\to 0$, 故

$$f(x)=\sqrt[3]{2-\cos x}=(1+u)^{\frac{1}{3}}=1+\frac{u}{3}-\frac{u^2}{9}+o(u^2),\quad u\to 0,$$

而 $u=1-\cos x=\frac{x^2}{2}-\frac{x^4}{24}+o(x^4)$, 代入得

$$f(x)=1+\frac{1}{6}x^2-\frac{1}{24}x^4+o(x^4),\quad x\to 0.$$

例 2 属于复合函数的展开, 这类题目典型的解题方法是, 将其转化为多个已知展开式的函数的复合, 然后代入已知的展开式, 此时, 要把握的要点是: 在利用已知函数的展开式时, 将其展开至合适的阶数, 以避免增加无谓的计算量; 同时,

要注意选用合适的复合形式, 如本例不能用如下的展开:

$$f(x) = \sqrt[3]{2 - \cos x} = \sqrt[3]{2}\sqrt[3]{1 - \frac{\cos x}{2}} = \sqrt[3]{2}\left[1 + \frac{u}{3} - \frac{u^2}{9} + o(u^2)\right],$$

其中 $u = \frac{\cos x}{2}$. 然后再将 $\cos x$ 展开式代入.

原因是, 上述利用的展开式

$$(1+u)^{\frac{1}{3}} = 1 + \frac{u}{3} - \frac{u^2}{9} + o(u^2)$$

是在 $u = 0$ 处的展开式, 而 $x \to 0$ 时, $u = \frac{\cos x}{2}$ 不趋于 0.

当然, 带 Peano 余项的相对简单, 带 Lagrange 余项的展开式需要给出展开式成立的范围.

还可以利用导数关系得到展开式, 即下述定理.

定理 3.3   若 $f(x)$ 在 $x = x_0$ 点的某邻域 $U(x_0)$ 有直到 $n+2$ 阶连续导数, 则 $f(x)$ 的 $n+1$ 次 Taylor 展开式的导数正是导函数 $f'(x)$ 的 n 次 Taylor 展开式, 即, 若 $f(x) = p_{n+1}(x) + R_{n+1}(x)$, 则

$$f'(x) = p'_{n+1}(x) + Q_n(x),$$

其中, $R_{n+1}(x)$, $Q_n(x)$ 都是对应的余项.

定理的证明是显然的, 略去. 我们看一个应用.

例 3   计算 $f(x) = \arctan x$ 在 $x=0$ 点的 Taylor 展开式.

解   我们已知

$$\frac{1}{1+x^2} = 1 - x^2 + x^4 + \cdots + (-1)^n x^{2n} + R_n(x),$$

而 $f'(x) = \frac{1}{1+x^2}$, 因此, 若设

$$\arctan x = a_0 + a_1 x + \cdots + a_{2n} x^{2n} + a_{2n+1} x^{2n+1} + Q_n(x),$$

由定理 3.3, 则比较系数得

$$2k a_{2k} = 0, \quad k = 1, 2, \cdots, n,$$
$$(2k+1) a_{2k+1} = (-1)^k, \quad k = 0, 1, 2, \cdots, n,$$

故,

$$a_{2k} = 0, \quad k = 1, 2, \cdots, n,$$
$$a_{2k+1} = \frac{(-1)^k}{2k+1}, \quad k = 0, 1, 2, \cdots, n,$$

又 $a_0 = \arctan x \big|_{x=0} = 0$，故，

$$\arctan x = x - \frac{x^3}{3} + \frac{x^5}{5} + \cdots + (-1)^n \frac{x^{2n}}{2n+1} + o(x^{2n}), \quad x \to 0.$$

利用 Taylor 展开式计算极限.

例 4　计算 $\displaystyle\lim_{x \to 0} \frac{\cos x - e^{-\frac{x^2}{2}}}{x^4}$.

结构分析　题型：函数极限的计算，涉及三种不同结构的因子，需要进行同类化处理；类比已知：Taylor 展开式可以将各种结构的函数展开为多项式，达到各种不同结构的形式统一，因此，可以利用 Taylor 展开计算极限. 当然，展开时一定要展开至适当的阶，一般地，通过不同因子间的类比确定参照标准，进一步确定展开的阶数. 本题，分母的幂因子最简单，作为参照标准，因此，分子中的两个因子只需展开至四阶.

解　将 $\cos x$，$e^{-\frac{x^2}{2}}$ 展开到四阶，得 $x \to 0$ 时，

$$\cos x = 1 - \frac{x^2}{2!} + \frac{x^4}{4!} + o(x^4),$$

$$e^{-\frac{x^2}{2}} = 1 - \frac{x^2}{2} + \frac{1}{2!}\left(-\frac{x^2}{2}\right)^2 + o(x^4),$$

代入立即可得

$$\lim_{x \to 0} \frac{\cos x - e^{-\frac{x^2}{2}}}{x^4} = -\frac{1}{12}.$$

注　思考为何将 $\cos x$，$e^{-\frac{x^2}{2}}$ 展开到四阶？

例 5　计算 $\displaystyle\lim_{x \to 0} \frac{\tan x - \sin x}{x^3}$.

思路分析　这个极限的计算不能直接用等价代换的方法，用 Taylor 展开式可以计算. 注意先化简结构，分离出极限确定的项后再进行展开计算会更简单.

解　由于

$$\cos x = 1 - \frac{x^2}{2!} + o(x^2), \quad x \to 0,$$

则

$$\lim_{x \to 0} \frac{\tan x - \sin x}{x^3} = \lim_{x \to 0} \frac{\sin x}{x} \cdot \frac{1 - \cos x}{x^2} \cdot \frac{1}{\cos x}$$

$$= \lim_{x \to 0} \frac{1 - \cos x}{x^2} = \frac{1}{2}.$$

利用这种方法时, 有时需要将函数变形.

例 6　计算 $\lim\limits_{x\to0}\dfrac{\sqrt{1+\tan x}-\sqrt{1+\sin x}}{x-\sin x}$.

思路分析　涉及的因子结构较为复杂, 一般需要先化简, 分离确定的项, 再用 Taylor 展开式.

解　利用有理化方法, 则

$$
\begin{aligned}
原式 &= \lim_{x\to0}\frac{\tan x-\sin x}{(x-\sin x)(\sqrt{1+\tan x}+\sqrt{1+\sin x})} \\
&= \lim_{x\to0}\frac{\sin x(1-\cos x)}{x-\sin x}\lim_{x\to0}\frac{1}{\cos x(\sqrt{1+\tan x}+\sqrt{1+\sin x})} \\
&= \frac{1}{2}\lim_{x\to0}\frac{\sin x(1-\cos x)}{x-\sin x} \\
&= \frac{1}{2}\lim_{x\to0}\frac{(x+o(x^2))\left(\dfrac{x^2}{2}+o(x^3)\right)}{\dfrac{x^3}{3!}+o(x^3)}=\frac{3}{2}.
\end{aligned}
$$

例 7　计算 $\lim\limits_{x\to+\infty}\left[x-x^2\ln\left(1+\dfrac{1}{x}\right)\right]$.

思路分析　由于在 $x=\infty$ 处没有函数的展开式, 因此, 需先将极限转化为有限点处的极限, 这也是化不定为确定思想的应用.

解　令 $t=\dfrac{1}{x}$, 则

$$
\lim_{x\to+\infty}\left[x-x^2\ln\left(1+\frac{1}{x}\right)\right]=\lim_{t\to0^+}\left[\frac{1}{t}-\frac{1}{t^2}\ln(1+t)\right],
$$

将 $\ln(1+t)$ 展开, 对比分母, 展开至二阶, 则

$$
\ln(1+t)=t-\frac{t^2}{2}+o(t^2),\quad t\to0,
$$

代入得

$$
\lim_{x\to+\infty}\left[x-x^2\ln\left(1+\frac{1}{x}\right)\right]=\lim_{t\to0^+}\left[\frac{1}{t}-\frac{1}{t^2}\left(t-\frac{t^2}{2}+o(t^2)\right)\right]=\frac{1}{2}.
$$

例 8　确定 a,b, 使得 $\lim\limits_{x\to+\infty}[\sqrt{2x^2+4x-1}-ax-b]=0$.

解　令 $t=\dfrac{1}{x}$, 则

$$原式 = \lim_{t \to 0^+}\left[\sqrt{\frac{2}{t^2}+\frac{4}{t}-1}-\frac{a}{t}-b\right]$$

$$= \lim_{t \to 0^+}\left[\frac{\sqrt{2}}{t}\sqrt{1+2t-\frac{t^2}{2}}-\frac{a}{t}-b\right]$$

$$= \lim_{t \to 0^+}\left[\frac{\sqrt{2}}{t}\left(1+\frac{1}{2}\left(2t-\frac{t^2}{2}\right)-\frac{1}{8}\left(2t-\frac{t^2}{2}\right)^2+o(t^2)\right)-\frac{a}{t}-b\right]$$

$$= \lim_{t \to 0^+}\left[(\sqrt{2}-a)\frac{1}{t}+\sqrt{2}-b+\frac{\sqrt{2}}{t}o(t^2)\right],$$

要使结论成立, 则 $a=b=\sqrt{2}$.

注 在用 Taylor 展开式处理无穷远处的极限时, 先将极限转化为有限点处的极限, 然后再利用此点的展开式.

再给几个例子说明 Taylor 展开式在中间导数估计和介值问题中的应用.

例 9 设 $f(x)$ 在整个实数轴上具有三阶导数, 且存在常数 $M_0>0, M_3>0$, 使得 $|f(x)| \leqslant M_0, |f'''(x)| \leqslant M_3$, 证明: 存在 $M_1>0, M_2>0$, 使得 $|f'(x)| \leqslant M_1$, $|f''(x)| \leqslant M_2$.

结构分析 题型结构: 若将函数本身视为该函数的零阶导数, 题目为已知函数的零阶和三阶导数的界, 估计函数的一阶导数和二阶导数, 因此, 称这类题目为中间导数估计; 理论工具: 中间导数估计涉及函数的各阶导数, 这正是 Taylor 展开定理作用对象的特征, 因此, 中间导数的估计的处理工具就是 Taylor 展开理论; 关键问题: 展开点的选择和不同阶未知导数的处理, 如要估计一阶导数, 需要消去未知的二阶导数; 处理方法: 由于要估计任意点处的导数, 因此, 通常选取任意点为展开点; 消去未知的导数项时, 需要利用展开式在不同点处的取值, 建立系数关系, 消去未知导数项, 实现估计.

证明 对任意的点 $x \in \mathbf{R}$, 在此点展开, 则

$$f(t) = f(x)+f'(x)(t-x)+\frac{1}{2}f''(x)(t-x)^2+\frac{1}{3!}f'''(\xi)(t-x)^3,$$

其中 ξ 位于 t 与 x 之间.

先估计 $f'(x)$. 为此, 需要消去二阶导数项, 通过选取特殊的 t 值, 得到两个关联的表达式, 消去二阶导数, 估计一阶导数. 对任意的非零实数 a, 取 $t=x \pm a$, 则

$$f(x+a) = f(x)+af'(x)+\frac{1}{2}f''(x)a^2+\frac{1}{3!}f'''(\xi_1)a^3,$$

$$f(x-a) = f(x)-af'(x)+\frac{1}{2}f''(x)a^2-\frac{1}{3!}f'''(\xi_2)a^3,$$

其中 ξ_1 位于 x 与 $x+a$ 之间, ξ_2 位于 x 与 $x-a$ 之间.

两式相减, 则

$$f(x+a) - f(x-a) = 2af'(x) + \frac{1}{6}(f'''(\xi_1) + f'''(\xi_2))a^3,$$

故,

$$|f'(x)| \leqslant \frac{1}{2|a|}\left[2M_0 + \frac{1}{3}M_3 a^3\right],$$

给定特殊的 a 值, 就可以得到对应的估计, 如取 $a=1$, 则

$$|f'(x)| \leqslant \frac{1}{2}\left[2M_0 + \frac{1}{3}M_3\right],$$

类似地, 得到二阶导数估计

$$|f''(x)| \leqslant \frac{1}{a^2}\left[4M_0 + \frac{1}{3}M_3 a^3\right],$$

或 $a=1$ 时, 有 $|f''(x)| \leqslant \left[4M_0 + \frac{1}{3}M_3\right]$.

当然, 在上述过程中, 还可以适当选取 a, 得到此方法下最好的界.

例 10 设 $f(x)$ 在 $[0,1]$ 上二阶可导, $f(0) = f(1) = 0$, 且 $\min\limits_{x\in[0,1]} f(x) = -1$, 证明: 存在 $\xi \in (0,1)$, 使得 $f''(\xi) \geqslant 8$.

结构分析 这是一个二阶导数的介值(中值)问题, 可以考虑用中值定理解决, 注意到是二阶导数的中值问题, 需要用两次中值定理. 同时, Taylor 展开定理就是中值定理的推广, 因此, 高阶导数的中值问题也可以用 Taylor 定理进行研究, 此时要解决的关键问题仍是展开点的选择, 对本题, 由于没有涉及一阶导数项, 因此, 选择展开点使得展开式中不含一阶导数项, 类比题目中的条件, 给出一个内部最值点, 根据 Fermat 定理, 内部最值点为驻点, 因此, 选择驻点为展开点可以使展开式中没有一阶导数项. 注意给出的两点函数值的使用方法.

证明 由于 $f(x)$ 在 $[0,1]$ 连续, 故存在 $x_0 \in (0,1)$, 使得

$$f(x_0) = \min\limits_{x\in[0,1]} f(x) = -1,$$

由 Fermat 定理, 则 $f'(x_0) = 0$; 利用 Taylor 展开定理, 则

$$f(x) = f(x_0) + \frac{1}{2}f''(\xi)(x - x_0)^2,$$

其中, ξ 位于 x_0 与 x 之间. 取 $x = 0$, 则存在 $\xi_1 \in (0, x_0)$, 使得

$$0 = f(0) = f(x_0) + \frac{1}{2}f''(\xi_1)x_0^2,$$

取 $x=1$，则存在 $\xi_2 \in (x_0, 1)$，使得

$$0 = f(1) = f(x_0) + \frac{1}{2}f''(\xi_2)(1-x_0)^2,$$

即 $f''(\xi_1) = \dfrac{2}{x_0^2}$，$f''(\xi_2) = \dfrac{2}{(1-x_0)^2}$，因此，当 $x_0 \in \left(0, \dfrac{1}{2}\right)$ 时，有 $f''(\xi_1) > 8$；当 $x_0 \in \left(\dfrac{1}{2}, 1\right)$ 时，有 $f''(\xi_2) > 8$；当 $x_0 = \dfrac{1}{2}$ 时，有 $f''(\xi_1) = f''(\xi_2) = 8$；总有 $\max\limits_{i=1,2}\{f''(\xi_i)\} \geqslant 8$.

例 11　设 $f(x)$ 在整个实数轴上具有连续的四阶导数，x_0 为给定的点且 $f'(x_0) = f''(x_0) = f'''(x_0) = 0$，$f^{(4)}(x_0) < 0$，讨论 $f(x)$ 在 x_0 点处的极值性质.

结构分析　这是极值问题，处理的工具有很多，由于 $f''(x_0) = 0$，二阶导数判别法失效；注意到条件中给出了同一点处的各阶导数值，类比已知，Taylor 展开定理涉及展开点处的各阶导数值，可以考虑用展开定理解决.

证明　利用展开定理在 x_0 点展开，则

$$f(x) = f(x_0) + \frac{1}{4!}f^{(4)}(\xi)(x-x_0)^4,$$

由于 $\lim\limits_{x \to x_0} f(x) = f^{(4)}(x_0) < 0$，由极限保号性性质，则存在 $\delta > 0$，使得 $f^{(4)}(x) < 0$，$x \in U(x_0, \delta)$，因而，

$$f(x) < f(x_0), \quad x \in U(x_0, \delta),$$

故，$f(x)$ 在 x_0 点取得极大值.

例 12　证明 $1 + x + \dfrac{1}{2}x^2 + \cdots + \dfrac{1}{n!}x^n < e^x$，$\forall x > 0$.

结构分析　这是一个不等式的证明，虽然可以视为函数不等式，但是，观察不等式的结构，不等式两边是两类不同结构的函数，左端是任意 n 阶的多项式函数，具有 Taylor 展开式结构，且正是右端函数的 Taylor 多项式，因此，确定思路，利用 Taylor 展开定理证明，由此，给出不等式证明的又一种方法.

证明　对函数 e^x 在 $x_0 = 0$ 点展开，则

$$e^x = 1 + x + \frac{1}{2}x^2 + \cdots + \frac{1}{n!}x^n + \frac{e^\xi}{(n+1)!}x^{n+1}, \quad \forall x > 0,$$

其中 $\xi \in (0, x)$. 由于 $\dfrac{e^\xi}{(n+1)!}x^{n+1} > 0$，$\forall x > 0$，故

$$e^x > 1 + x + \frac{1}{2}x^2 + \cdots + \frac{1}{n!}x^n, \quad \forall x > 0.$$

通过上述例子可以看出，Taylor 展开定理应用范围广，处理题型多，显示定理

的重要性.

习 题 5.3

1. 求下列函数的 Maclaurin 展开式.

1) $f(x) = \sin^3 x$;

2) $f(x) = \sin^4 x$;

3) $f(x) = \ln \dfrac{x^2}{1+x}$;

4) $f(x) = \dfrac{1}{x^2 + 7x + 12}$.

2. 将下列函数在 $x = 0$ 点展开到 x^4 .

1) $f(x) = \ln \cos x$;

2) $f(x) = e^{\sin x}$;

3) $f(x) = \dfrac{1}{1 + e^x}$;

4) $f(x) = \ln(x + \sqrt{1 + x^2})$.

3. 利用 Taylor 展开式计算下列极限.

1) $\lim\limits_{x \to 0} \dfrac{\ln(1 + 2x + 3x^2)}{\sin x}$;

2) $\lim\limits_{x \to +\infty} [(x^3 + 3x)^{\frac{1}{3}} - (x^2 - 2x)^{\frac{1}{2}}]$;

3) $\lim\limits_{x \to 0} \dfrac{e^x(\cos x - 1) + \dfrac{1}{2}\sin^2 x}{x^3}$;

4) $\lim\limits_{x \to 0} \dfrac{\ln(1 + x) \cdot \sin x - x^2 + \dfrac{1}{2}x^3}{x^4}$;

5) $\lim\limits_{x \to 0} \dfrac{1 - \sqrt{1 + x^2} + \dfrac{1}{2}\sin^2 x}{(\cos x - e^{x^2})\sin^2 x}$;

6) $\lim\limits_{n \to +\infty} n^4 \left(\cos \dfrac{1}{n} - e^{-\frac{1}{2n^2}} \right)$;

7) $\lim\limits_{n \to +\infty} n \left(n \ln \left(1 + \dfrac{1}{n} \right) - 1 \right)$;

8) $\lim\limits_{n \to +\infty} n^3 (\sqrt{1 + n^2} + \sqrt{n^2 - 1} - 2n)$;

9) $\lim\limits_{x \to 0} \dfrac{e^x - 1 - x}{\sqrt{1 - x} - \cos \sqrt{x}}$;

10) $\lim\limits_{n \to +\infty} (\sqrt[6]{x^6 + x^5} - \sqrt[6]{x^6 - x^5})$;

11) $\lim\limits_{x \to 0} \dfrac{x - \ln(1 + x)}{x \ln(1 + x)}$;

12) $\lim\limits_{x \to +\infty} \dfrac{[(1 + x)^{\frac{1}{x}} - x^{\frac{1}{x}}] x \ln^2 x}{e^{\frac{\ln^2 x}{x}} - 1}$.

4. 设 $f(x)$ 在 $[a,b]$ 上满足 Lagrange 中值定理, 则成立结论: 存在 $\theta \in (0, 1)$, 使得

$$f(a+h) - f(a) = hf'(a+\theta h) ,$$

其中 $0 < |h| < b-a$. 试分别对 $f(x) = \ln(1+x)$ 和 $f(x) = \arctan x$ 及 $a = 0$ 计算 $\lim\limits_{h \to 0} \theta$，结果是否相同？为什么？

5. 设 a, b, c 使得

$$\lim_{n \to +\infty} [n^a (\sqrt{1+n^2} + (1+n^3)^{\frac{1}{3}}) - bn - c] = 0 ,$$

确定 a, b, c.

6. 分析下面题目的题型结构，说明证明思路如何形成的？证明过程中的重点难点是什么？如何解决？给出证明.

设 $f(x)$ 在 $[0,1]$ 具有二阶连续导数，$f(0) = f(1)$，且 $|f''(x)| \leq 2, x \in [0,1]$，证明：$|f'(x)| \leq 1$，$\forall x \in [0,1]$.

7. 分析下面要证明的不等式的结构特点，可以归结为反向不等式，这是较难处理的一类题目，给出提示线索"由于 $\max\limits_{x \in [a,b]} |f(x)| \geq |f(x_0)|, x_0 \in [a,b]$，只需证明存在 $x_0 \in [a,b]$，使得 $|f(x_0)| \geq \dfrac{M}{8}(b-a)^2$".

根据提示线索，分析题目结构，说明证明思路如何形成的？证明过程中的重点难点是什么？如何解决？线索中的点 x_0 应是什么点？通过讨论 x_0 点的分布情况给出证明.

设 $f(x)$ 在 $[a,b]$ 连续，在 (a,b) 内二阶可导，$f(a) = f(b) = 0$，且 $|f''(x)| \geq M > 0, x \in (a,b)$，证明：$\max\limits_{x \in [a,b]} |f(x)| \geq \dfrac{M}{8}(b-a)^2$.

8. 分析下列题目结构，说明思路是如何形成的？给出证明：

设 $f(x)$ 在 $[-1, 1]$ 连续，在 $(-1, 1)$ 内二阶可导，$f(-1) = f(1) = 0$，且 $\max\{f(x): x \in [-1,1]\} = 1$，证明：存在 $\xi \in (-1,1)$，使得 $f''(\xi) \geq -2$.

9. 设 $f(x)$ 在 $[a, b]$ 上二阶可导，$f(a) = f(b) = 0$，且存在 $c \in (a,b)$，使得 $f(c) > 0$，证明：存在 $\xi \in (a,b)$，使得 $f''(\xi) < 0$.

10. 利用 Taylor 展开式证明：

$$x - \frac{x^3}{6} < \sin x < x - \frac{x^3}{6} + \frac{x^5}{120}, \quad x \in \left(0, \frac{\pi}{2}\right).$$

5.4　L'Hospital 法则

本节，我们讨论待定型极限的计算，给出一个非常重要的计算法则——L'Hospital 法则.

一、待定型极限

我们知道，简单结构的极限的运算可以利用极限的运算法则进行，以函数极限的计算为例, 如设当 $x \to x_0$ 时, $f(x) \to a, g(x) \to b$, 由运算法则可得

$$f(x) \pm g(x) \to a \pm b, \quad f(x)g(x) \to ab, \quad \frac{f(x)}{g(x)} \to \frac{a}{b} \quad (b \neq 0).$$

我们把这类由组成因子的极限和运算法则确定的极限称为确定型极限. 然而, 当组成因子为无穷大量或无穷小量时, 有一类非常重要的极限, 其极限值不能由因子的极限唯一确定. 如, 对 $f(x) = x^m, g(x) = x^n$, $m > 0, n > 0$, 则二者都是 $x \to 0$ 时的无穷小量, 但考察下述极限的计算:

$$\frac{f(x)}{g(x)} = x^{m-n} \to \begin{cases} 0, & m > n, \\ 1, & m = n, \quad x \to 0, \\ \infty, & m < n, \end{cases}$$

可以看到, 尽管因子 $f(x)$, $g(x)$ 的极限确定, 但是 $\dfrac{f(x)}{g(x)}$ 的极限不确定, 不满足运算法则. 把这类极限称为**待定型极限**. 若以因子的极限形式来表示, 待定型极限通常有如下类型:

基本型: $\dfrac{0}{0}$ 型、$\dfrac{\infty}{\infty}$ 型;

扩展型: $0 \cdot \infty$ 型、 $\infty - \infty$ 型、1^∞ 型、∞^0 型、0^0 型.

如 $\lim\limits_{x \to 0} \dfrac{\sin x}{x}$, $\lim\limits_{x \to \infty} \dfrac{\ln(1 + x^2)}{x}$ 属于基本型, $\lim\limits_{x \to 0}(1 + x)^{\frac{1}{x}}$, $\lim\limits_{x \to +\infty} x^{\frac{1}{x}}$ 都是扩展型, 当然, 利用函数的运算法则和性质, $\dfrac{\infty}{\infty}$ 型和扩展型都可以转化为 $\dfrac{0}{0}$ 型.

对待定型极限, 由于不满足运算法则, 因而, 不能用运算法则计算其极限, 处理这类极限的主要方法就是 L'Hospital 法则.

二、L'Hospital 法则

只给出基本型的法则.

定理 4.1 $\left(\dfrac{0}{0} \text{型} \right)$ 设 $f(x)$, $g(x)$ 在 $(a, a + \delta)$ 内可导且满足:

1) $\lim\limits_{x \to a^+} f(x) = 0$, $\lim\limits_{x \to a^+} g(x) = 0$;

2) $g'(x) \neq 0$, $\forall x \in (a, a + \delta)$;

3) $\lim\limits_{x \to a^+} \dfrac{f'(x)}{g'(x)} = A$ (A 为有限或 $+\infty$ 或 $-\infty$),

则 $\lim\limits_{x \to a^+} \dfrac{f(x)}{g(x)} = A$.

结构分析　从定理形式可以知道, 关键要建立函数及其导函数的关系, 相应的工具是中值定理.

证明　令

$$F(x)=\begin{cases}f(x), & x\in(a,a+\delta),\\ 0, & x=a,\end{cases}\quad G(x)=\begin{cases}g(x), & x\in(a,a+\delta),\\ 0, & x=a,\end{cases}$$

则 $F(x),G(x)$ 在 $[a,a+\delta_1]$ 连续, 在 $(a,a+\delta_1)(0<\delta_1<\delta)$ 可导, 且 $G'(x)=g'(x)\neq0, x\in(a,a+\delta_1)$. 因而, 对任意 $x\in(a,a+\delta_1)$, 利用 Cauchy 中值定理, 存在 $\xi_x\in(a,x)$, 使得

$$\frac{f(x)}{g(x)}=\frac{F(x)}{G(x)}=\frac{F(x)-F(a)}{G(x)-G(a)}=\frac{F'(\xi_x)}{G'(\xi_x)}=\frac{f'(\xi_x)}{g'(\xi_x)},$$

故 $\displaystyle\lim_{x\to a^+}\frac{f(x)}{g(x)}=\lim_{x\to a^+}\frac{f'(\xi_x)}{g'(\xi_x)}=A$.

定理 4.2 $\left(\dfrac{\infty}{\infty}型\right)$　设 $f(x)$, $g(x)$ 在 $(a,a+\delta)$ 内可导且满足:

1) $g'(x)\neq0$, $\forall x\in(a,a+\delta)$;

2) $\displaystyle\lim_{x\to a^+}g(x)=+\infty$ 或 $\displaystyle\lim_{x\to a^+}g(x)=-\infty$;

3) $\displaystyle\lim_{x\to a^+}\frac{f'(x)}{g'(x)}=A$ (A 为有限或 $+\infty$ 或 $-\infty$),

则 $\displaystyle\lim_{x\to a^+}\frac{f(x)}{g(x)}=A$.

结构分析　由于不具备定理 4.1 的条件 1), 因此, 不能直接补充 $x=a$ 处的函数值从而构造满足 Cauchy 中值定理条件的 $F(x)$ 和 $G(x)$, 从定理 4.2 的结构看, 类比已知, 类似数列的 Stolz 定理, 故可以采用类似的证明方法.

证明　仅以 $\displaystyle\lim_{x\to a^+}g(x)=+\infty$ 的情形给出证明.

情形 1　当 A 为有限的情形.

任取 $x_0\in(a,a+\delta)$, 则

$$\begin{aligned}\frac{f(x)}{g(x)}&=\frac{f(x)-f(x_0)}{g(x)}+\frac{f(x_0)}{g(x)}\\&=\frac{f(x)-f(x_0)}{g(x)-g(x_0)}\frac{g(x)-g(x_0)}{g(x)}+\frac{f(x_0)}{g(x)}\\&=\frac{f(x)-f(x_0)}{g(x)-g(x_0)}\left(1-\frac{g(x_0)}{g(x)}\right)+\frac{f(x_0)}{g(x)},\end{aligned}$$

故

$$\frac{f(x)}{g(x)} - A = \left[\frac{f(x) - f(x_0)}{g(x) - g(x_0)} - A\right]\left[1 - \frac{g(x_0)}{g(x)}\right] + \frac{f(x_0)}{g(x)} - A\frac{g(x_0)}{g(x)},$$

因而, 利用中值定理, 存在 ξ_x, 使得

$$\left|\frac{f(x)}{g(x)} - A\right| \leqslant \left|\frac{f'(\xi_x)}{g'(\xi_x)} - A\right| \cdot \left|1 - \frac{g(x_0)}{g(x)}\right| + \left|\frac{f(x_0) - Ag(x_0)}{g(x)}\right|,$$

由于 $\lim\limits_{x \to a^+}\dfrac{f'(x)}{g'(x)} = A$, 故对任意的 $\varepsilon > 0$, 存在 $\rho: 0 < \rho < \delta$, 当 $0 < x - a < \rho$ 时,

$$\left|\frac{f'(x)}{g'(x)} - A\right| \leqslant \varepsilon,$$

取 $x_0 = a + \dfrac{\rho}{2}$, 则对任意的 $x \in (a, x_0)$, 由于 $x < \xi_x < x_0$, 故 $0 < \xi_x - a < \rho$, 因而,

$$\left|\frac{f'(\xi_x)}{g'(\xi_x)} - A\right| \leqslant \varepsilon,$$

又 $\lim\limits_{x \to a^+} g(x) = +\infty$, 故存在 $\eta: 0 < \eta < \dfrac{\rho}{2}$, 使得 $0 < x - a < \eta$ 时,

$$\left|1 - \frac{g(x_0)}{g(x)}\right| \leqslant 2, \quad \left|\frac{f(x_0) - Ag(x_0)}{g(x)}\right| \leqslant \varepsilon,$$

因而, 当 $0 < x - a < \eta$ 时,

$$\left|\frac{f(x)}{g(x)} - A\right| \leqslant 3\varepsilon,$$

故 $\lim\limits_{x \to a^+}\dfrac{f(x)}{g(x)} = A$.

情形 2　当 $A = +\infty$ 时, 由条件 1)和导函数的 Darboux 定理(导函数的介值性质) 可知, $g'(x)$ 在 $(a, a + \delta)$ 不变号, 因而, $g(x)$要么严格单调递增, 要么严格单调递减, 由于 $\lim\limits_{x \to a^+} g(x) = +\infty$, 故, $g(x)$严格单调递减.

由于 $\lim\limits_{x \to a^+}\dfrac{f'(x)}{g'(x)} = +\infty$, 则对任意 $M > 0$, 存在 $\rho > 0$, 当 $0 < x - a < \rho$ 时, $\dfrac{f'(x)}{g'(x)} \geqslant M$; 仍取 $x_0 = a + \dfrac{\rho}{2}$, 则对任意的 $x \in (a, x_0)$, 利用中值定理, 存在 $\xi_x : x < \xi_x < x_0$, 使得

$$\frac{f(x) - f(x_0)}{g(x) - g(x_0)} = \frac{f'(\xi_x)}{g'(\xi_x)} \geqslant M,$$

由于 $g(x) > g(x_0)$, 故
$$f(x) - f(x_0) \geqslant M(g(x) - g(x_0)) > 0,$$
因而 $\lim_{x \to a^+} f(x) = +\infty$; 由于 $\lim_{x \to a^+} \dfrac{f'(x)}{g'(x)} = +\infty$, 因而
$$\lim_{x \to a^+} \frac{g'(x)}{f'(x)} = 0,$$
因而, 利用情形 1 的结论, 则 $\lim_{x \to a^+} \dfrac{g(x)}{f(x)} = 0$.

由于 $\lim_{x \to a^+} f(x) = +\infty$, $\lim_{x \to a^+} g(x) = +\infty$, 则
$$\lim_{x \to a^+} \frac{f(x)}{g(x)} = +\infty = A,$$
故, 此时定理 4.2 也成立.

情形 3 当 $A = -\infty$ 时, 只需作变换 $G(x) = -g(x)$ 就可以转化为情形 2.

关于定理的几点说明:

1) 由于不需要条件 $\lim_{x \to a^+} f(x) = \infty$, 定理 4.2 并不是严格的 $\dfrac{\infty}{\infty}$ 型的极限, 也可以称为 $\dfrac{\bullet}{\infty}$ 型.

2) 由条件 1)和导函数的 Darboux 定理(导函数的介值性质)可知, $g'(x)$ 在 $(a, a+\delta)$ 不变号, 因而, $g(x)$ 要么单调递增, 要么单调递减, 因此, 若 $g(x)$ 是 $x \to a^+$ 时的无穷大量, 则必然是正无穷大量或负无穷大量, 即或者 $\lim_{x \to a^+} g(x) = +\infty$ 或 $\lim_{x \to a^+} g(x) = -\infty$. 因此, 有些课本中此条件形式为 $\lim_{x \to a^+} g(x) = \infty$ 并不十分合适, 虽然此时条件较弱. 当然, 在此条件下, 定理 4.2 仍成立.

3) 定理 4.1 和定理 4.2 可以推广到其他的极限过程, 即将 $x \to a^+$ 改为 $x \to a(a^-, +\infty, -\infty, \infty)$ 时, 上述结论仍成立.

三、应用

应用 L'Hospital 法则计算极限时, 要首先判断计算的极限类型是否是待定型极限, 只有对待定型才能应用此法则.

例 1 计算 $\lim_{x \to 0^+} \dfrac{x - x\cos x}{x - \sin x}$.

解 这是 $\dfrac{0}{0}$ 型待定型极限, 用两次定理 4.1 得

$$\lim_{x\to 0^+}\frac{x-x\cos x}{x-\sin x}=\lim_{x\to 0^+}\frac{1-\cos x+x\sin x}{1-\cos x}$$
$$=\lim_{x\to 0^+}\frac{2\sin x+x\cos x}{\sin x}=3.$$

例 2　计算 $\lim\limits_{x\to+\infty}\dfrac{\ln x}{x}$.

解　这是 $\dfrac{\infty}{\infty}$ 型待定型极限, 由定理 4.2, 得

$$\lim_{x\to+\infty}\frac{\ln x}{x}=\lim_{x\to+\infty}\frac{1}{x}=0.$$

注　事实上, 可以证明对任意的实数 a, 都成立 $\lim\limits_{x\to+\infty}\dfrac{\ln^a x}{x}=0$, 或对任意的正实数 b 成立 $\lim\limits_{x\to+\infty}\dfrac{\ln x}{x^b}=0$,

由此表明: $x\to+\infty$ 时, 幂函数 $x^b\to+\infty$ 的速度远远高于对数函数 $\ln x\to+\infty$ 的速度.

例 3　计算 $\lim\limits_{x\to+\infty}\dfrac{x^5}{e^x}$.

解　这是 $\dfrac{\infty}{\infty}$ 型待定型极限, 连续利用定理 4.2, 则

$$\lim_{x\to+\infty}\frac{x^5}{e^x}=\lim_{x\to+\infty}\frac{5x^4}{e^x}=\lim_{x\to+\infty}\frac{5\cdot 4x^3}{e^x}=\cdots=\lim_{x\to+\infty}\frac{5!}{e^x}=0.$$

注　对任意实数 a, 仍成立 $\lim\limits_{x\to+\infty}\dfrac{x^a}{e^x}=0$, 这个结论同样反映了幂函数 x^a 和指数函数 e^x 作为 $x\to+\infty$ 时的无穷大量的速度关系.

注　使用 L'Hospital 法则计算待定型极限时, 应注意:

1) 只能对待定型才可以用 L'Hospital 法则, 如对下述极限用 L'Hospital 法则的计算过程是错误的,

$$\lim_{x\to 0}\frac{x^2+1}{2-\cos x}=\lim_{x\to 0}\frac{2x}{\sin x}=2,$$

因为它不是待定型极限, 正确的计算是 $\lim\limits_{x\to 0}\dfrac{x^2+1}{2-\cos x}=1$.

2) 若 $\lim\limits_{x\to x_0}\dfrac{f'(x)}{g'(x)}$ 不存在, 并不能保证 $\lim\limits_{x\to x_0}\dfrac{f(x)}{g(x)}$ 不存在, 因而, 此时不能用 L'Hospital 法则; 如对下述极限, 若用 L'Hospital 法则, 得到

$$\lim_{x \to +\infty} \frac{x + \cos x}{x} = \lim_{x \to +\infty} (1 + \sin x)$$

不存在的结论, 事实上, $\lim\limits_{x \to +\infty} \dfrac{x + \cos x}{x} = 1$.

3) 有些题目利用 L'Hospital 法则会出现循环现象, 无法求出结果, 此时只能寻求别的方法; 如 $\lim\limits_{x \to +\infty} \dfrac{\mathrm{e}^x - \mathrm{e}^{-x}}{\mathrm{e}^x + \mathrm{e}^{-x}} = 1$, 但用 L'Hospital 法则会出现循环现象.

4) 只有当 $\lim\limits_{x \to x_0} \dfrac{f'(x)}{g'(x)}$ 比 $\lim\limits_{x \to x_0} \dfrac{f(x)}{g(x)}$ 简单时, 用 L'Hospital 法则才有价值, 否则另找方法, 故 L'Hospital 法则不是 "万能工具".

对扩展型的待定型极限的计算, 需将扩展型转化为基本型, 然后再用 L'Hospital 法则.

例 4　计算 $\lim\limits_{x \to 0^+} x^a \ln x (a > 0)$.

思路分析　这是 $0 \cdot \infty$ 型待定型极限, 先转化为基本型, 再计算.

解　利用 L'Hospital 法则, 则

$$\lim_{x \to 0^+} x^a \ln x = \lim_{x \to 0^+} \frac{\ln x}{x^{-a}} = -\frac{1}{a} \lim_{x \to 0^+} \frac{\dfrac{1}{x}}{x^{-a-1}}$$

$$= -\frac{1}{a} \lim_{x \to 0^+} x^a = 0.$$

注　这类极限的转化需将其中的一个因子转移到分母上, 选择求导尽可能简单的因子转移到分母上, 以使计算尽可能简单.

例 5　计算 $\lim\limits_{x \to +\infty} x \left(\dfrac{\pi}{2} - \arctan x \right)$.

解　这是 $0 \cdot \infty$ 型极限, 先转化为基本型, 再计算, 即

$$\lim_{x \to +\infty} x \left(\frac{\pi}{2} - \arctan x \right) = \lim_{x \to +\infty} \frac{\dfrac{\pi}{2} - \arctan x}{\dfrac{1}{x}}$$

$$= \lim_{x \to +\infty} \frac{-\dfrac{1}{1 + x^2}}{-\dfrac{1}{x^2}} = \lim_{x \to +\infty} \frac{x^2}{1 + x^2} = 1.$$

例 6　计算 $\lim\limits_{x \to 0} \left(\dfrac{1}{\sin x} - \dfrac{1}{x} \right)$.

解　这是 $\infty - \infty$ 型, 通过四则运算转化为基本型, 则

$$\lim_{x\to 0}\left(\frac{1}{\sin x}-\frac{1}{x}\right)=\lim_{x\to 0}\frac{x-\sin x}{x\sin x}=\lim_{x\to 0}\frac{x-\sin x}{x^2}$$

$$=\lim_{x\to 0}\frac{1-\cos x}{2x}=\lim_{x\to 0}\frac{\sin x}{2}=0.$$

上述计算过程中用了**阶的等价代换以简化计算**过程.

例 7　计算 $\lim\limits_{x\to 0^+}x^x$.

解　这是 0^0 型, 用对数变换转化为基本型. 记 $f(x)=x^x$, 则 $\ln f(x)=x\ln x$, 先用 L'Hospital 法则计算如下待定型极限,

$$\lim_{x\to 0^+}\ln f(x)=\lim_{x\to 0^+}x\ln x=0,$$

故, $\lim\limits_{x\to 0^+}x^x=1$.

例 8　计算 $\lim\limits_{x\to 0}(\cos x)^{\frac{1}{x^2}}$.

解　这是 1^∞ 型, 通过对数法转化为基本型. 记 $f(x)=(\cos x)^{\frac{1}{x^2}}$, 则 $\ln f(x)=\dfrac{\ln\cos x}{x^2}$, 因而,

$$\lim_{x\to 0}\ln f(x)=\lim_{x\to 0}\frac{\ln\cos x}{x^2}=\lim_{x\to 0}\frac{\dfrac{-\sin x}{\cos x}}{2x}=-\frac{1}{2},$$

故, $\lim\limits_{x\to 0}(\cos x)^{\frac{1}{x^2}}=\mathrm{e}^{-\frac{1}{2}}$.

例 9　计算 $\lim\limits_{x\to 0^+}(\cot x)^{\frac{1}{\ln x}}$.

解　这是 ∞^0 型待定型极限, 仍用对数法处理. 记 $f(x)=(\cot x)^{\frac{1}{\ln x}}$, 则 $\ln f(x)=\dfrac{\ln\cot x}{\ln x}=\dfrac{\ln\cos x-\ln\sin x}{\ln x}$, 因而,

$$\lim_{x\to 0^+}\ln f(x)=\lim_{x\to 0^+}\frac{\ln\cos x-\ln\sin x}{\ln x}=\lim_{x\to 0^+}\frac{\dfrac{-\sin x}{\cos x}-\dfrac{\cos x}{\sin x}}{\dfrac{1}{x}}$$

$$=-\lim_{x\to 0^+}\frac{x}{\sin x\cos x}=-1,$$

故, $\lim\limits_{x\to 0^+}(\cot x)^{\frac{1}{\ln x}}=\mathrm{e}^{-1}$.

注　对幂指函数形式的待定型极限的处理, 对数法是常用的非常有效的处理

方法, 必须熟练掌握.

对抽象函数的极限计算, 只要条件满足, 也可以用 L'Hospital 法则.

例 10 设 $f(x) = \begin{cases} \dfrac{g(x)}{x}, x \neq 0, \\ 0, \quad x = 0, \end{cases}$ $g(x)$ 是二阶可导且 $g(0) = g'(0) = 0$, $g''(0) = 2$, 试求 $f'(0)$.

解 由导数定义, 并用两次 L'Hospital 法则得

$$f'(0) = \lim_{x \to 0} \frac{f(x) - f(0)}{x} = \lim_{x \to 0} \frac{g(x)}{x^2} = \lim_{x \to 0} \frac{g''(x)}{2} = 1 .$$

将数列极限转化为函数的极限, 用 L'Hospital 法则处理, 也是有效的处理方法.

例 11 计算 $\lim\limits_{n \to +\infty} \left(1 + \dfrac{1}{n} + \dfrac{1}{n^2} \right)^n$.

解 **法一** 将其连续化, 转化为如下极限: $\lim\limits_{x \to \infty} \left(1 + \dfrac{1}{x} + \dfrac{1}{x^2} \right)^x$. 记 $f(x) = \left(1 + \dfrac{1}{x} + \dfrac{1}{x^2} \right)^x$, 则 $\ln f(x) = x[\ln(1 + x + x^2) - 2\ln x]$, 故

$$\begin{aligned} \lim_{x \to +\infty} \ln f(x) &= \lim_{x \to +\infty} x[\ln(1 + x + x^2) - 2\ln x] \\ &= \lim_{x \to \infty} \frac{[\ln(1 + x + x^2) - 2\ln x]}{\dfrac{1}{x}} \\ &= \lim_{x \to \infty} \frac{\dfrac{1 + 2x}{1 + x + x^2} - \dfrac{2}{x}}{-\dfrac{1}{x^2}} \\ &= -\lim_{x \to \infty} \frac{x(1 + 2x) - 2(1 + x + x^2)}{1 + x + x^2} x \\ &= -\lim_{x \to \infty} \frac{-2 - x^2}{1 + x + x^2} = 1, \end{aligned}$$

故, $\lim\limits_{n \to +\infty} \left(1 + \dfrac{1}{n} + \dfrac{1}{n^2} \right)^n = \lim\limits_{x \to +\infty} \left(1 + \dfrac{1}{x} + \dfrac{1}{x^2} \right)^x = \mathrm{e} .$

上述过程好像并不简单, 事实上, 还有更简单的方法, 因此, 一定要灵活选用连续性方法.

法二 采用如下连续性方法. 令 $g(t) = (1 + t + t^2)^{\frac{1}{t}}$, 则

$$\lim_{t \to 0+} \ln g(t) = \lim_{t \to 0+} \frac{\ln(1+t+t^2)}{t}$$

$$= \lim_{t \to 0+} \frac{1+2t}{1+t+t^2} = 1,$$

故， $\lim\limits_{n \to +\infty}\left(1+\dfrac{1}{n}+\dfrac{1}{n^2}\right)^n = \lim\limits_{t \to 0} g(t) = \mathrm{e}$.

当然，对上述例子，也可以用重要极限公式来计算.

L'Hospital 法则是极限计算中一个非常重要的法则，但是，在运用这个法则时，一定要注意与其他方法和技巧的结合.

例 12 计算 $\lim\limits_{x \to 0} \dfrac{x - \arctan x}{x^2 \arctan x}$.

结构分析 这是一个 $\dfrac{0}{0}$ 型极限，若直接利用 L'Hospital 法则，计算过程较为复杂，我们先作变量代换，然后分离极限已知的因子，对剩下的部分再用阶的等价代换，最后用 L'Hospital 法则，使得计算变得简单.

解 令 $y = \arctan x$，则

$$\begin{aligned}
\text{原式} &= \lim_{y \to 0} \frac{\tan y - y}{y \tan^2 y} \\
&= \lim_{y \to 0} \frac{\sin y - y \cos y}{y \sin^2 y} \cdot \lim_{y \to 0} \cos y \\
&= \lim_{y \to 0} \frac{\sin y - y \cos y}{y^3} \\
&= \lim_{y \to 0} \frac{\cos y - \cos y + y \sin y}{3y^2} = \frac{1}{3}.
\end{aligned}$$

在使用 L'Hospital 法则时，将 L'Hospital 法则的使用和阶的代换理论、结构化简等技术手段综合利用可以简化计算过程.

习 题 5.4

1. 用 L'Hospital 法则计算下列极限.

1) $\lim\limits_{x \to 0} \dfrac{\mathrm{e}^x - \cos x}{x}$;

2) $\lim\limits_{x \to \pi} (\pi - x) \tan \dfrac{x}{2}$;

3) $\lim\limits_{x \to 0^+} x^a \mathrm{e}^{-\frac{1}{x}}$, $a < 0$;

4) $\lim\limits_{x \to 0} \dfrac{\tan x - \sin x}{x^3}$;

5) $\lim\limits_{x \to 0} \dfrac{(1+x)^{\frac{1}{n}} - 1}{x}$;

6) $\lim\limits_{x \to 0} \left(\dfrac{\sin x}{x}\right)^{\frac{1}{x^2}}$;

7) $\lim\limits_{x\to 0} x^{\frac{1}{\ln(e^x-1)}}$;

8) $\lim\limits_{n\to+\infty} \dfrac{\left(1+\dfrac{1}{n}\right)^n - e}{n^{-1}}$;

9) $\lim\limits_{x\to 1}\left(\dfrac{1}{x-1} - \dfrac{1}{e^x-e}\right)$;

10) $\lim\limits_{x\to+\infty} e^{-x}\left(1+\dfrac{1}{x}\right)^{x^2}$;

11) $\lim\limits_{x\to 0} \dfrac{\arcsin^2 x - x^2}{x^2 \arcsin^2 x}$;

12) $\lim\limits_{x\to 0}(\ln(1+x)-x)\cot\left(\dfrac{x+1}{2}x^2\sin x\right)$.

2. 设 $f(x)$ 在 $U(a)$ 内二阶可导, 计算

$$\lim\limits_{h\to 0}\dfrac{f(x+2h)-2f(x+h)+f(a)}{h^2} .$$

3. 设 $f(x)$ 在 $U(a)$ 内具有连续的二阶导数, 且 $f'(a)\neq 0$, 计算

$$\lim\limits_{x\to a}\left[\dfrac{1}{f(x)-f(a)} - \dfrac{1}{(x-a)f'(a)}\right] .$$

4. 设 $f(x)$ 在 $(0,+\infty)$ 内可导, 且 $\lim\limits_{x\to+\infty}f'(x)=A$, 证明: $\lim\limits_{x\to+\infty}\dfrac{f(x)}{x}=A$.